U0050620

洪錦魁簡介

一位跨越電腦作業系統與科技時代的電腦專家，著作等身的作家。

- ❑ DOS 時代他的代表作品是 IBM PC 組合語言、C、C++、Pascal、資料結構。
- ❑ Windows 時代他的代表作品是 Windows Programming 使用 C、Visual Basic。
- ❑ Internet 時代他的代表作品是網頁設計使用 HTML。
- ❑ 大數據時代他的代表作品是 R 語言邁向 Big Data 之路。
- ❑ AI 時代他的代表作品是機器學習 Python 實作。
- ❑ 通用 AI 時代，國內第 1 本「ChatGPT」、「AI + ChatGPT」作品的作者。

作品曾被翻譯為簡體中文、馬來西亞文，英文，近年來作品則是在北京清華大學和台灣深智同步發行：

1： C、Java、Python、C#、R 最強入門邁向頂尖高手之路王者歸來

2： OpenCV 影像創意邁向 AI 視覺王者歸來

3： Python 網路爬蟲：大數據擷取、清洗、儲存與分析王者歸來

4： 演算法邏輯思維 + Python 程式實作王者歸來

5： Python 從 2D 到 3D 資料視覺化

6： 網頁設計 HTML+CSS+JavaScript+jQuery+Bootstrap+Google Maps 王者歸來

7： 機器學習基礎數學、微積分、真實數據、專題 Python 實作王者歸來

8： Excel 完整學習、Excel 函數庫、Excel VBA 應用王者歸來

9： Python 操作 Excel 最強入門邁向辦公室自動化之路王者歸來

10： Power BI 最強入門 – AI 視覺化 + 智慧決策 + 雲端分享王者歸來

他的多本著作皆曾登上天瓏、博客來、Momo 電腦書類，不同時期暢銷排行榜第 1 名，他的著作特色是，所有程式語法或是功能解說會依特性分類，同時以實用的程式範例做說明，不賣弄學問，讓整本書淺顯易懂，讀者可以由他的著作事半功倍輕鬆掌握相關知識。

ChatGPT 與 Bing Chat
創新體驗
文字 / 繪圖 / 音樂 / 動畫 / 影片
的 AI 世界

序

當今的數位時代，AI(人工智慧) 的應用已經從專業領域擴展到我們的日常生活。在這浩瀚的 AI 海洋中，ChatGPT 與 Bing Chat 突顯出其獨特的價值，成為了許多人和企業的首選工具。本書的目的，正是為了引領讀者探索這兩大工具的實際應用和價值。

這本書不會涉及較深的程式設計技術細節，而是著重於如何在實際場景中使用和應用 ChatGPT 與 Bing Chat。除此之外，我們還會深入探討「文字」、「繪圖」、「音樂」、「動畫」、「影片」五大領域的 AI 軟體，讓讀者能夠全面了解與體驗當前 AI 的應用趨勢。

無論您是學生、教師、員工、企業家，還是對 AI 充滿好奇的一般讀者，本書都會為您提供實用的指南和建議。透過本書，您不僅可以了解如何有效地使用這些工具，還可以發掘它們在不同領域的潛在價值。研讀本書，讀者可以獲得下列多方面的知識：

❑ 深度認識 ChatGPT

- GPT-3.5 與 GPT-4 的差異
- 了解 Vision GPT-4 和 No Vision GPT-4 的區別
- 說明為何用繁體中文對話，可是 ChatGPT 回應是簡體中文
- 客製化個人特色的 ChatGPT
- 使用個人名字或是匿名分享對話記錄
- 備份或用 PDF 儲存對話紀錄
- 認識與使用 ChatGPT App
- 徹底認識 Prompt

❑ 生活應用

- 建立圖文並茂的對話
- 建立圖文並茂的簡報
- 旅遊知識與行程規劃
- 建立英文學習機與英文翻譯機
- 口說與英文聽力練習

- 創作短、中或長篇小說
- 詩詞創作
- 代寫含莎士比亞或詩詞的邀約信件
- 你忠實的交友顧問

❑ 股市應用

- 獲得單一股票訊息
- 股票技術分析

❑ 教育應用

- ChatGPT 是你的活字典
- 協助摘要、心得、報告、專題撰寫
- 依據程度學習體驗
- 教師講義、問卷、考試題目

❑ 企業應用

- IG 貼文格式、銷售建議
- 行銷文案與活動
- 拍攝行銷活動的腳本設計
- 面試者與面試官
- 企業公告
- 加薪與企業談判議題
- 提升 Excel 的工作效率到輔助工作分析

❑ Chrome 商店 ChatGPT-3.5/4.0 的插件擴展應用

- ChatGPT for Google – 回應網頁搜尋
- WebChatGPT – 網頁搜尋
- Voice Control for ChatGPT – 口說與聽力
- ChatGPT Writer – 回覆訊息與代寫電子郵件

❑ GPT-4 官方認證的插件軟體

- Wikipedia – 知識百科
- Earth – 地圖大師
- Prompt Perfect – 完美提示
- Show Me Diagram – 圖表生成
- Speak – AI 語音導師
- Speechki – 文字轉語音
- VoxScript – 網頁 / 影片摘要神器

- WebPilot – 瀏覽或搜尋網頁資料
- ChatWithPDF – 閱讀與整理 PDF
- Wolfram – 科學計算與精選知識
- Noteable – 數據視覺化分析與探索
- Expedia – 旅遊網站

❑ 深度解析 Bing Chat

- 認識平衡 / 創意 / 精確交談模式
- 體驗文字 / 語音 / 圖片的多模態輸入
- Bing Chat 的圖片搜尋
- Bing Chat 側邊欄的加值
- Bing Image Creator, AI 繪圖
- Bing App

❑ AI 創意時代

- AI 繪圖使用 Midjourney
- 打造 AI 影片 D-ID
- 打造你的 AI 播報員
- AI 音樂 Soundraw
- Google 未公開的音樂神器 musicLM
- 讓你的照片動起來 Leiapix

在此要感謝給予我寶貴意見的讀者，希望本書能夠成為您 AI 應用之旅的良師益友。寫過許多的電腦書著作，本書沿襲筆者著作的特色，實例豐富，相信讀者只要遵循本書內容必定可以在最短時間認識相關軟體，創新體驗文字、繪圖、動畫、音樂、影片的 AI 世界。編著本書雖力求完美，但是學經歷不足，謬誤難免，尚祈讀者不吝指正。

洪錦魁 2023/09/01

jiinkwei@me.com

讀者資源說明

本書籍的實例或作品可以在深智公司網站下載。

臉書粉絲團

歡迎加入：王者歸來電腦專業圖書系列

歡迎加入：iCoding 程式語言讀書會 (Python, Java, C, C++, C#, JavaScript, 大數據，人工智慧等不限)，讀者可以不定期獲得本書籍和作者相關訊息。

歡迎加入：穩健精實 AI 技術手作坊

目錄

第 1 章　認識 ChatGPT

第 2 章　ChatGPT 的基本應用

第 3 章 學習與應用多國語言

第 4 章 文藝創作與戀愛顧問

第 5 章　ChatGPT 在教育的應用

第 6 章　ChatGPT 在企業的應用

第 7 章 適用 GPT-3.5/4 的插件軟體

第 8 章 GPT 官方認證的插件軟體

第 9 章　Bing Chat AI

第 10 章 從提升 Excel 效率到數據分析

第 11 章 ChatGPT 股市淘金術

第 12 章 AI 圖像 Midjourney

第 13 章　打造 AI 影片使用 D-ID

第 14 章　AI 音樂

第 15 章　Leiapix 讓你的照片動起來

附錄 A　註冊 ChatGPT

第 1 章
認識 ChatGPT

1-1　認識 ChatGPT
1-2　認識 OpenAI 公司
1-3　ChatGPT 使用環境
1-4　GPT-4 效能與 GPT-3.5 的比較
1-5　ChatGPT 初體驗
1-6　回饋給 OpenAI 公司對話內容
1-7　管理 ChatGPT 對話紀錄
1-8　對話主題背景
1-9　ChatGPT 對話連結分享
1-10　儲存對話記錄
1-11　隱藏或顯示對話標題
1-12　ChatGPT 的局限性
1-13　客製化個人特色的 ChatGPT
1-14　使用 ChatGPT 必須知道的情況
1-15　ChatGPT App
1-16　筆者使用 ChatGPT 的心得

ChatGPT 簡單的說就是一個人工智慧聊天機器人，這是多國語言的聊天機器人，可以根據你的輸入，用自然對話方式輸出文字。基本上可以將 ChatGPT 視為知識大寶庫，如何更有效的應用，則取決於使用者的創意，這也是本書的主題。

1-1 認識 ChatGPT

1-1-1 ChatGPT 是什麼

ChatGPT 是一個基於 GPT 架構的人工智慧語言模型，它擅長理解自然語言，並根據上下文生成相應的回應。ChatGPT 能夠進行高質量的對話，模擬人類般的溝通互動。它的主要功能包括回答問題、提供建議、撰寫文章、編輯文字等。ChatGPT 在各行各業都有廣泛的應用，例如：

- 客服中心：可以利用它自動回答用戶查詢，提高服務效率。
- 教育領域：可以作為學生的學習助手，回答問題、提供解答解析。
- 創意寫作：可以生成文章概念、寫作靈感，甚至協助撰寫整篇文章。

此外，ChatGPT 還可以幫助企業分析數據、撰寫報告，以及擬定策略建議等。總之，ChatGPT 是一個具有強大語言理解和生成能力的 AI 模型，能夠輕鬆應對各種語言挑戰，並在眾多領域中發揮重要作用。

1-1-2 認識 ChatGPT

ChatGPT 是 OpenAI 公司所開發的一系列基於 GPT 的語言生成模型，GPT 的全名是 "Generative Pre-trained Transformer "，目前已經推出了多個不同的版本，包括 GPT-1、GPT-2、GPT-3、GPT-4 等，讀者可以將編號想成是版本。目前免費的版本，簡稱 GPT-3，3 是代表目前的版本，更精確的說目前版本是 3.5。OpenAI 公司 2023 年 3 月 14 日也發表了 GPT-4。下表是各版本發表時間與參數數量。

版本	發佈時間	參數數量
GPT-1	2018 年	1 億 1700 萬個參數
GPT-2	2019 年	15 億個參數
GPT-3	2020 年	120 億個參數
GPT-3.5	2022 年 11 月 30 日	1750 億個參數
GPT-4	2023 年 3 月 4 日	10 萬億個參數

Generative Pre-trained Transformer 如果依照字面翻譯，可以翻譯為生成式預訓練轉換器。整體意義是指，自然語言處理模型，是以 Transformers（一種深度學習模型）架構為基礎進行訓練。GPT 能夠透過閱讀大量的文字，學習到自然語言的結構、語法和語意，然後生成高質量的內文、回答問題、進行翻譯等多種任務。

1-1-3 媒體的觀點

ChatGPT 上市後立即吸引全球媒體關注：

The New York Time(紐約時報 / 美國)：稱其為有史以來向公眾發佈的最佳人工智慧聊天機器人。

The Alantic Monthly(大西洋雜誌 / 美國)：將 ChatGPT 列為，可能改變我們對工作方式、思考、創造力的思維。

Vox(沃克斯 / 美國)：ChatGPT 是一般大眾，第一次親身體驗現代人工智慧變得多麼強大。

The Guardian(衛報 / 英國)：指出 ChatGPT 可以生成像是人類寫的文章。

台灣的新聞媒體、雜誌也都專文報導，使用 ChatGPT 已經成為全民運動，未來可能就像 Google 一樣，成為電腦使用者必備的查詢或是諮詢工具。

註 ChatGPT 與我們對話是使用資料庫的資訊，做分析回應我們。Google 則是從網路搜尋相關資料，給我們自行篩選，有時 Google 提供的搜尋結果排序會受廣告影響，並不是客觀的依熱門程度對搜尋結果排序。

1-1-4 筆者的觀點

ChatGPT 使用自然語言技術所生成的文字，如果用白話一點說是指，ChatGPT 和我們對話的內容，看起來就像是一般人的對話，不像早期的人工智慧回應的很生硬，甚至不特別告知，我們無法判知這是和 AI ChatGPT 對話。

更重要的是 ChatGPT 上知天文、下知地理、知識淵博，可以充當我們生活、工作的活字典。或是說 ChatGPT 是一個工具，可以依據自己的創意讓他發揮最大的效益。

1-2 認識 OpenAI 公司

OpenAI 成立於 2015 年 12 月 11 日，由一群知名科技企業家和科學家創立，其中包括了 目前執行長 (CEO)Sam Altman、Tesla CEO Elon Musk、LinkedIn 創辦人 Reid Hoffman、PayPal 共同創辦人 Peter Thiel、OpenAI 首席科學家 Ilya Sutskever 等人，其總部位於美國加州舊金山。

註 又是一個輟學的天才，Sam Altman 在密蘇利州聖路易長大，8 歲就會寫程式，在史丹福大學讀了電腦科學 2 年後，和同學中輟學業，然後去創業，目前是 AI 領域最有影響力的 CEO。

OpenAI 的宗旨是推動人工智慧的發展，讓人工智慧的應用更加廣泛和深入，帶來更多的價值和便利，使人類受益。公司一直致力於開發最先進的人工智慧技術，包括自然語言處理、機器學習、機器人技術等等，並將這些技術應用到各個領域，例如醫療保健、教育、金融等等。更重要的是，將研究成果向大眾開放專利，自由合作。

OpenAI 在人工智慧領域取得了許多成就，發表了 2 個產品，分別是：

- ChatGPT：這也是本書標題重點。
- DALL-E 2.0：這是依據自然語言可以生成圖像的 AI 產品，Bing Image Creater 就是使用其核心技術，本書將在 9-8 節敘述解說。

OpenAI 公司最著名的就是他們在 2022 年 11 月 30 日發表了 ChatGPT 的自然語言生成模型，由於在交互式的對話中有非常傑出的表現，目前已經成為全球媒體的焦點。

2023 年 3 月 14 日更是發表了可以閱讀圖像的 GPT-4，ChatGPT 的成功，帶動了整個 AI 產業的發展。

註 GPT-4 的版本有一般版和 no vision 版，目前開放使用的是限縮功能的 no vision 版。

除了開發人工智慧技術，OpenAI 也積極參與公共事務，並致力於推動人工智慧的良好發展，讓其在更廣泛的社會中獲得應用和認可。此外，OpenAI 公司也宣稱將製造通用機器人，希望可以預防人工智慧的災難性影響。

1-3 ChatGPT 使用環境

1-3-1 Free Plan 免費使用

進入 ChatGPT 後，可以看到下列使用環境：

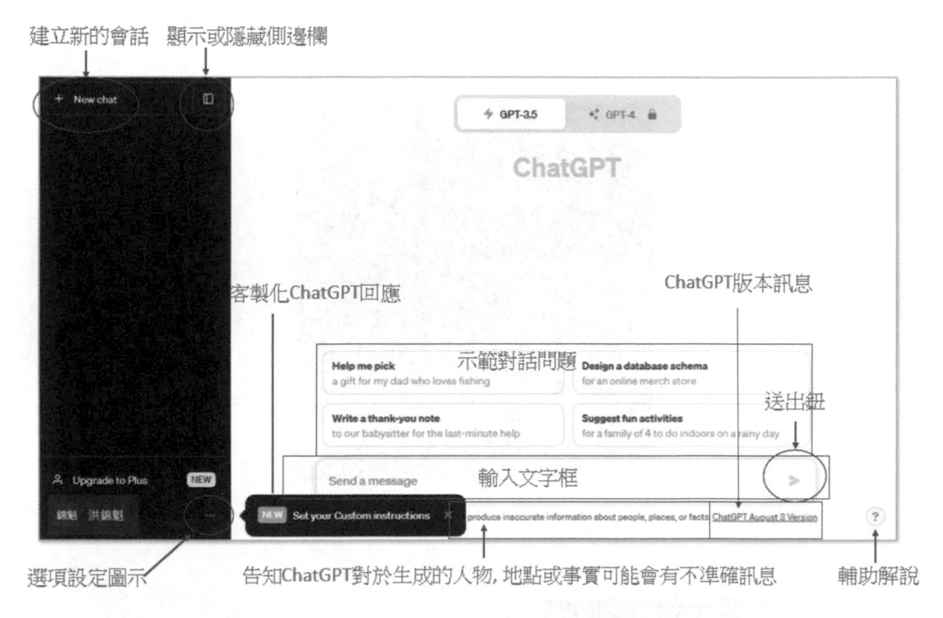

上述視窗幾個功能如下：

New chat：可以建立新的聊天對話紀錄，第一次使用時即使沒有點選此圖示，系統會自動建立聊天對話紀錄。

：預設是顯示側邊欄，點選可以切換是否顯示側邊欄。

輸入文字框：位於視窗下方的方框，這是你輸入文字的地方。

：相當於 Enter 鍵，可以將文字框輸入送給 ChatGPT。使用輸入文字框時，也可以按 Enter 執行送出功能，讓 ChatGPT 回應。如果輸入超出一行內容，可以順序輸入，到該行末端不要按 Enter，輸入游標可以自動跳到下一行繼續輸入。如果要強制讓輸入游標跳到下一行，可以用 Shift + Enter 鍵讓游標移到下一行輸出。註：如果輸入大量資料，可以使用複製方式，將資料複製到輸入文字框區。

示範對話問題：這邊有 4 則對話，讀者可以點選了解示範輸出。

Set your Custom instructions：設定客製化 ChatGPT 回應，如果沒有設定，則 ChatGPT 會使用一般回應，如果設定你個人資訊，ChatGPT 會為你量身打造回應的資訊，更多細節可以參考下一個選項設定區。所以讀者可以直接先按右邊的關閉圖示 ×，關閉此訊息。

···：選項設定圖示，可以顯示或隱藏更多選項資訊，點選後可以看到下列畫面，列出選項資訊，本章未來會分別說明下列內容。

?：說明圖示，點選此圖示可以看到下面提示畫面。

OpenAI 公司的聲明：ChatGPT may produce inaccurate information about people, places, or facts. 此段英文的中文說明是「ChatGPT 可能會提供有關人物、地點或事實的不準確資訊」。

ChatGPT 版本訊息：大多數的人皆不會注意這個訊息，「ChatGPT August 3 Version」這是版本訊息，因為經常改版，所以 OpenAI 公司索性用日期當作版本訊息。

其中 Help&FAQ 是可以看到常見使用 ChatGPT 的疑問與解說。Keyboard shortcuts 則是顯示使用 ChatGPT 的快捷鍵，可以參考下圖。

Keyboard shortcuts

Open new chat 開啟新的對話	Ctrl	Shift	O	Set custom instructions 設定客製化環境	Ctrl	Shift	I
Focus chat input 聚焦對話輸入		Shift	Esc	Toggle sidebar 切換側邊欄	Ctrl	Shift	S
Copy last code block 複製前一個程式碼區塊	Ctrl	Shift	;	Delete chat 刪除對話	Ctrl	Shift	⌫
Copy last response 複製前一個回應	Ctrl	Shift	C	Show shortcuts 顯示快捷鍵		Ctrl	/

1-3-2 Upgrade to Plus 付費升級

尚未購買付費升級前，可以看到目前 GPT-4 是上鎖狀態，如果將滑鼠游標移到 GPT-3.5，或是 GPT-4，可以看到下列畫面資訊。

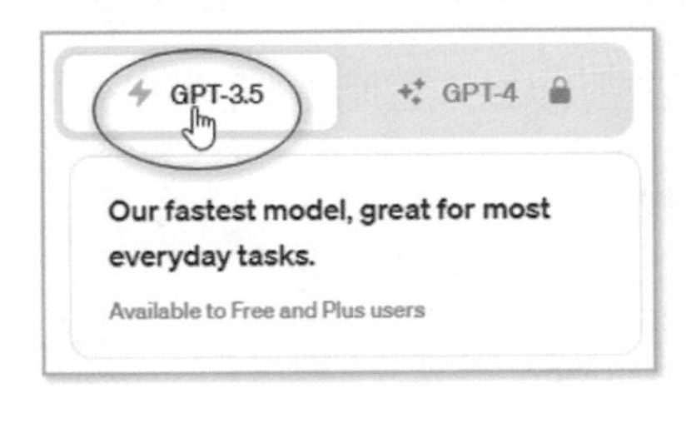

上述主要是說明，GPT-3.5 是最快的模型，非常適合每天工作需要，這個模型是免費使用，也可以讓有購買付費 GPT-4 的使用者應用。GPT-4 則說明，我們最強大的模型，非常適合需要創造力和高級推理的任務，目前只提供購買升級 ChatGPT-4 的客戶使用。

如果你尚未付費升級，可以在側邊欄看到 Upgrade to Plus 訊息。

每個月 20 元美金可以付費升級，更多付費升級的事宜，可以參考附錄 A-3。

當讀者 Upgrade to Plus 付費升級後，此標籤訊息會消失在側邊欄。未來點選側邊欄下方的選項設定圖示 ⋯，可以看到 My account，點選此 My account，可以看到你目前帳號是 ChatGPT Plus 的訊息，目前是每個月 20 美元的付費機制。

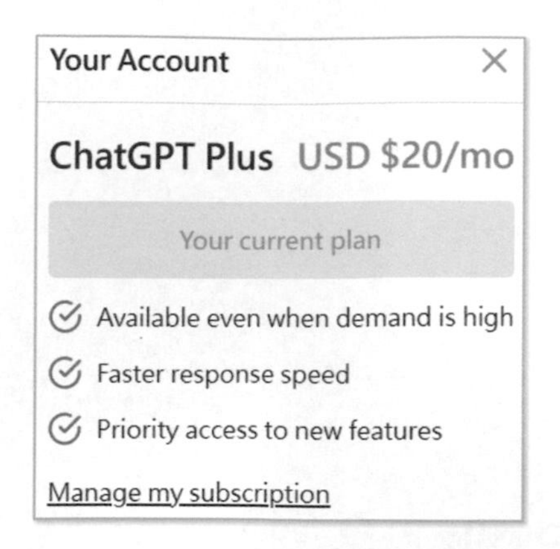

近期許多網站皆有刷卡付費機制，刷卡付費使用網站內容，這是應該被鼓勵的行為。但是許多人對於這類機制最大的疑問是，未來不想使用時，是否容易取消付費，所以這一節除了說明購買升級版本，也特別了解取消使用時，是否很容易取消付費。

上述點選 Manage my subscription 超連結可以進入管理我的訂單訊息。

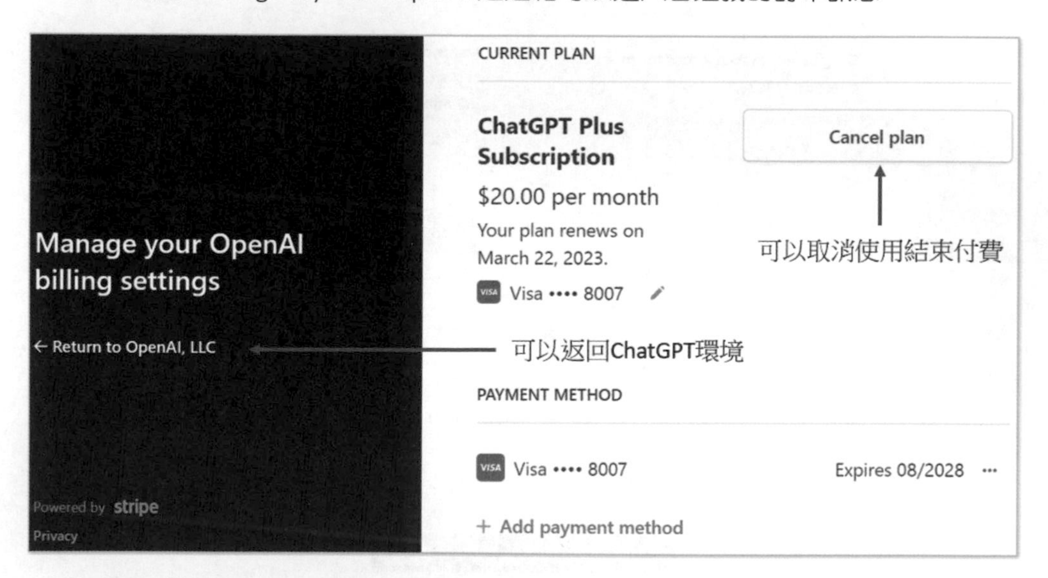

對讀者而言最重要的是 Cancel plan 鈕，未來不想使用只要按此鈕即可。

上述可以看到訂閱 ChatGPT Plus 的日期、時間和刷卡訊息，點選 Return to OpenAI, LLC 可以返回 ChatGPT 對話環境，如果上述畫面往下捲動可以看到下列視窗畫面。

BILLING INFORMATION

Name

Email @gmail.com

Billing address 11104
台北市台北市
TW

Update information

INVOICE HISTORY

Feb 22, 2023 $20.00 Paid ChatGPT ...

上述主要是信用卡的訊息和帳單地址。

1-3-3 GPT-4

如果你是 ChatGPT Plus 的訂閱戶，可以看到使用 GPT-4 時，有每 3 小時可以有 50 則訊息的使用限制。註：早期是每 3 小時有 25 則訊息，後來提升到 30 則訊息，筆者撰寫此書時提升到 50 則訊息，也許未來讀者購買此書時，已經解除限制了。

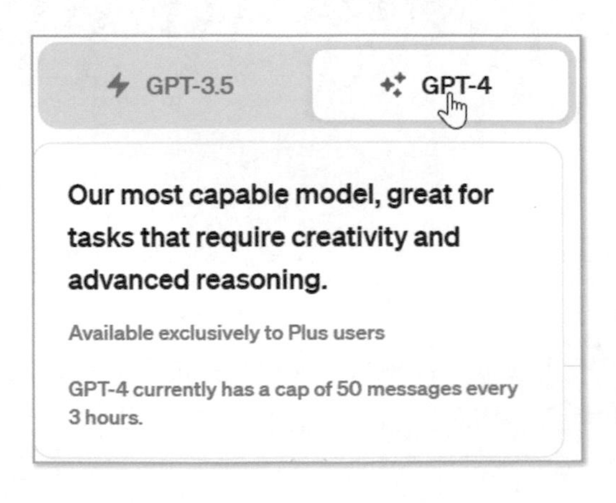

1-4 GPT-4 效能與 GPT-3.5 的比較

1-4-1　GPT-4 與 GPT-3.5 對美國各類考試的表現

下列是 OpenAI 公司公佈 ChatGPT-3.5 和 GPT-4 對於各類美國考試的得分比較。

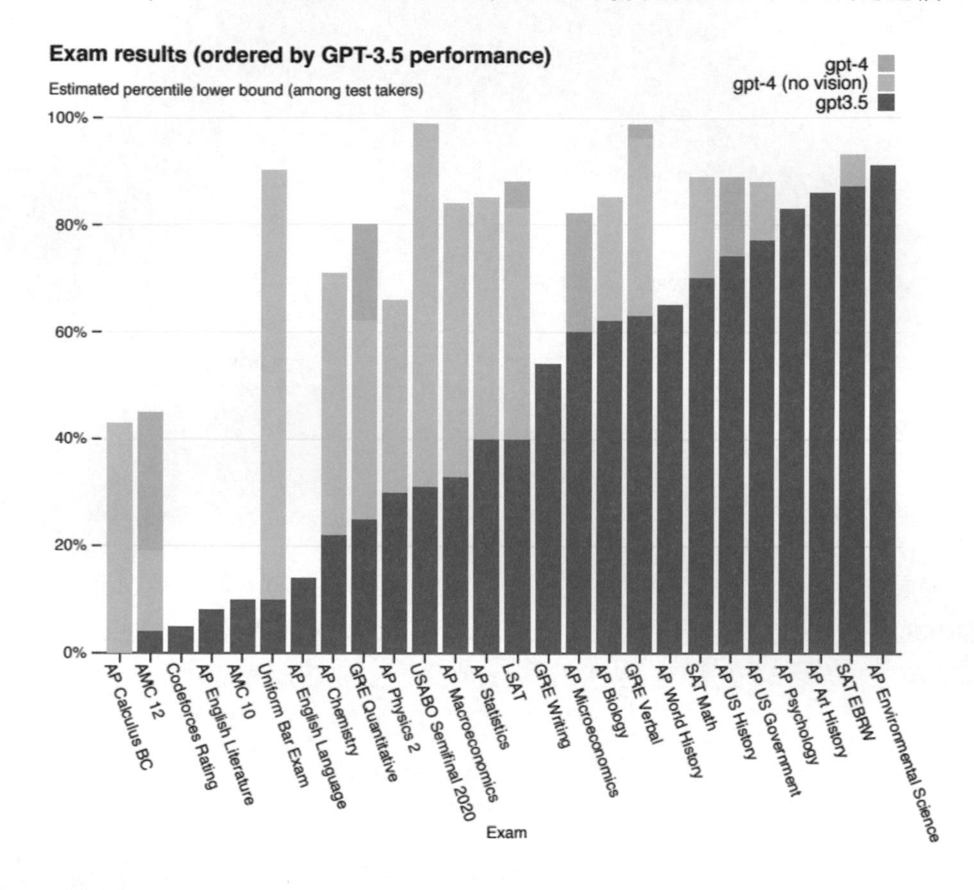

註　GPT-4 目前有 2 個版本，no vision 表示是無視覺版，目前開放使用的是 no vision 這個版本。

上表是取材自 GPT-4 Technical Report，從此技術報告可以知道，其實 ChatGPT-4 有 2 個版本，目前所開放使用的是比較低階的 no-vision 版本。正式的 GPT-4 是視覺版本，不僅有視覺能力，同時智慧能力更強。

1-4-2 視覺輸入

實例 1：這張圖片有什麼不尋常的地方 (What is unusual about this image?)。

GPT-4 visual input example, Extreme Ironing:

User What is unusual about this image?

Source: https://www.barnorama.com/wp-content/uploads/2016/12/03-Confusing-Pictures.jpg

GPT-4 的回應

The unusual thing about this image is that a man is ironing clothes on an ironing borad attached to the roof of a moving taxi.

GPT-4 回應的中文說明

上述中文意義是「這張圖片不尋常的地方是，一個男人正在一輛行駛中的出租車的車頂上燙熨板上熨燙衣服。」

實例 2：這張圖片有什麼有趣的地方？請逐格描述它。(What is funny about this image? Describe it panel by panel.)

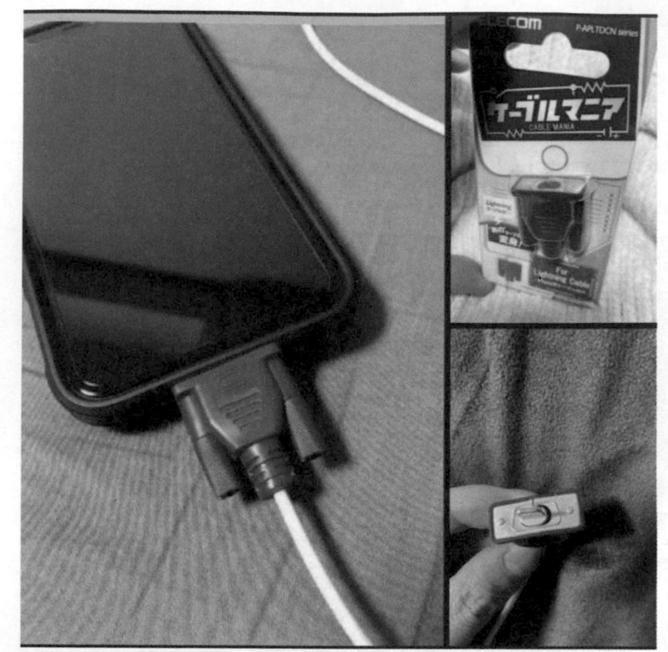

Source: https://www.reddit.com/r/hmmm/comments/ubab5v/hmmm/

GPT-4 的回應

The image shows a package for a "Lightning Cable" adapter with three panels.

Panel 1: A smartphone with a VGA connector (a large, blue, 15-pin connector typically used for computer monitors) plugged into its charging port.

Panel 2: The package for the "Lightning Cable" adapter with a picture of a VGA connector on it.

Panel 3: A close-up of the VGA connector with a small Lightning connector (used for charging iPhones and other Apple devices) at the end.

The humor in this image comes from the absurdity of plugging a large, outdated VGA connector into a small, modern smartphone charging port.

GPT-4 回應的中文說明

這張圖片展示了一個 "Lightning Cable" 轉接器的包裝，有 3 張子圖。

第 1 張子圖：一部智慧型手機插著一個 VGA 連接器（一種大型、藍色、15 根引腳的連接器，通常用於電腦顯示器）插入其充電端口。

第 2 張子圖：'Lightning Cable' 轉接器的包裝上印有一張 VGA 連接器的圖片。

第 3 張子圖：一個 VGA 連接器的近景照片，其末端帶有一個小型的 Lightning 連接器（用於充電 iPhone 和其他蘋果設備）。

這張圖片的幽默來自於將一個大而過時的 VGA 連接器插入一個小型的現代智慧型手機充電端口的荒謬情境。

實例 3：雞塊地圖的圖片 (Chicken Nugget Map:)。

使用者輸入如下：

Can you explain this meme ？

Sometimes I just look at pictures of the earth from space and I marvel at how beautiful it all is.

上述中文意義是：

你能解釋這個迷因 (meme) 嗎？

有時候我只是看著從太空拍攝的地球照片，對它的美麗感到驚嘆。

註 其中「meme」指的是一種流行的網路文化，是指透過在網上傳播的圖像、影片、短語等方式來表達一種情感或意見的文化元素。

GPT-4 的回應

This meme is a joke that combines two unrelated things: pictures of the earth fromspace and chicken nuggets.

The text of the meme suggests that the image below is a beautiful picture of the earth from space. However, the image is actually of chicken nuggets arranged to vaguely resemble a map of the world.

The humor in this meme comes from the unexpected juxtaposition of the text and the image. The text sets up an expectation of a majestic image of the earth, but the image is actually something mundane and silly.

GPT-4 回應的中文說明

這個迷因是一個笑話，結合了兩個不相關的事物：從太空拍攝的地球照片和雞塊。

迷因的文字暗示下方的圖片是一張美麗的從太空拍攝的地球照片。然而，圖片實際上是雞塊排列成模糊的世界地圖形狀。

這個迷因的幽默來自於文字和圖像之間的意外並置。文字創造了一個對地球壯觀圖像的期望，但圖像實際上是一些平凡和愚蠢的東西。

實例 4：視覺輸入更多層的實例。

使用者輸入如下：

Can you explain why this is funny. Think about it step-by-step.

上述中文解釋是，你能解釋這為什麼有趣嗎？請逐步思考。這句話的意思是要求對方解釋一個事情為什麼有趣，並要求對方逐步描述這個事情發生的每一個步驟或細節。這通常用於詢問對方關於一個笑話、迷因或有趣的情況的理解，以幫助對方更好地理解這個事情的搞笑之處。

User　　Can you explain why this is funny. Think about it step-by-step.

GPT-4 的回應

The comic is satirizing the difference in approaches to improving model performance between statistical learning and neural networks.

In statistical learning, the character is shown to be concerned with overfitting and suggests a series of complex and technical solutions, such as minimizing structural risk, reworking the loss function, and using a soft margin.

In contrast, the neural networks character simply suggests adding more layers to the model. This is often seen as a common solution to improving performance in neural networks, but it’ s also considered a simplistic and brute-force approach.

The humor comes from the contrast between the complexity and specificity of the statistical learning approach and the simplicity and generality of theneural network approach. The "But unironically" comment adds to the humor by implying that, despite being simplistic, the "stack more layers" approach is often effective in practice.

GPT-4 回應的中文說明

這個漫畫是諷刺統計學習和神經網絡改進模型性能方法之間的差異。

在統計學習中，角色被描繪為關注過度擬合，並提出一系列複雜的技術解決方案，例如最小化結構風險、重塑損失函數和使用軟邊界。

相比之下，神經網絡角色只是建議在模型中添加更多層。這通常被認為是改善神經網絡性能的常見方法，但也被認為是一種簡單和蠻力的方法。

這個笑話的幽默來自於統計學習方法的複雜性和特定性，以及神經網絡方法的簡單性和普遍性之間的對比。「但無論如何」的評論增添了幽默感，暗示了儘管「堆疊更多層」方法很簡單，但在實踐中往往是有效的。

1-5 ChatGPT 初體驗

1-5-1 第一次與 ChatGPT 的對話

第一次與 ChatGPT 對話，請參考下圖在文字框，輸入你的對話內容。

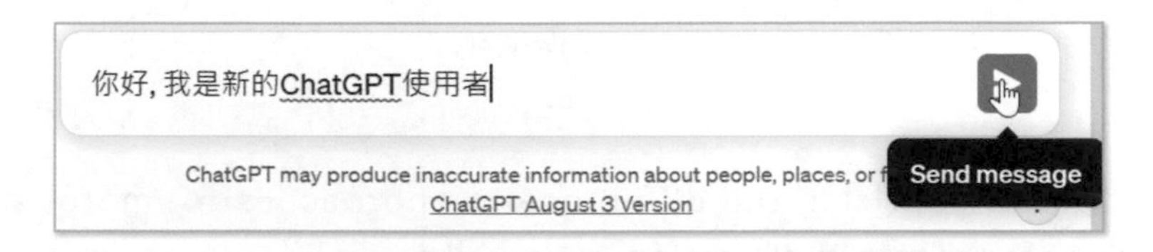

上述讀者可以按 Enter，將輸入傳給 ChatGPT。或是按右邊的 Send Message 圖示 ▶，將輸入傳給 ChatGPT。讀者可能看到下列結果。

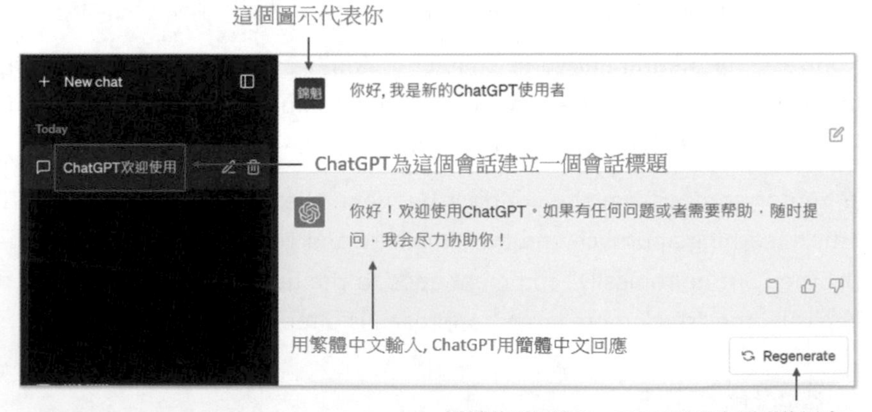

註 ChatGPT 可能會在不同時間點，或是不同人，使用不同的文字回應內容。

從上述可以看到第一次使用時，會產生一個對話標題，此標題內容會記錄你和

ChatGPT 之間的對話。在 ChatGPT 下方有 Regenerate 鈕，如果你對於 ChatGPT 的內容不了解，可以點選此 Regenerate 鈕，ChatGPT 會重新產新的內容，下列是點選 Regenerate 鈕產生新內容的結果。

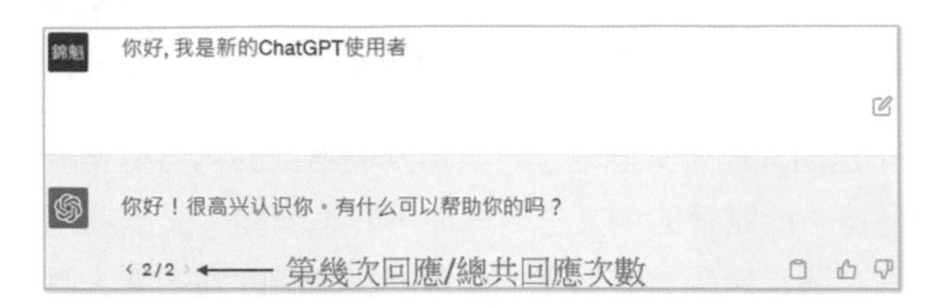

我們第一次使用 ChatGPT，也許是興奮的，但是看到了簡體中文的回應，可能心情跌到谷底，下一小節筆者會解釋原因。我們可以輸入要求 ChatGPT 用繁體中文回應，就可以看到 ChatGPT 用繁體中文回答了。

1-5-2 從繁體中文看 ChatGPT 的缺點和原因

下列是 ChatGPT 訓練資料時所使用語言的比例，可以看到繁體中文僅佔 0.05%，簡體中文有 16.2%，這也是若不特別註明 ChatGPT 經常是使用簡體中文回答的原因。

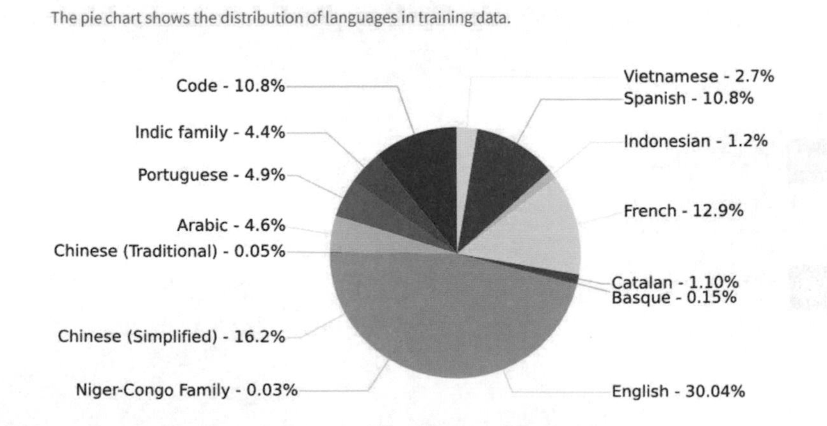

其實這也代表 OpenAI 公司台灣員工太少，繁體中文未被重視，只期待年輕學生加油，有機會應該要去美國進修，和全球頂尖學生學習，增加競爭力，也是增加台灣的競爭力。

1-5-3 留意簡體語法的繁體中文內容

儘管 ChatGPT 是用繁體中文回答了，其實我們看到的內容還是簡體語法的繁體中文，或是說「繁體皮、簡體骨的中文」。對於不熟悉簡體中文的讀者，可能讀取內容會有些吃力，下列左邊是幾個繁體文字，但是卻是簡體內涵的字，讀者需自行替換調整成右邊文字，才可以讓文字通順。

智能：智慧
信息：資訊或訊息
硬件：硬體
軟件：軟體
文本：本文
示例：實例
模板：模組
通向：邁向
通過：透過
內存：記憶體
內置：內建
循環：迴圈
調用：呼叫
基於：以 xx 為基礎，註：這個名詞也有調整的空間。

實例 1：下列字「智能」需改為「智慧」。

錦魁 請用300個字介紹「AI音樂」

AI音樂是指使用人工智能技術創作、生成和修改音樂作品的過程。AI音樂結合了深度學習、生成對抗網絡（GANs）、循環神經

實例 2：下列字「文本」需改為「本文」，「通過」需改為「透過」。

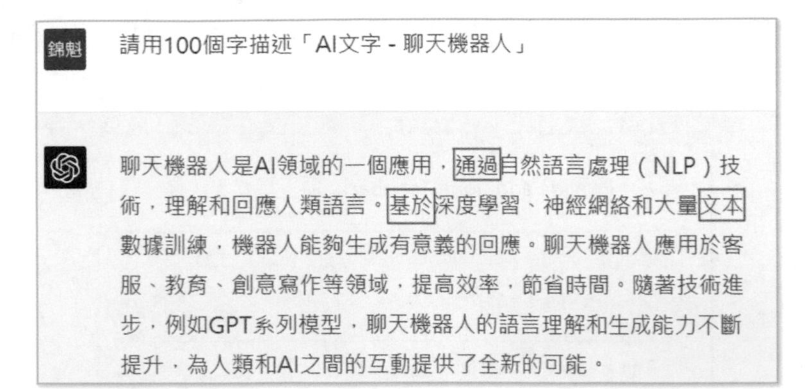

錦魁
請用100個字描述「AI文字 - 聊天機器人」
聊天機器人是AI領域的一個應用，通過自然語言處理（NLP）技術，理解和回應人類語言。基於深度學習、神經網絡和大量文本數據訓練，機器人能夠生成有意義的回應。聊天機器人應用於客服、教育、創意寫作等領域，提高效率，節省時間。隨著技術進步，例如GPT系列模型，聊天機器人的語言理解和生成能力不斷提升，為人類和AI之間的互動提供了全新的可能。

上述「基於深度學習、神經網絡」改為「以深度學習、神經網絡為基礎」。

註 筆者是 2023 年 2 月第一次寫 ChatGPT，這一版寫作期間是 2023 年 9 月，發現 ChatGPT 也不斷自我改良，「繁體皮、簡體骨的中文」也逐步改良與減少中。

1-6 回饋給 OpenAI 公司對話內容

在 ChatGPT 的回應訊息下方可以看到下列圖示：

圖示

如果對於 ChatGPT 的回應有更好的想法，可以點選圖示，可以看到下列對話方塊。

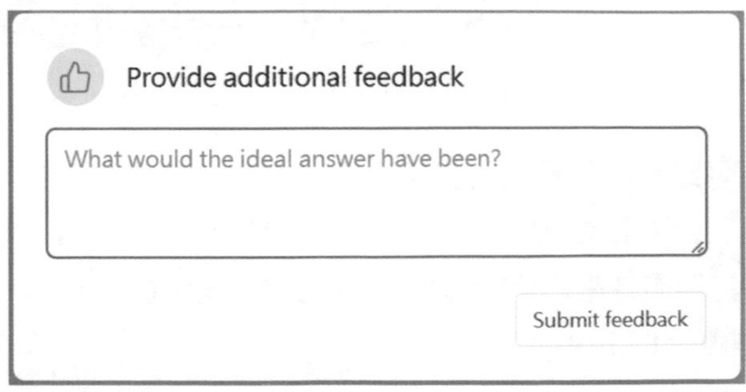

Provide additional feedback
What would the ideal answer have been?

你可以在上述對話方塊輸入更好的解答，然後按 Submit feedback 鈕，回傳給 OpenAI 公司。

圖示

如果對於 ChatGPT 的回應，你覺得有傷害 / 不安全、不是事實、沒有幫助，可以點選圖示，可以看到下列對話方塊。

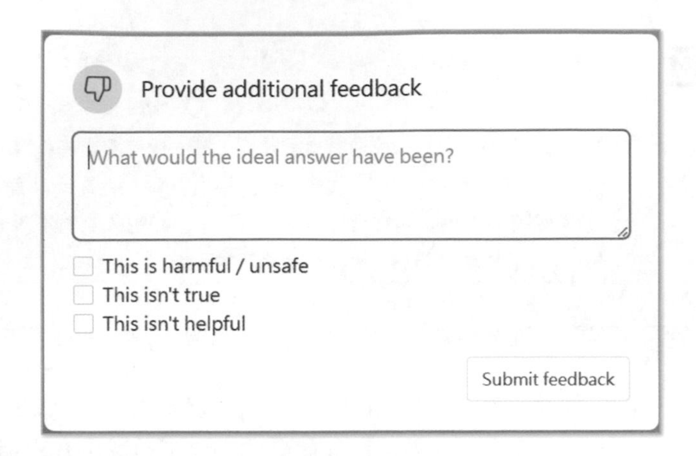

你可以勾選項目，輸入自己的想法，然後按 Submit feedback 鈕，回傳給 OpenAI 公司。

圖示

這個圖示可以複製 ChatGPT 的回應到剪貼簿，未來可以將此回應貼到指定位置，例如：如果讀者用 Word 寫報告，可以將 ChatGPT 的回應貼到 Word 的報告檔案內。

1-7 管理 ChatGPT 對話紀錄

使用 ChatGPT 久了以後，在側邊欄位會有許多對話紀錄標題。建議一個主題使用一個新的對話記錄，方便未來可以依據對話標題尋找對話內容。

註 ChatGPT 宣稱可以記得和我們的對話內容，但是只限於可以記得同一個對話標題的內容，這是因為 ChatGPT 在設計對話時，每次我們問 ChatGPT 問題，系統會將這段對話標題的所有往來對話內容回傳 ChatGPT 伺服器 (Server)，ChatGPT 伺服器 (Server) 由往來的內容再做回應。

1-7-1 建立新的對話記錄

如果一段對話結束，想要啟動新的對話，可以點選 New chat 圖示。

1-7-2 編輯對話標題

第一次使用 ChatGPT 時，ChatGPT 會依據你輸入對話內容自行為標題命名。為了方便管理自己和 ChatGPT 的對話，可以為對話加上有意義的標題，未來類似的對話，可以回到此標題的對話中重新交談。如果你覺得標題不符想法，可以點選此標題，重新命名。

點選後, 可以直接修改對話標題, 完成後按 Enter 鍵

1-7-3 刪除特定對話段落

使用 ChatGPT 久了會產生許多對話段落，如果想刪除特定對話段落，可以使用對話標題右邊的圖示。

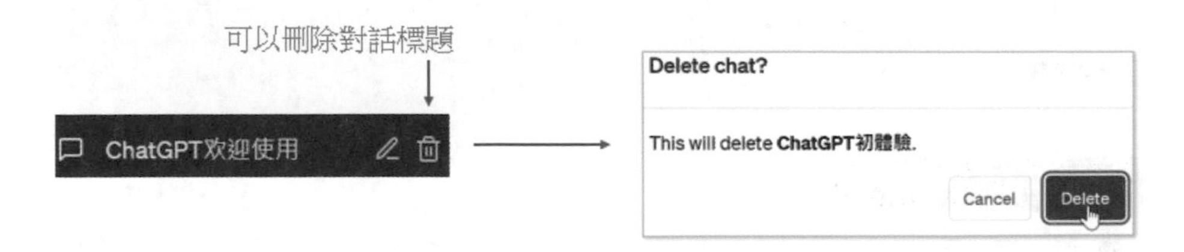

當出現 Delete chat? 對話方塊時，請按 Delete 鈕。

1-7-4 刪除所有對話段落

點選側邊欄下方的選項設定圖示，然後請點選 Settings & Beta 項目。

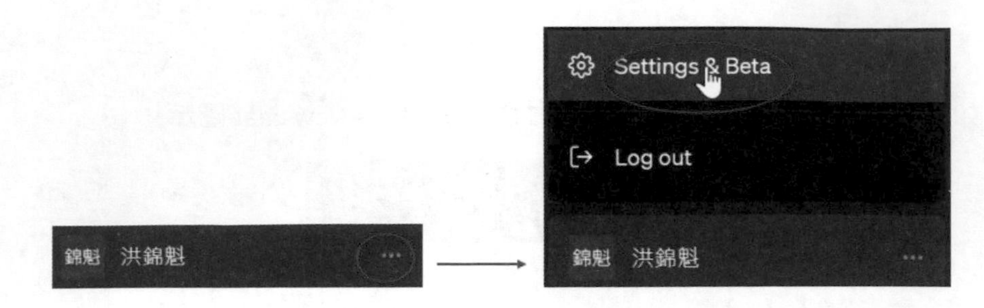

可以看到 Setting 對話方塊，請點選 Data Controls 右邊的 Clear，就可以刪除所有對話。

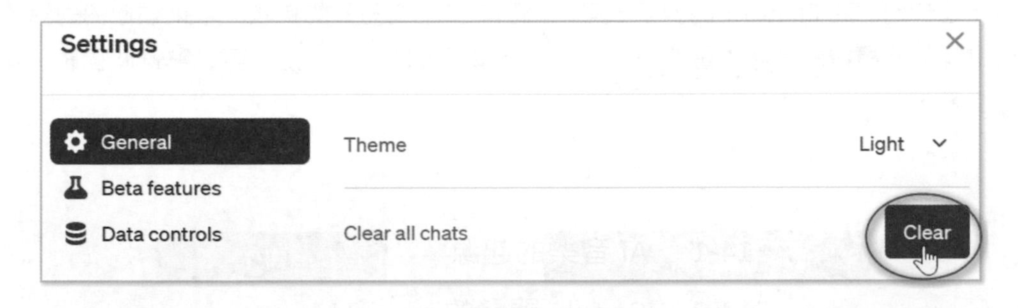

1-8 對話主題背景

對話主題背景預設是 Light，有 Dark 和 Light 兩種模式。如果選擇 Dark，如下所示：

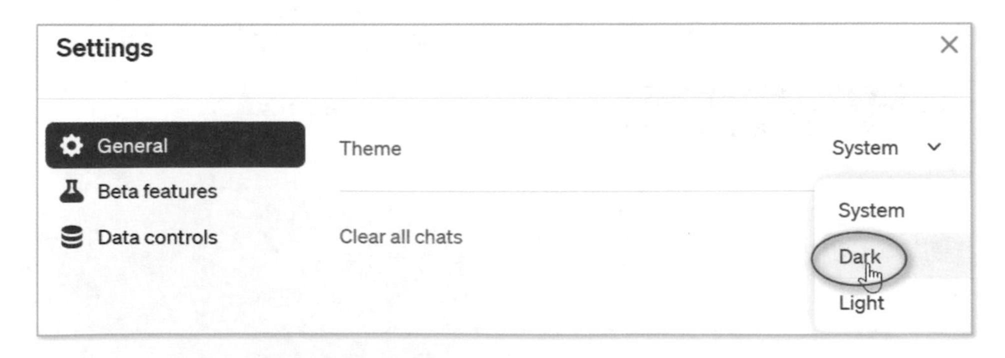

未來對話背景就變為暗黑底色，如下所示：

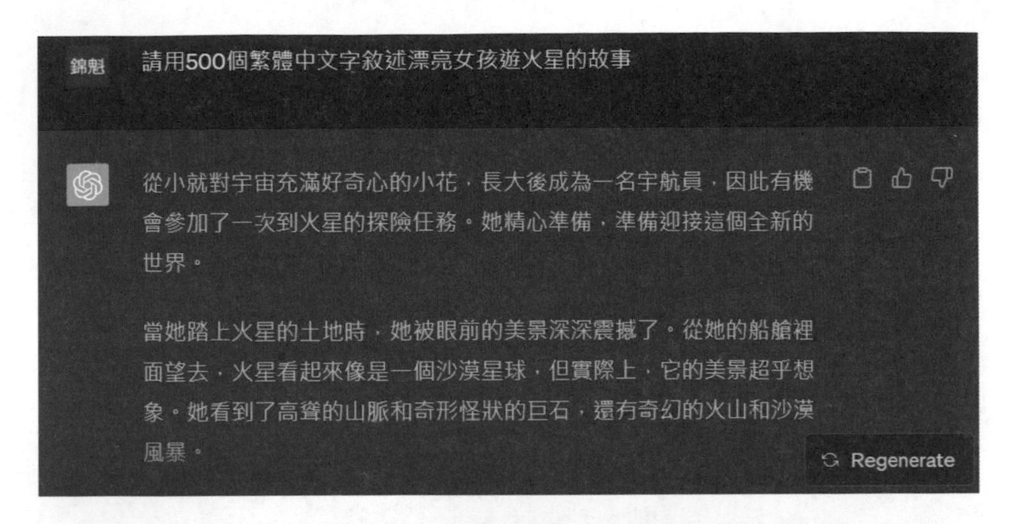

筆者習慣使用 Light 底色，所以可以進入 Settings 對話方塊更改，如下所示：

背景就可以復原為淺色底。

1-9 ChatGPT 對話連結分享

共享連結是一個新的功能，不同版本的 ChatGPT 會使用不同方法的方式產生連結，我們可以將教學或是有趣的對話分享。在 ChatGPT 右上方可以看到連結分享圖示，如下所示：

請點選連結分享圖示，可以看到 Share Link to Chat 方塊，這時有預設的匿名分享與使用本名分享 2 種方式：

方法 1：預設是匿名分享

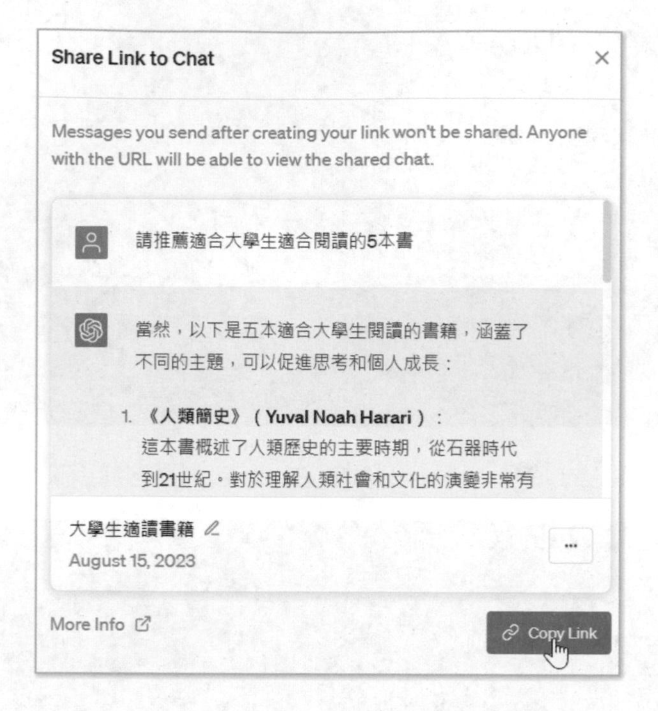

上述請點選 Copy Link 鈕，就可以將連結拷貝到剪貼簿，ChatGPT 會告訴我們已經將連結複製到剪貼簿的訊息。

Copied shared conversation URL to clipboard!

未來任何人將網址貼到瀏覽器，可以看到分享結果。

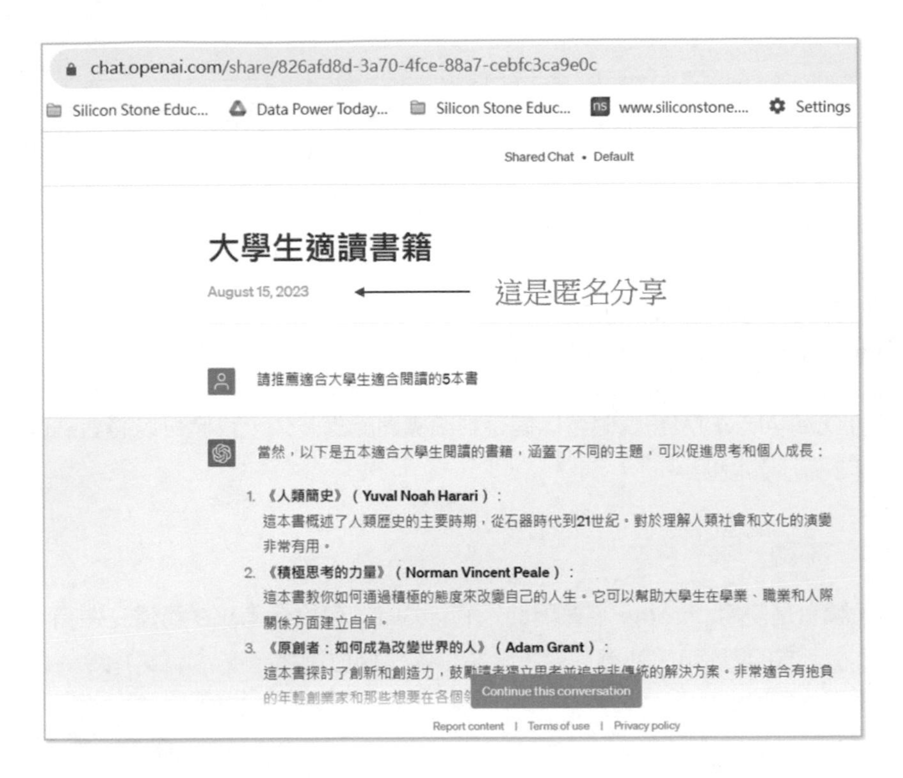

方法 2：使用本人名字分享

請點選 Copy Link 鈕上方的選項設定圖示，可以看到 Share your name 指令，請選擇此指令。

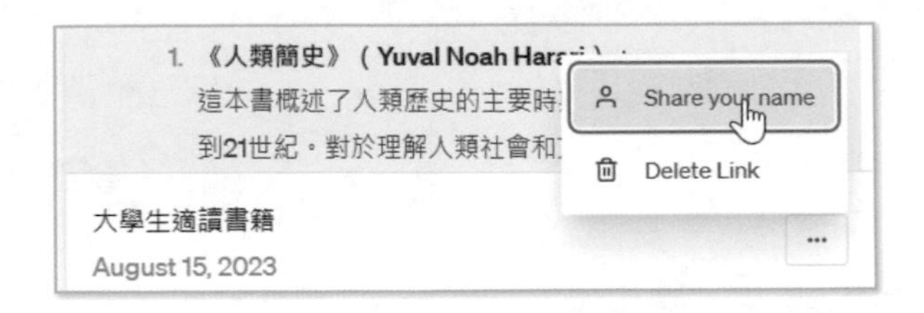

可以看到標題日期左邊出現筆者的名字，表示未來分享時是使用本人名字分享。

其實點選用本人名字分享時，可以同時看到 Share anonymously 指令，點選可以使用匿名分享。

另外，Delete Link 指令可以刪除分享連結。

1-10 儲存對話記錄

目前 OpenAI 公司沒有說明可以儲存對話標題紀錄多久，我們可以將對話儲存，下列將分成 2 個小節說明。

1-10-1 儲存成 PDF

假設讀者是使用 Chrome 瀏覽器進入 ChatGPT，可以參考 1-9 節建立連結，然後點選瀏覽器右上方的⋮圖示，執行列印指令，目的地欄位選擇另存為 PDF 指令。

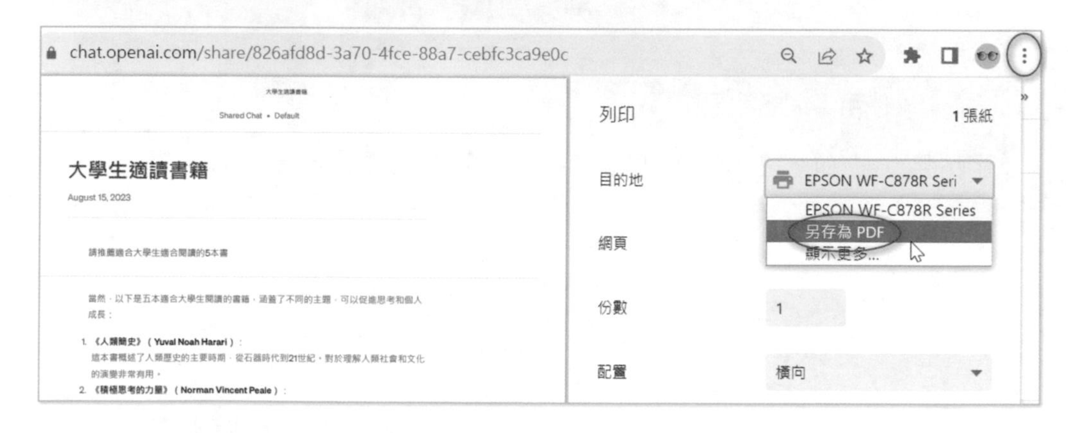

然後按右下方的儲存鈕，會出現「另存新檔」對話方塊，請選擇適合的資料夾，再輸入適當的檔案名稱，最後按存檔鈕就可以儲存了。

1-10-2 ChatGPT 的 Export 功能

這也是新版 ChatGPT 才有的功能，主要是將對話標題的完整記錄用電子郵件方式輸出，執行備份。其觀念與步驟如下：

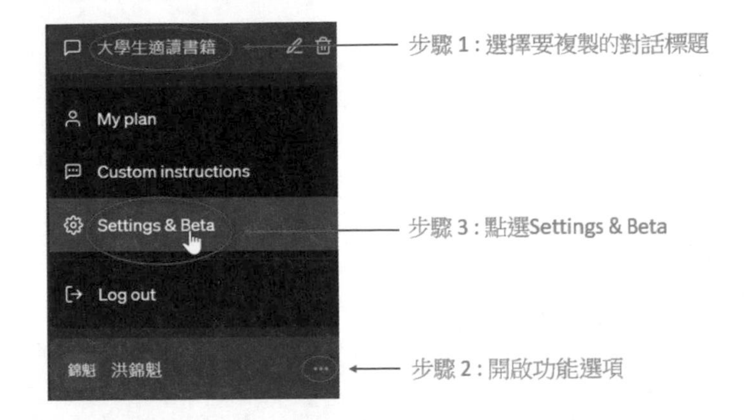

然後可以看到 Settings 對話方塊，請點選 Data controls，可以擴展 Data controls 選項，如下所示：

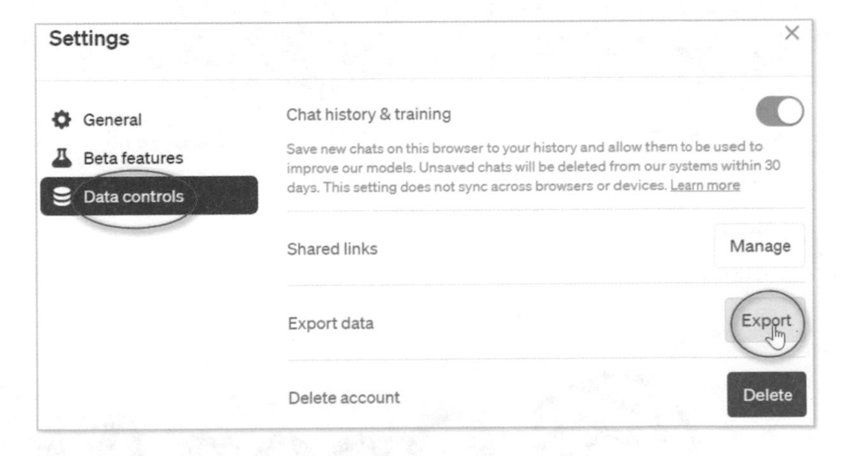

上述請點選 Export 鈕，可以看到下列畫面。

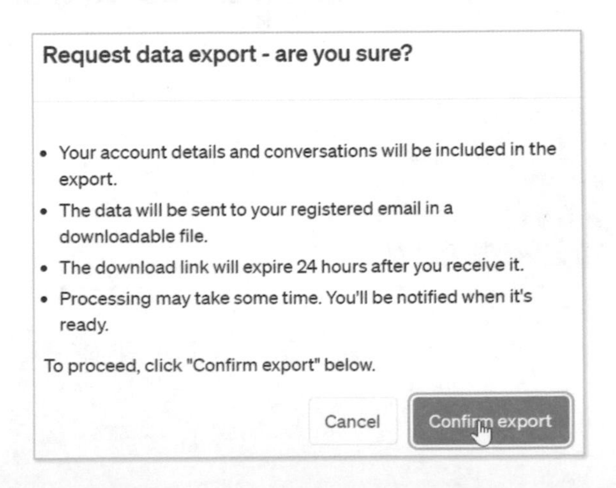

上述說明如下：

要求輸出，你確定？

- 您的帳戶詳情和對話將包括在此次匯出中。
- 這些資料將以可下載的文件形式，發送到您註冊的電子郵件地址。
- 下載鏈接將在您收到它後的 24 小時內失效。
- 處理可能需要一些時間。當它準備好時，您將收到通知。
- 要繼續，請點擊下方的「確認匯出 (Confirm export)」。

按一下 Confirm export 後，可以看到下列訊息，告知已經成功匯出資料，你可以在很短的時間收到所匯出的資料。

Successfully exported data. You should receive an email shortly with your data.

請檢查註冊的電子郵件，可以收到 OpenAI 公司寄出對話的超連結，如下所示：

請點選 download data export 超連結，可以在瀏覽器看到所連結的下載檔案。

請按開啟檔案超連結字串，可以在下載目錄區看到這個檔案。

請解壓縮上述檔案，可以看到下列解壓縮結果。

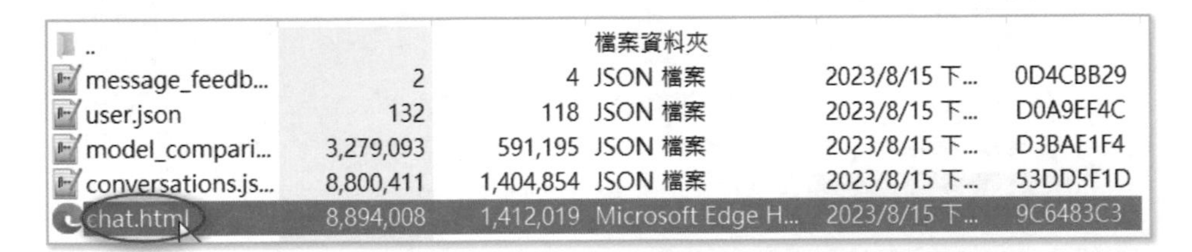

..			檔案資料夾		
message_feedb...	2	4	JSON 檔案	2023/8/15 下...	0D4CBB29
user.json	132	118	JSON 檔案	2023/8/15 下...	D0A9EF4C
model_compari...	3,279,093	591,195	JSON 檔案	2023/8/15 下...	D3BAE1F4
conversations.js...	8,800,411	1,404,854	JSON 檔案	2023/8/15 下...	53DD5F1D
chat.html	8,894,008	1,412,019	Microsoft Edge H...	2023/8/15 下...	9C6483C3

上述 chat.html 就是壓縮的對話記錄，請開啟這個 HTML 檔案，可以得到下列結果。

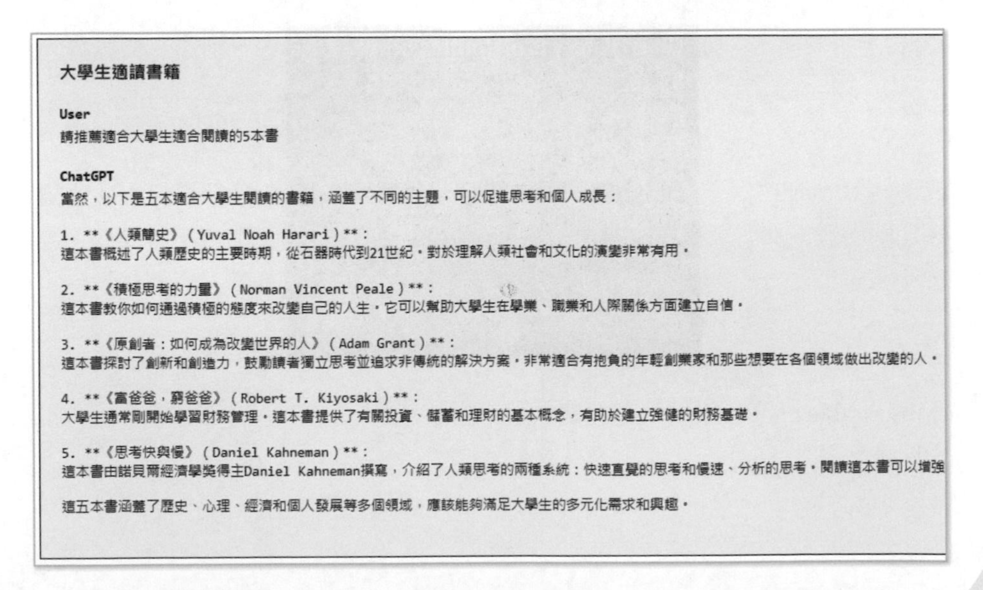

大學生適讀書籍

User
請推薦適合大學生適合閱讀的5本書

ChatGPT
當然，以下是五本適合大學生閱讀的書籍，涵蓋了不同的主題，可以促進思考和個人成長：

1. **《人類簡史》（Yuval Noah Harari）**：
這本書概述了人類歷史的主要時期，從石器時代到21世紀，對於理解人類社會和文化的演變非常有用。

2. **《積極思考的力量》（Norman Vincent Peale）**：
這本書教你如何通過積極的態度來改變自己的人生，它可以幫助大學生在學業、職業和人際關係方面建立自信。

3. **《原創者：如何成為改變世界的人》（Adam Grant）**：
這本書探討了創新和創造力，鼓勵讀者獨立思考並追求非傳統的解決方案，非常適合有抱負的年輕創業家和那些想要在各個領域做出改變的人。

4. **《富爸爸，窮爸爸》（Robert T. Kiyosaki）**：
大學生通常剛開始學習財務管理，這本書提供了有關投資、儲蓄和理財的基本概念，有助於建立強健的財務基礎。

5. **《思考快與慢》（Daniel Kahneman）**：
這本書由諾貝爾經濟學獎得主Daniel Kahneman撰寫，介紹了人類思考的兩種系統：快速直覺的思考和慢速、分析的思考。閱讀這本書可以增強

這五本書涵蓋了歷史、心理、經濟和個人發展等多個領域，應該能夠滿足大學生的多元化需求和興趣。

上述就是我們的對話記錄，讀者可以將此檔案保存。

1-11 隱藏或顯示對話標題

ChatGPT 預設是顯示對話標題，如果讀者進入 Settings 對話方塊 (進入方式，可以參考前一小節)，取消設定 Chat history & training，如下所示：

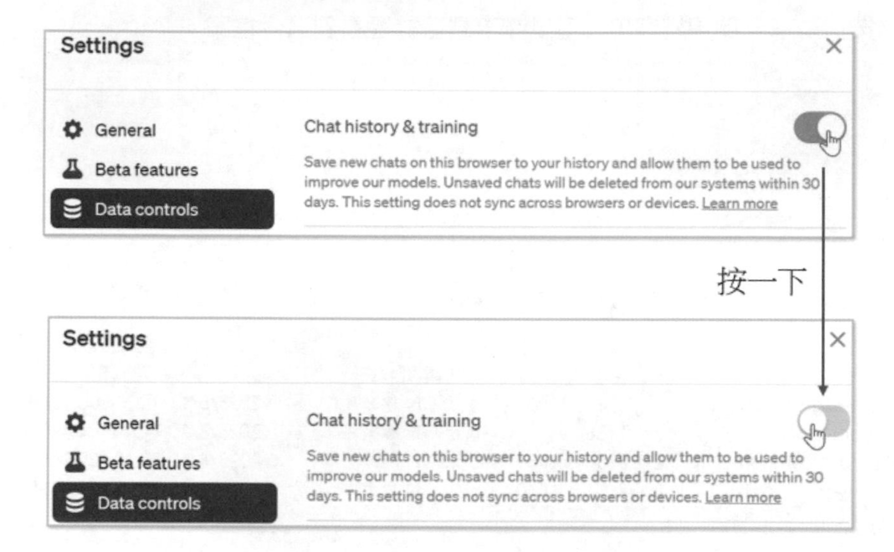

然後 ChatGPT 的側邊欄將隱藏標題，如下所示：

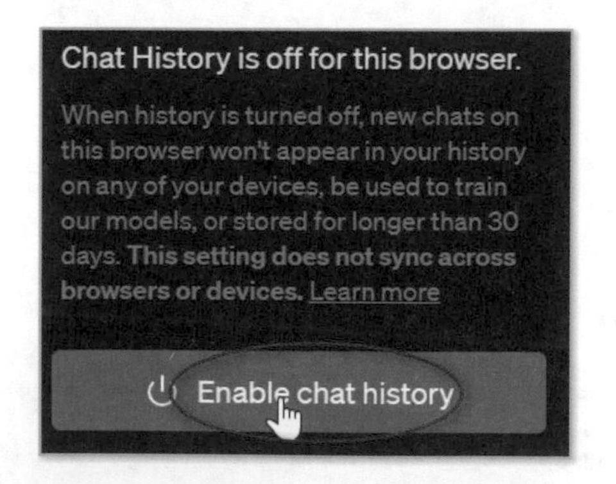

點選 Enable chat history，可以復原顯示對話標題。

1-12 ChatGPT 的局限性

可能偶爾生成不正確的資訊。

錦魁　請告訴我2023年世界大學運動會比賽地點

2023年的世界大學運動會（Universiade）夏季賽事被安排在俄羅斯的葉卡捷琳堡舉行。這是一項由國際大學體育聯合會（FISU）主辦的比賽，每兩年舉辦一次，吸引來自世界各地的大學生參加各種不同的體育比賽。葉卡捷琳堡作為俄羅斯的一個重要城市，將會是這一屆比賽的主辦地。

ChatGPT 目前資料只到 2021 年 9 月，以後的資料和事件無法完整回應。

錦魁　請告訴我2022年世界盃足球賽是哪一個國家得到冠軍

2022年世界盃足球賽在卡塔爾舉行。由於我的知識截止日期是2021年9月，我無法提供2022年世界盃足球賽的冠軍國家信息。你可以通過查看可信的新聞源或體育網站來找到這一信息。

1-13 客製化個人特色的 ChatGPT

使用 ChatGPT 時，也可以打造個人特色的 ChatGPT，或是說「客製化個人的 ChatGPT」。在點選側邊欄下方的選項設定圖示，可以看到 Custom instructions 選項。

請點選 Custom instructions，可以看到要求輸入 2 個訊息，分別是：

1：What would you like ChatGPT to know about you to provide better response.
（您希望 ChatGPT 了解您哪些方面，以便提供更好的回答？）

2：How would you like ChatGPT to respond?
（您希望 ChatGPT 如何回應？）

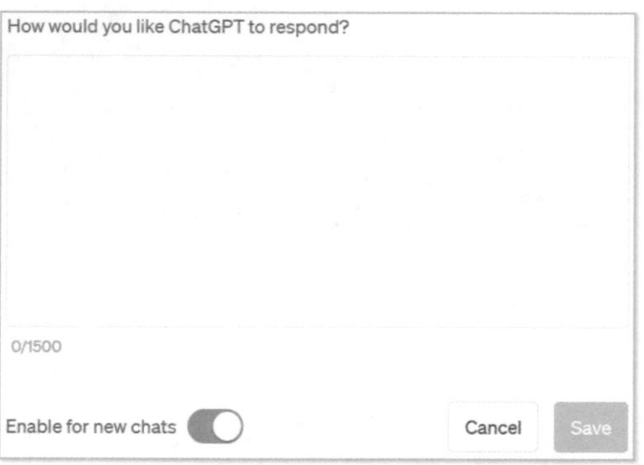

當你回答後，如果按 Save 鈕儲存，未來 ChatGPT 回應你的對話時，可以針對你所提供的需求回答。如果我們沒有提供這類資訊，ChatGPT 只針對一般狀況回答。註：這個功能設定後，可以隨時使用對話方塊下方的 Enable for new chats 啟用或是關閉。

例如：筆者客製化輸入如下：

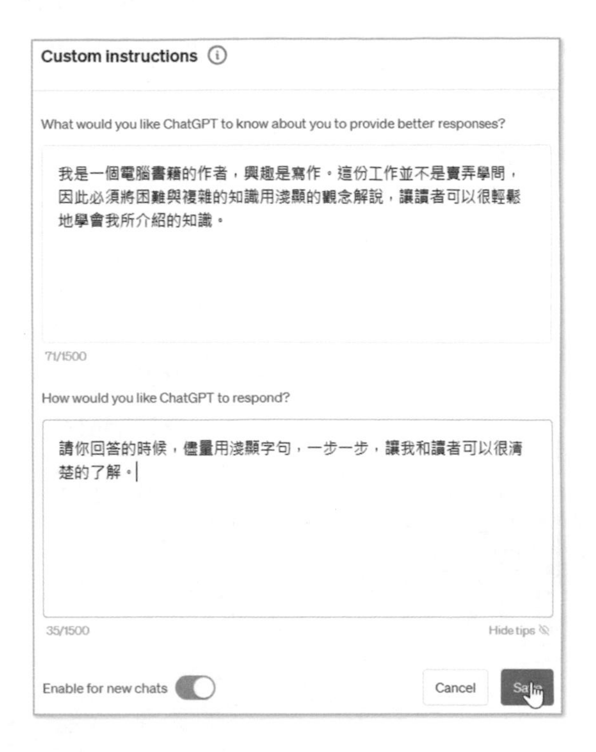

上述輸入完後需要啟動 Enable for new chats 才可以，可以參考上圖的左下方，同時需要按 Save 鈕。未來筆者在新的對話標題與 ChatGPT 對話時，筆者要求解釋「量子力學」，可以看到 ChatGPT 用很淺顯的方式回答。

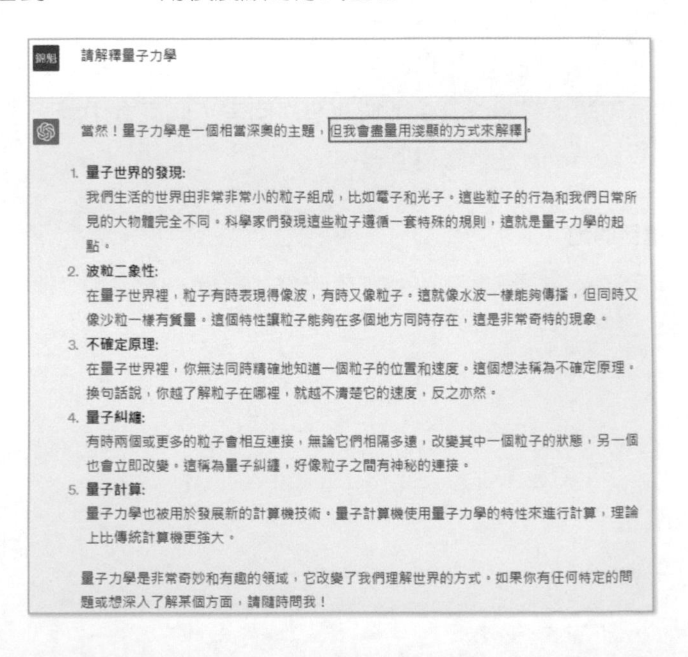

如果不用上述設定，讀者可以取消 Enable for new chats 設定，然後按 Save 鈕。ChatGPT 會用一般方式回答，如下所示：

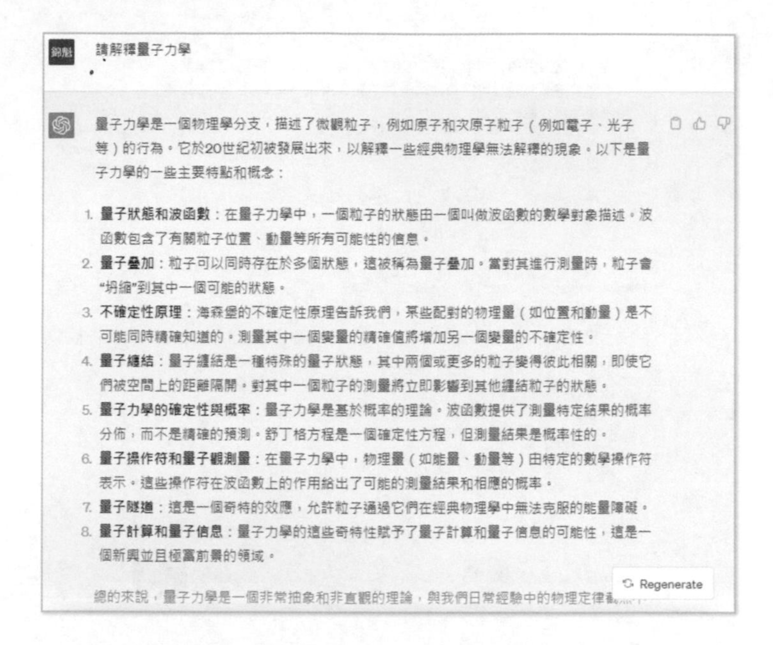

1-14 使用 ChatGPT 必須知道的情況

❑ 繼續回答 Continue generating

如果要回答的問題太長，ChatGPT 無法一次回答，回應會中斷，這時可以按螢幕下方的 Continue generating 鈕，繼續回答。

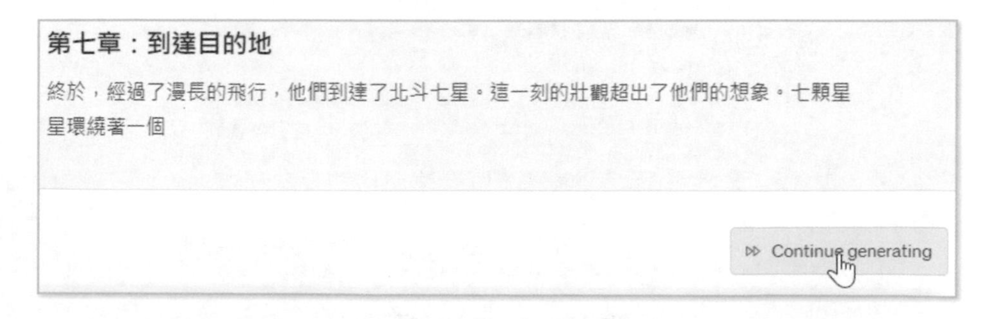

❑ 中止回答 Stop generating

如果回答感覺不是很好，或是 ChatGPT 會過度的回答問題，在回答過程可以使用 Stop generating 鈕中止回答。

❑ 重新回答 Regenerating

如果回答後，感覺不是我們想要的，可以按 Regenerating 鈕要求重新回答。

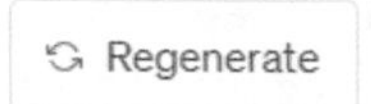

❑ ChatGPT 重新輸出時，會詢問這此輸出是否比較好

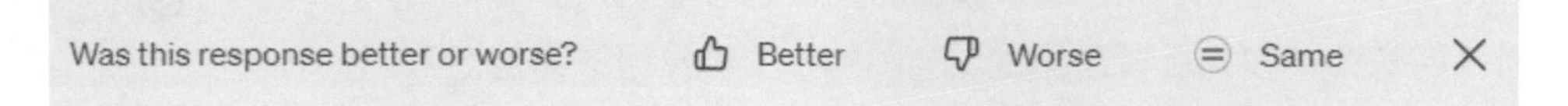

❑ 同樣的問題有多個答案

同樣的問題問 ChatGPT，可能會產生不一樣的結果，所以讀者用和筆者一樣的問題，也可能獲得不一樣的結果。

❑ 可能會有輸出錯誤

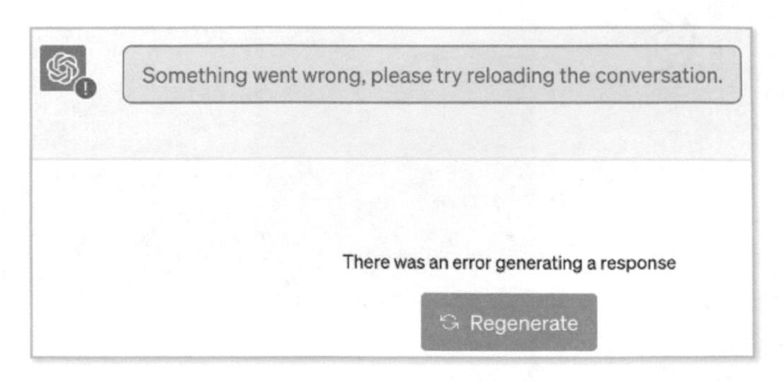

❑ Browse with Bing?

ChatGPT 和我們對話的內容皆是先前在資料庫訓練的結果，它不會立刻上網搜尋，訓練期間所給的資料是 2021 年 9 月以前的資料，所以如果詢問 2021 年 9 月以後的資料，ChatGPT 所知有限。

註1 OpenAI 公司原先為了解決資料停留在 2021 年 9 月的問題，曾經給 ChatGPT Plus 訂閱用戶 Browse with Bing 功能，透過 Bing 搜尋功能補足新資料的缺口，不過 2023 年 7 月 4 日此功能暫時下架，因為 Browse with Bing 提供了 OpenAI 公司不想要提供的資料，只要問題解決未來還是可能重新上架。

註2 7-1 節會介紹插件 (也有人翻譯為外掛)ChatGPT for Google，這個程式可以擴充 ChatGPT 能力，用 Google 搜尋然後彙整，由 ChatGPT 回應結果。第 8 章會提供更多官方認證的插件，這些插件皆有搜尋網路的功能。

1-15 ChatGPT App

2023 年 5 月 OpenAI 公司發表了 ChatGPT 的 App，因此我們已經可以在手機上使用 ChatGPT。讀者需注意的是，類似的 App 為了避免被誤導，我們可以使用 商標認清楚，到底哪一個 App 才是真的 ChatGPT，下載後可以點選進入 ChatGPT。

進入 ChatGPT 後，可以看到和網頁版類似的畫面，可以參考上方右圖。右上方的 ••• 圖示，可以點選產生下拉選單，這些選單的指令功能與視窗版相同。

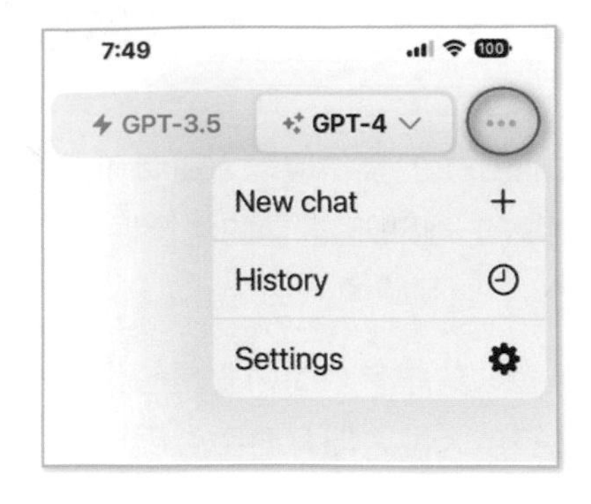

ChatGPT App 的優缺點 (功能特色) 如下：

- 優點：支援語音輸入，所以可以使用 iPhone 的 Siri 輸入。
- 缺點：目前只支援英文、簡體中文拼音輸入。雖然看得懂繁體中文，但是不支援繁體中文輸入，如果讀者用語音輸入則出現的是簡體中文，如果發音無法很準確，可能會出現輸入錯誤，解決方法是讀者可以在備忘錄 App 輸入繁體中文，修正內文，再複製和貼到 ChatGPT 的輸入區。

下方左圖是筆者語音輸入「請推薦大學生應該要學習的程式語言」，產生簡中文字的畫面與 ChatGPT 的回應。下方右圖是筆者要求用繁體中文回答的結果畫面。

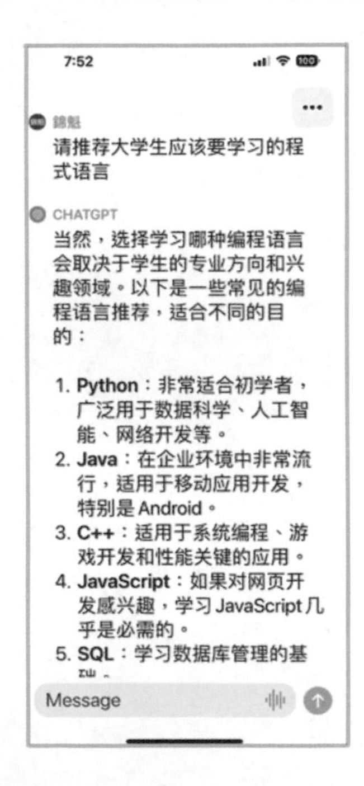

1-16 筆者使用 ChatGPT 的心得

前面幾節我們認識了 ChatGPT 的操作環境，讀者可能會想 ChatGPT 的功能為何？ChatGPT 基本上是經過 AI 訓練的一個即時對話的語言模型，當我們輸入問題，ChatGPT 會依據先前資料庫訓練的資料，回應問題。

經過多個月的使用，筆者深刻體會 ChatGPT 是一個精通多國語言、上知天文、下知地理的活字典。目前台灣許多大型公司有使用客服機器人，但是功能有限，如果套上 ChatGPT，則未來發展將更為符合需求。除此，ChatGPT 也可以和你做真心的朋友，回應你的心情故事。

此外，ChatGPT 經過約 10 個月的開放，筆者感受到 ChatGPT 的幾個進步象徵如下：

- 速度越來越快
- 回應也越來越聰明
- 可以回應更長的答案而不中斷

應該是 OpenAI 公司有不斷的增加伺服器，內部語言模型也因應實際做改良。簡單的說，ChatGPT 的功能是取決於你的創意，本書所述內容，僅是 ChatGPT 功能的一小部分。

第 2 章

ChatGPT 的基本應用

2-1 認識 Prompt

2-1-1 基礎使用

「Prompt」是一個名詞，在命令提示字元視窗環境使用電腦時，可以看到提示訊息 (Prompt)，如下所示：

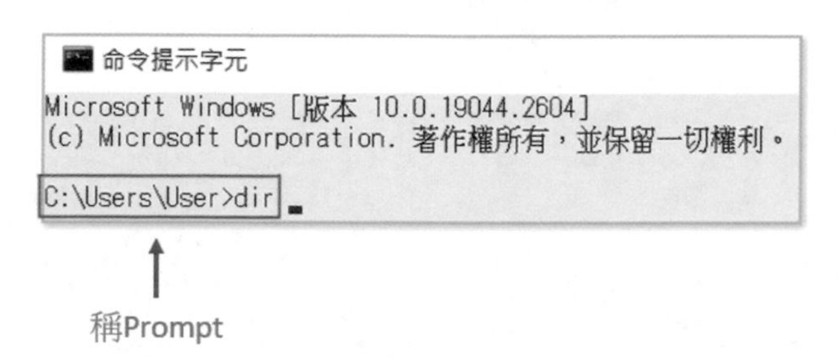

上述 Prompt 我們必須明確告訴作業系統指令，作業系統才可以依據我們的指示執行工作。在與 ChatGPT 會話過程，使用者是一個輸入框，其實我們也可以稱在此輸入框輸入的文字是 Prompt。

Prompt 其實就是一個片段文字，這段文字給了 ChatGPT 後，可以讓 ChatGPT 產生回應。輸入片段文字時，必須明確，給予足夠的資料，ChatGPT 才可以快速、完整的給我們資料。例如：下列是 3 個 Prompt 內容：

實例 1：請寫一篇七言絕句。

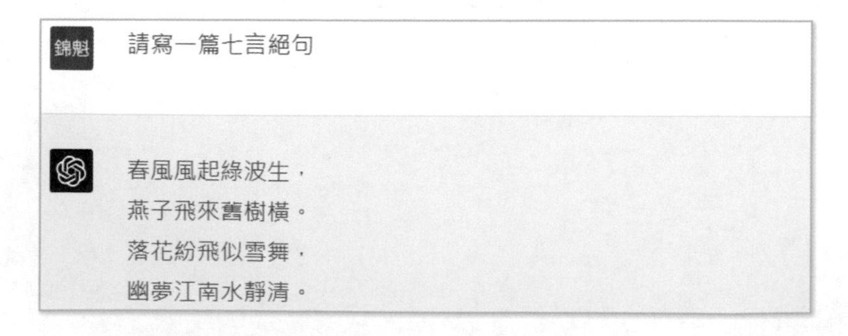

上述 Prompt 是模糊的，因為 ChatGPT 只知道你要它做一首七言絕句，只能模糊地做一首七言絕句。

實例 2：請寫一篇七言絕句，內容是敘述我是明志科技大學畢業。

> 錦魁　請寫一篇七言絕句, 內容是敘述我是明志科技大學畢業
>
> 明志科技校園遊，
> 學子勤奮度時光。
> 技術磨練成才路，
> 畢業離愁滿目光。

上述 Prompt 有列出是明志科技大學，在詩中可以描述明志科技大學。

實例 3：請寫一篇七言絕句，內容是敘述我從明志科技大學畢業 40 年了，明天要回明志科技大學演講，心情是激動與緊張的。

> 錦魁　請寫一篇七言絕句, 內容是敘述我是明志科技大學畢業40年了, 明天要回明志科技大學演講, 心情是激動與緊張的
>
> 明志畢業四十載，
> 榮歸母校情激昂。
> 明日演講心緊張，
> 歷史今朝再輝煌。

上述 Prompt 增加了畢業年限，同時敘述了心情，因此 ChatGPT 可以更完整的用七言絕句描述心情。

使用 ChatGPT 時，我們要將與 ChatGPT 對話視為與一般人對話，如果可以給明確的詢問，ChatGPT 就可以針對你的詢問回應，這樣就會有一個美好的會話體驗。另外，ChatGPT 雖然是 AI 智慧的結晶，與他對話必須注意，不要有不雅文句、辱罵、種族歧視的句子，同時 ChatGPT 仍在不斷學習中，它也像人類一樣會出錯，我們也可以給予正確訊息，相信 ChatGPT 會越來越強大。

2-1-2 進階使用

前一節我們有了基本認知，若是更嚴謹的話，可以將與 ChatGPT 的對話用下列語法表示：

「目的」「輸入內容」「輸出格式」

上述「目的」是必要的輸入，這樣 ChatGPT 才知道如何回應你的問題。「輸入內容」「輸出格式」則是可有可無，是情況而定。對於簡單的對話，只要輸入目的即可。

如果需要更完整的表達對話，我們需要增加「輸入內容」，讀者可以參考前一小節的實例 2 和 3。使用 ChatGPT 時，基本上 ChatGPT 會有預設格式輸出，如果你覺得輸出格式不是你想要的，可以指定輸出格式。

實例 1：請用 100 個字描述 AI 發展的歷史。

錦魁　請用100個字描述AI發展的歷史

AI發展歷史可追溯至20世紀50年代，最早的電腦程序象棋和西洋棋遊戲奠定基礎。60-70年代，AI採用符號主義，基於規則的專家系統興起。80年代，機器學習方法引入，神經網絡逐漸普及。90年代，統計學習理論的引入，SVM等算法出現。21世紀，深度學習技術研究，AlexNet等模型成功應用於圖像識別。近年來，自然語言處理技術如GPT系列模型取得重大突破，AI應用範疇不斷擴大。

上述「100 個字」可以視為「目的」，「描述 AI 發展歷史」可以視為「輸入內容」。

實例 2：請用 100 個字描述 AI 發展的歷史，請用要點方式輸出。

錦魁　請用100個字描述AI發展的歷史,請用要點方式輸出

1. 20世紀50年代：AI起源，電腦遊戲如象棋。
2. 60-70年代：符號主義，專家系統興起。
3. 80年代：機器學習方法，神經網絡普及。
4. 90年代：統計學習理論，SVM等算法出現。
5. 21世紀初：深度學習技術，如AlexNet圖像識別。
6. 近年來：自然語言處理技術，GPT系列模型突破。
7. 當前：AI應用範疇持續擴大，影響多個領域。

上述「請用要點方式輸出」可以視為「輸出方法」。

2-1-3 使用上下引號標註輸入內容

在與 ChatGPT 的對話中，「輸入內容」適當引用上引號 (「) 和下引號 (」)，可以讓表達更清楚，例如：我們可以將上一小節的實例 1，使用下列方式表達：

請用 100 個字描述「AI 發展的歷史」

ChatGPT 可以認識「xxx」括起來的內容，未來我們也可以比較清楚。

實例 1：請用 100 個字描述「AI 發展的歷史」，請用要點方式輸出。

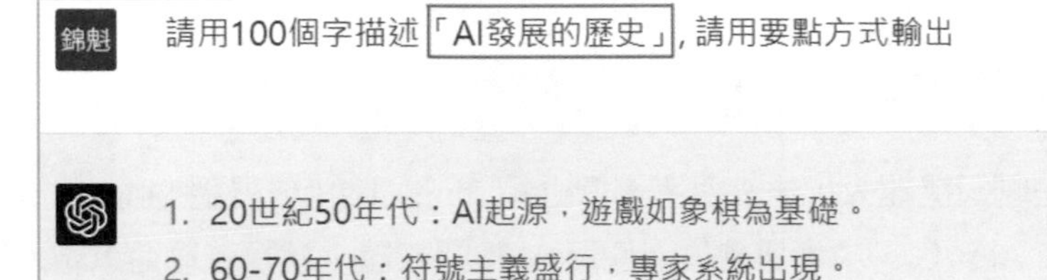

實例 2：也可以使用下列方法導用上下引號。

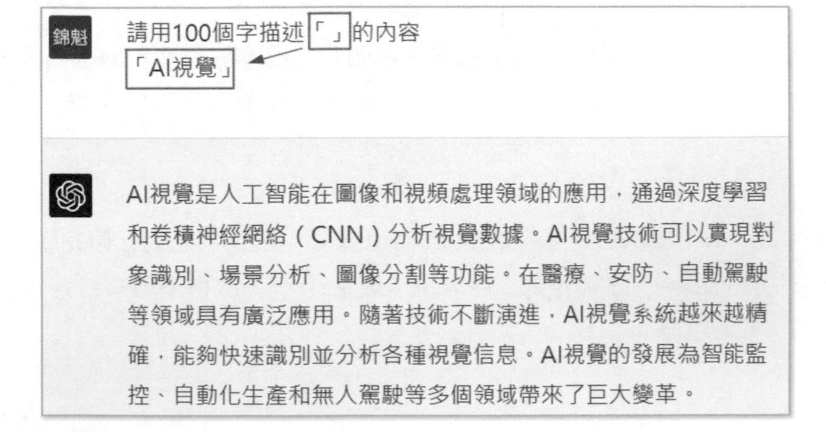

錦魁
請用100個字描述「」的內容
「AI視覺」
AI視覺是人工智能在圖像和視頻處理領域的應用，通過深度學習和卷積神經網絡（CNN）分析視覺數據。AI視覺技術可以實現對象識別、場景分析、圖像分割等功能。在醫療、安防、自動駕駛等領域具有廣泛應用。隨著技術不斷演進，AI視覺系統越來越精確，能夠快速識別並分析各種視覺信息。AI視覺的發展為智能監控、自動化生產和無人駕駛等多個領域帶來了巨大變革。

2-1-4　輸出一致的系列資料

設定輸出方法是重要的，假設讀者要 ChatGPT 描述下列主題：

- 「AI 發展的歷史」
- 「深度學習與圖像識別」

  …

- 「AI 的未來」

如果我們沒有設定輸出格式，可能會出現輸出格式不統一的問題，當直接指名輸出格式後，未來輸出格式就會統一。

2-1-5　Prompt 與 AI 軟體

ChatGPT 是聊天機器人，未來筆者還會介紹 Bing Chat(或是稱 Bing AI)，也是聊天機器人。或是在 AI 時代，讀者還會碰上使用 AI 繪圖軟體，這類軟體可以輸入文字，然後產生圖像。

在 AI 時代，讀者必須了解，提示訊息與所輸入的資訊稱「Prompt」。

2-1-6　Prompt 的類別整理

此外，我們也可以將 Prompt 的使用分成下列類別。

1：「問題」的 Prompt

這些問題旨在獲得特定的答案或資訊。例如，「日本的首都為何」或「太陽能是如何運作的」。

2：「完成工作」的 Prompt

這些為 ChatGPT 提供了一個起始點或一小段文字，並告訴它們如何完成它。例如，「那是一個月黑、風雨交加的夜晚，西太平洋發生了 …，故事主角感到 …」或「每天早起運動的一些好處是 ...」。

3：「故事」的 Prompt

故事提示要求 ChatGPT 創造關於某個特定主題或主旨的故事或敘述。例如，「寫一個關於一個醒來睡美人的短篇故事」或「建立一個有關火星的神秘故事」。

4：「創意」的 Prompt

這些是開放式問題，要求 ChatGPT 生成一些創意作品，例如：詩詞、歌曲或劇本。例如：「寫一首關於愛情的詩」，「給予喜劇電影 (或文創產品) 主題，請求寫劇本」。

5：「情境對話」的 Prompt

這些提示要求 ChatGPT 創造在特定情境或背景下角色之間的對話。例如，「寫一個顧客與客服人員之間的對話」、「寫一個關於最近新聞事件的兩個朋友之間的對話」或「模擬業務與採購之間的對話」。

未來章節筆者會有系列的應用，讀者也須自我不間斷的練習，相信未來可以更容易駕馭 ChatGPT。

2-1-7 讓 ChatGPT 告訴你應如何與他對話

錦魁　你有沒有建議應該如何與你對話

當然！與我（ChatGPT）對話時，以下是一些可能有助於獲得更準確和有用回答的建議：

1. **明確具體**：儘量具體地說明您想要知道的信息或需要幫助的部分。越明確的問題，通常能得到越精確的答案。
2. **提供上下文**：如果問題涉及特定的背景或條件，提供這些信息可以幫助我更好地理解您的需求。
3. **分步問問題**：如果您有一個很複雜的問題，可以考慮將其分解成幾個相關的小問題。這樣不僅能讓我更好地理解您的需求，也可能使整個對話過程更清晰。
4. **明確表達期望**：如果您對答案的格式或長度有特定需求（例如，要求簡短回答、詳細解釋或舉例說明），在提問時說明這些期望可以有助於得到您滿意的答案。
5. **利用特定提示**：如您之前提到的問題提示、對話提示等，您可以使用這些結構化的方式來與我互動，特別是當您需要創意寫作或特定格式的內容時。
6. **不要猶豫重複或澄清**：如果我未能提供您需要的答案，請不要猶豫重複問題或提供更多指引。我會努力理解並提供您所需的信息。

請記住，我是一個基於文字的模型，無法理解人類的情感或非文字的暗示。明確、具體的指示通常能得到最佳結果。

2-2 依據程度回應我們

筆者沒有學過量子力學，想了解量子力學，因此有了下列詢問。

請解釋量子力學

量子力學是物理學中的一個分支，主要研究原子和亞原子尺度的物質與能量的行為。它於20世紀初由一些著名物理學家如尼爾斯·波耳、馬克斯·普朗克、阿爾伯特·愛因斯坦等人提出，以解釋當時古典物理學無法解釋的現象。量子力學有別於古典物理學，其核心思想和數學公式在很多方面都是非常獨特的。

量子力學的基本概念包括：

1. 波粒二象性：微觀粒子既具有波動性（像光一樣），又具有顆

繼續往下捲動可以看到更多內容(筆者省略)。

若是我們沒有提醒 ChatGPT，ChatGPT 會用一般方式與我們對話。量子力學是一門深奧的學問，不容易懂，當我們感覺內容艱深難懂時，可以請求 ChatGPT 使用特定程度的方式回應。筆者這次改為請求 ChatGPT 使用小學生可以懂的方式告訴我們量子力學的知識，獲得了下列結果。註：筆者僅列出部分回答。

請用小學生可以懂的方式解釋「量子力學」

量子力學是一門研究非常非常小的東西，比如原子和電子等微小粒子的行為和規律的科學。在這個微小的世界裡，事物的行為與我們日常生活中看到的大物體是不一樣的。

這裡有幾個有趣的概念：

1. 波粒二象性：在量子世界裡，像電子這樣的微小粒子有時候表

2-3 文案製作 - 描述主題到大綱制定

「AI 的未來」可能會是買這本書讀者關心的議題，接下來筆者嘗試用不同方式詢問此學科，然後了解 ChatGPT 的回應。

2-3-1　請用 100 個字回答「AI 的未來」

實例 1：請用 100 個字回答「AI 的未來」。

錦魁　請用100個字告訴我「AI的未來」

人工智能(AI)的未來將持續發展，不僅改變現有產業，還將創造新的商業模式和機遇。AI將與人類合作，提高效率並解決複雜問題。隨著技術進步，AI將更具倫理性，保護隱私和數據安全。AI應用將擴展到醫療、教育、環保等領域，為人類帶來更美好的生活品質。同時，我們也需關注潛在風險，確保科技進步與社會責任並行。

2-3-2　請用 300 個字回答「AI 的未來」

可以看到，ChatGPT 用更豐富的內容描述「AI 的未來」。

實例 1：請用 300 個字回答「AI 的未來」。

錦魁　請用300個字告訴我「AI的未來」

人工智能（AI）的未來將呈現出多元化的發展趨勢，具有深遠的影響。隨著技術進步，AI將與大數據、物聯網、量子計算等領域緊密結合，進一步擴大其應用範疇。在未來，AI不僅將改變現有產業，還將引領新興商業模式和機遇的誕生。

與此同時，AI將與人類更加緊密地合作，提高工作效率並解決複雜問題。在許多領域，如醫療、教育、環保、交通等，AI的應用將使人類生活質量得到顯著提升。醫療領域中，AI將協助醫生診斷疾病、制定治療方案、開發新藥物。在教育領域，智能教育系統將根據學生的需求提供個性化的學習方案。在環保方面，AI將幫助我們更有效地監測環境變化、預測災害、減少能源消耗。

為了確保AI技術的健康發展，未來的AI系統將更注重倫理性，加強對隱私和數據安全的保護。此外，公平性和可解釋性將成為AI設計的重要原則，以避免不公正的決策和提高用戶信任。

然而，AI的發展也伴隨著潛在風險。例如，自動化可能對勞動力市場產生影響，使某些工作崗位消失。為應對這一挑戰，政府和企業需要積極開展職業培訓，幫助勞動者轉型。此外，AI可能被用於不道德或非法目的，例如監控、虛假信息傳播等。因此，必須建立相應的法律法規和監管機制，以確保科技進步與社會責任並行。

總之，AI的未來將是充滿機遇與挑戰的時代。在追求技術創新的同時，我們需要

2-3-3　請 ChatGPT 制定大綱

實例 1：筆者想編寫「AI 的未來」，請 ChatGPT 制定大綱。

錦魁　我想寫一本「AI的未來」，請建議內容大綱

以下是一個關於「AI的未來」的書籍內容大綱建議：

第一章：引言

1. AI的定義和歷史
2. AI的當前應用和成就

第二章：AI技術的演進

1. 深度學習和神經網絡
2. 強化學習
3. 轉移學習
4. 生成對抗網絡（GANs）

Regenerate response　Share

...

1. 教育和培訓
2. 政策和法規
3. 全球合作和標準制定

第九章：結語

1. AI對人類未來的影響
2. 創新與責任的平衡
3. 構建可持續發展的AI未來

從上述我們已經製作內容大綱了，接下來只要補上各章節內容就可以了，當然讀者也可以由 ChatGPT 產生。

2-3-4 序的撰寫

實例 1：請 ChatGPT 撰寫「AI 的未來」的序。

錦魁 請用300個字撰寫「AI的未來」的序

在21世紀初，人工智能（AI）成為科技界的一個熱門話題，從而開始了一場科技革命。這場革命將徹底改變人類生活的方方面面，從工作到娛樂，從醫療到環保。在本書中，我們將探討AI的未來發展，以及它將如何影響我們的生活。

本書旨在提供一個全面且深入的視角，幫助讀者了解AI的發展趨勢和潛在影響。從AI技術的演進，到它與其他新興科技的結合，再到它在不同領域的應用，我們將一一剖析。同時，我們將關注AI如何與人類共同合作，以提高效率和解決複雜問題。

在探索AI的未來發展時，我們也必須謹慎對待它帶來的挑戰和風險。因此，本書將對AI倫理與法律問題進行深入討論，以確保技術創新與社會責任並行。此外，我們將研究如何應對AI帶來的就業和自動化挑戰，以及如何應對虛假信息和操縱等問題。

最後，本書將提出一系列策略，以幫助政府、企業和個人應對AI的未來挑戰。這些策略將涉及教育、培訓、政策和法規，以及全球合作和標準制定。通過這些策略，我們希望建立一個可持續發展的AI未來，使人類社會在科技創新的驅動下不斷向前邁進。

希望本書能激發讀者對AI未來的思考，並幫助大家更好地把握科技發展的機遇。讓我們共同探索AI的無限可能，並努力創造一個更美好、更智慧的未來。

2-4 摘要文章與產生心得報告

前一小節我們已經使用 ChatGPT 創作文章，其實 ChatGPT 也可以摘要或撰寫心得，請先用 ChatGPT 建立一篇小說故事。

錦魁　請用500個字描述「漂亮女孩遊火星的探險故事」

在遙遠的未來，火星已成為人類探索和居住的新地方。在這個時代，有一個名叫莉娜的漂亮女孩，對火星充滿了好奇和冒險精神。她的探險故事不僅富有想像力，而且充滿了勇氣和智慧。

莉娜生活在地球的一個繁忙都市中，她的父母都是知名的太空科學家。自小受到父母的影響，她對宇宙充滿了探索的熱情。特別是火星，那神秘的紅色星球，一直引起她極大的興趣。

一天，她得到一次前往火星的機會，成為了一個青少年探險隊的成員。穿著先進的太空服，乘坐先端的太空船，她踏上了通往火星的冒險之旅。

抵達火星後，莉娜和隊伍開始了令人興奮的探索。她們在火星的峽谷中漫遊，登上了巍峨的火山，甚至在地下洞穴中發現了微生物的跡象。她的勇敢和聰明讓她在探險隊中成為了佼佼者。

然而，探險並不總是順利的。一次，隊伍在一個神秘的沙漠地區迷路了。食物和水都快用完，所有人都感到絕望。正當危急時刻，莉娜觀察到了一些不同尋常的地形特徵，運用她的地質知識和觀察力，成功找到了一個地下水源，救了大家的性命。

2-4-1　摘要文章

請參考下圖內容。

錦魁　你可不可以摘要上述「漂亮女孩遊火星的探險故事」

當然，以下是上述「漂亮女孩遊火星的探險故事」的摘要：

在遙遠的未來，一個名叫莉娜的漂亮女孩受到太空科學家父母的影響，對火星感充滿興趣。她加入了一個青少年探險隊前往火星探索。在火星上，她們經歷了令人興奮的冒險，登上火山，探訪地下洞穴，甚至在危急時刻找到了水源。莉娜的勇氣、智慧和領導能力在旅程中充分展現。這次旅程不僅增進了人們對火星的認識，也促使莉娜個人成長，決定成為一名太空探險家，推動人類對宇宙的探索。她的故事激勵了許多年輕人勇敢追夢。

2-4-2　撰寫心得

請參考下圖內容。

錦魁 你可不可以用「漂亮女孩遊火星的探險故事」，撰寫心得。

當然！以下是我根據「漂亮女孩遊火星的探險故事」撰寫的心得：

這個故事以一位名叫莉娜的年輕女孩為主人公，將我們帶到遙遠的火星進行一次充滿冒險與探索的旅程。這個故事並不僅僅是一個簡單的太空探險，它更深層地展現了勇氣、智慧、成長和追夢的主題。

莉娜的角色充滿活力和好奇心，她的冒險精神不僅在火星的壯麗景色和未知秘密中得到體現，更在困境中的智慧與勇氣上展示。她在迷失、危機和挫折中的成長，反映了許多年輕人在追求夢想路上所必須面對的挑戰。莉娜的故事鼓舞了我們不畏困難，堅持不懈地追求自己的夢想。

另外，故事中對火星的描述充滿想像力和科學根據，它讓我們不僅沉浸在一個異想天開的太空旅程中，同時也引發了對現實宇宙探索的思考。這種結合了幻想與現實的敘述，使得故事更加引人入勝。

2-5 創意簡報 Power Point

2-5-1 ChatGPT 自創簡報

ChatGPT 也可以為我們建立簡報，可以參考下列 ChatGPT 所建立的「Apple 公司」簡報實例。

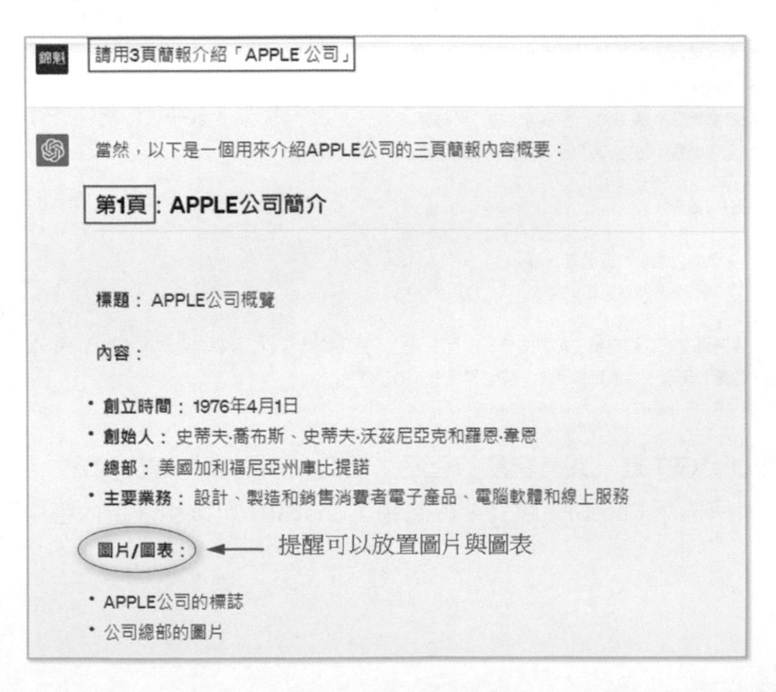

錦魁
請用3頁簡報介紹「APPLE 公司」
當然，以下是一個用來介紹APPLE公司的三頁簡報內容概要：
第1頁: APPLE公司簡介
標題：APPLE公司概覽
內容：
• 創立時間：1976年4月1日
• 創始人：史蒂夫·喬布斯、史蒂夫·沃茲尼亞克和羅恩·韋恩
• 總部：美國加利福尼亞州庫比提諾
• 主要業務：設計、製造和銷售消費者電子產品、電腦軟體和線上服務
圖片/圖表：
提醒可以放置圖片與圖表
• APPLE公司的標誌
• 公司總部的圖片

註 ChatGPT 也告訴我們可以在簡報適度加上圖表的位置。

第2頁：主要產品和服務

標題： APPLE的創新產品

內容：

- **Mac系列：** 包括MacBook Air, MacBook Pro, iMac等
- **iPhone：** 革命性的智能手機產品
- **iPad：** 流行的平板電腦系列
- **Apple Watch：** 智能手錶
- **Apple Music、iTunes等：** 媒體和娛樂服務

圖片/圖表：

- 各產品線的圖片或示意圖
- 銷售數據或市場佔有率圖表

第3頁：企業文化和影響

標題： 企業價值和全球影響

內容：

- **創新精神：** 不斷推動科技和設計的界限
- **環保承諾：** 致力於可持續發展和減少環境影響
- **社會責任：** 在教育、隱私保護等方面的努力
- **全球影響：** 在全球多個市場佔有領先地位

圖片/圖表：

- 企業文化相關的圖像或標誌
- 全球市場分佈或影響的圖表

這三頁簡報共同描繪了APPLE公司的歷史、主要產品和服務、以及其在全球市場和社會中的位置和影響，為觀眾提供了一個全面而深入的了解。

坦白說 ChatGPT 是一個有智慧的產品，因此，前面實例建立簡介「Apple 公司」簡報時，筆者只告訴 ChatGPT 建立 3 頁簡報，ChatGPT 可以由 3 頁內容中自行規劃不錯的內容。

2-5-2 指揮 ChatGPT 建立簡報

當然我們也可以給 ChatGPT 簡報內容方向，然後讓 ChatGPT 依據這個方向建立簡報。

錦魁 我想建立簡報介紹「AI」，第1頁是「AI的歷史」，第2頁是「AI的現況」，第3頁是「AI對人類的影響」，第4頁是「AI未來的發展」，每一頁不要超過100個字。

當然！以下是一個簡單的4頁簡報，用於介紹「AI」的各個方面，每一頁的內容都不超過100個字。

第1頁: AI的歷史

標題： AI的起源與歷史

內容：
人工智能（AI）的概念可以追溯到古希臘時代。20世紀50年代，AI正式成為科學領域，進行了第一次的冬眠和復興。隨著技術和算法的進步，AI逐漸走向成熟。

第2頁: AI的現況

標題： AI的現今應用

內容：
AI已成為現今科技的核心，應用範圍廣泛。從語音助理到自動駕駛車，AI正在改變我們的日常生活。大數據和機器學習推動AI達到前所未有的高度。

第3頁: AI對人類的影響

標題： AI與人類社會

內容：
AI正在重塑許多產業，創造新的就業機會，但也可能取代某些工作。它提高了效率，但也引起了有關隱私和倫理的問題。人們必須平衡利弊。

第4頁：**AI未來的發展**

標題：未來展望

內容：
AI的未來充滿潛力，預計將更深入地融入我們的生活中。隨著研究和創新的持續，AI將會推動更多前沿科技的發展，但同時也需密切注意其潛在風險。

這個簡報概述了AI的歷史、現狀、人類社會的影響，以及未來的發展方向，簡潔明了地向觀眾展示了這一重要科技領域的全貌。

2-6 會話中插入圖片功能

2-6-1 插入圖片失敗

一般人在使用時，可能會認為 ChatGPT 是文字生成的聊天機器人，無法回應圖片，其實使用 markdown 語法，ChatGPT 也可以搜尋 unsplash 網站的圖片回應與我們的會話。

實例 1：詢問與我們會話是否可以回應圖片。

請幫我產生外太空的圖片

作為一個基於文本的AI，我無法直接為您創建或顯示圖片。然而，我可以提供一個描述，您可以使用這個描述來想像一個外太空的圖景。

描述：在一片漆黑無垠的宇宙中，點綴著數以百萬計的星星。在畫面的中心，有一顆藍綠色的行星，被一圈美麗的光環所包圍。在行星的後方，一顆巨大的紅色星球正緩緩升起。離這兩顆行星不遠處，有一個宇宙飛船，它的形狀像一個高科技機器人，正在進行一項探險任務。在遠方，一條璀璨的銀河橫亙在天際，為這幅畫面增添了奇幻與神秘的氛圍。

從上述可以看到 ChatGPT 以為我們要它從「語言模型」中生成圖片，因此回應無法直接為您創建或顯示圖片。

2-6-2 插入圖片使用 markdown 語法

顯示圖片需使用 markdown 語法，此語法有關圖片顯示功能如下：

`![ 圖片的描述文字 ]( 圖片網址 )`

上述「![圖片的描述文字]」主要是如果圖片不存在，可以顯示文字，如果圖片存在則不顯示此文字，所以使用 markdown 語法時也可以省略此部分。直接寫下列圖片網址：

(圖片網址)

因為我們期待 ChatGPT 可以到 unsplash 網站搜尋圖片，所以可以使用下列語法：

(https://source.unsplash.com/960x640/?< 關鍵詞 >)

上述 960x640 是圖片的寬和高，「?< 關鍵詞 >」則是依據此關鍵詞搜尋圖片。

實例 1：請用 50 個字描述「外太空」，請同時搭配圖片，顯示圖片請透過 markdown 語法 `![ 外太空 ](https://source.unsplash.com/960x640/?< 關鍵詞 >)`。

實例 2：省略「![外太空]」字串的實例。

因為是搜尋 unsplash 網站的圖片，如果感覺圖片不滿意，可以要求重新配圖。

實例 3：重新配圖的實例。

2-7 建立圖文並茂的簡報

使用 ChatGPT 時，可以直接讓 ChatGPT 產生特定主題的簡報，同時告知需產生幾頁簡報。此外，也可以告知每一頁簡報附上一張圖片，下列是筆者的詢問。

幫我將「自然景觀旅遊」做2頁簡報，每一頁有一個關鍵字，和重點清單，同時每一頁有一張自然景觀和標題相關的圖片，顯示圖片請透過markdown語法
(https://source.unsplash.com/960×640/?<關鍵詞>)

下列是執行結果：

如您所要求，我為您提供了兩個關鍵字、重點清單、標題以及圖片的markdown語法。您可以將這些內容複製到簡報軟件中，根據需求進行修改和調整。

第一頁：環境保護

重點清單：

1. 減少碳排放和廢物
2. 保護野生動植物
3. 能源節約和減少資源消耗
4. 提高環境意識和教育
5. 支持可持續旅遊發展

重點清單：

1. 體驗原始自然風光
2. 欣賞生物多樣性
3. 學習不同生態系統
4. 感受大自然的美麗與力量
5. 擴展對地球的認知和欣賞

希望這些內容對您有所幫助！

2-8 行程規劃

ChatGPT 除了擁有完整的知識，也是一個有邏輯的 AI，這一節將講解有關旅遊行程的規劃。在行程規劃中，我們只要告知「景點」與「天數」，就可以獲得一個好的結果。

2-8-1 行程規劃

錦魁 請協助我規劃3天東京旅遊行程

當然，以下是一個3天東京旅遊的建議行程。請注意，根據你的興趣和偏好，可能需要作出一些調整。另外，建議提前查看各個景點的開放時間和是否需要預約。

第一天：探索東京市中心

上午：

- **新宿御苑**: 享受室外風景並欣賞美麗的日本花園。
- **明治神宮**: 參觀東京最著名的神社之一。

下午：

- **原宿區**: 探索時尚和次文化的發源地，不妨品嚐一下當地的著名現做可麗餅。
- **涉谷十字路口**: 感受全球最繁忙的人行道之一的震撼。

晚上：

- **新宿**: 享受當地美食，如拉麵或壽司，並可以逛逛大型購物中心。

第二天：古典與現代的結合

上午：

- **皇居外苑**: 漫遊皇居的美麗花園。
- **東京站**: 欣賞這座結合傳統和現代的建築。

下午：

- **銀座**: 購物和享受高級料理。
- **台場**: 參觀未來科技展覽或在海灘放鬆。

晚上：

- 六本木之丘: 俯瞰整個東京的夜景。

第三天：潛入流行文化

上午：

- **秋葉原**: 探索動漫、遊戲和電子產品的天堂。
- **上野公園**: 可以參觀博物館或漫遊湖邊。

下午：

- **淺草寺**: 參觀著名的寺廟和雷門。
- **晴空塔**: 登上日本最高的觀景塔。

晚上：

- **東京灣**: 享受一頓豪華的晚餐，俯瞰東京灣的夜景。

注意事項

- 請考慮使用東京地鐵日票，這對於全天穿梭於各個景點非常方便。
- 不同的季節有不同的景觀，例如櫻花季節或楓葉季節等，可以依照季節特色選擇參觀的景點。
- 確保查看每個景點的開放時間，並留意假日可能有些地方會關閉。

這個行程涵蓋了東京的主要旅遊景點，但根據你的興趣和需要，可以進一步自訂。有時候，當地的旅遊資訊中心也會提供特色行程和活動，可以增添旅行的樂趣和深度。

如果我們在行程規劃時，不設定日期，ChatGPT 會依據景點特性，自行規劃完善的時間。註：下列是部份內容，讀者可以自行測試了解完整行程與規劃。

錦魁　請協助規劃東京的旅遊行程

當然！以下是一個東京5天4夜的基本旅遊行程建議。這個行程涵蓋了東京的主要旅遊景點，但你可以根據自己的興趣和需要作適當調整。

第一天：探索新宿和涉谷

上午：

- **新宿御苑**: 欣賞傳統日本花園。
- **明治神宮**: 參拜著名神社。

第二天：歷史與文化的融合

第三天：購物與藝術

第四天：自然與未來科技

第五天：自由行或附近一日遊

上午和下午：

- **自由活動**: 可以選擇探索未去過的地區，或者進行一日遊至附近地區，如箱根、橫濱等。

晚上：

- **最後一晚的特別晚餐**: 可選擇在一家高級餐廳享受和牛或壽司等日本美食。

2-8-2 景觀知識

筆者詢問「極光」的知識。

錦魁

我想去看極光，請給建議

極光（Aurora Borealis）主要出現在高緯度地區，如北歐、加拿大和阿拉斯加等地。如果你想看到極光，東京可能不是合適的目的地，因為它的地理位置不太可能看到這一自然現象。

下面是一些觀看極光的流行目的地以及相關建議：

1. 挪威（特羅姆瑟、洛弗敦群島等）

- **最佳時間**：9月至3月
- **建議活動**：極光觀賞遊艇、極地野生動物觀察

2. 冰島（雷克雅維克及周邊）

- **最佳時間**：9月至4月
- **建議活動**：溫泉浸泡，極光照相團

3. 芬蘭（羅瓦涅米、伊納里等）

- **最佳時間**：9月至3月
- **建議活動**：玻璃屋度假村，冰雪旅遊活動

4. 加拿大（育空地區、西北地區等）

- **最佳時間**：8月至4月
- **建議活動**：野外露營觀賞極光，狗拉雪橇

5. 瑞典（阿比斯庫、基律納）

- **最佳時間**：9月至3月
- **建議活動**：訪問冰酒店，雪地摩托車體驗

觀賞極光的一些通用建議：

- **預報查看**：極光的出現與太陽活動和地球的磁場有關，因此有一些應用程式和網站提供極光預報。
- **遠離光污染**：要想清楚地看到極光，最好選擇遠離城市光污染的地方。
- **穿暖**：觀賞極光的最佳時期通常是冬季，因此要注意保暖。
- **帶著相機和腳架**：如果你想拍攝極光，請不要忘了帶上相機和腳架。一般需要使用長時間曝光才能捕捉到極光的美麗。
- **有耐心**：極光的出現具有不可預測性，所以可能需要等待。很多旅遊公司提供的極光觀賞團會提供舒適的等待環境。

希望這些建議對你計劃觀賞極光的旅程有所幫助！如果你有任何特定的問題或需求，請隨時告訴我！

筆者想去「冰島」欣賞極光，請 ChatGPT 給建議。

我想去冰島看極光，請給建議

冰島是觀賞極光的絕佳地點，這裡的獨特地形和清澈的夜空使得極光在此地表現得尤為壯觀。以下是一些前往冰島觀賞極光的建議：

最佳觀賞時間

- **極光季節**：9月至4月
- **天氣狀況**：晴朗無雲的夜晚更適合觀賞。

推薦地點

- **雷克雅維克周邊**：雖然城市光污染可能有影響，但仍有許多極光觀賞團。
- **黃金圈**：包括蓋瑟爾間歇泉、辛格韋利國家公園等地，這些地方遠離城市，適合觀賞。
- **阿克雷里**：位於冰島北部，是另一個極佳的觀賞地點。

建議活動

- **極光觀賞之旅**：許多旅遊公司提供專業的極光觀賞之旅，他們會知道最佳的觀賞地點和時間。
- **極光攝影之旅**：如果你對攝影有興趣，可以參加專門的極光攝影之旅。
- **自駕遊**：如果你喜歡自由自在地探索，租一輛車自駕也是一個好選擇。

旅行準備

- **穿著溫暖**：冰島的冬季非常寒冷，所以請穿著適當的保暖衣物。
- **預報查看**：可以查看極光預報，以確定最佳觀賞時間。
- **預訂住宿**：在極光季節，合適的住宿可能會提前被預訂，所以提前計劃是明智的選擇。

其他冰島景點

除了極光，冰島還有許多壯觀的自然景點，如藍湖溫泉、瓦特納冰川、黑沙灘等。計劃一個結合極光觀賞和其他自然景觀的旅程，可以讓你在冰島的時間更加充實。

注意事項

- **極光無法保證**：要記得，極光是自然現象，所以沒有人能保證一定能看到。但選擇合適的時間和地點，並保持耐心，通常會有所回報。
- **安全第一**：若選擇自駕或獨自前往偏遠地區觀賞極光，請注意安全並隨時注意天氣預報。

冰島是一個極其美麗的國家，不僅極光令人驚嘆，還有許多其他自然美景值得探索。預祝你在冰島的極光之旅一切順利！

第 3 章

學習與應用多國語言

ChatGPT 也可以是一套多國語言的翻譯系統，過去筆者曾經聘請一位老美當作私人家教，每當筆者想到一個名詞，不知道如何表達時，就請這位老美翻譯，有了 ChatGPT，現在筆者有想要了解的名詞時，可以透過和 ChatGPT 交談立即獲得結果。

當然 ChatGPT 更重要的是，可以依據你的需求、情境說明產生一段文字，或是將我們寫的台灣式英文文章改為道地的老美語法文章。過去台灣有許多翻譯社，將學生的論文翻譯成英文，隨著 ChatGPT 興起，這個行業也將沒落。

3-1 ChatGPT 精通多國語言

以下圖表是來自 GPT-4 Technical Report，從這個圖表可以看到 ChatGPT 對於各國語言使用的能力呈現。

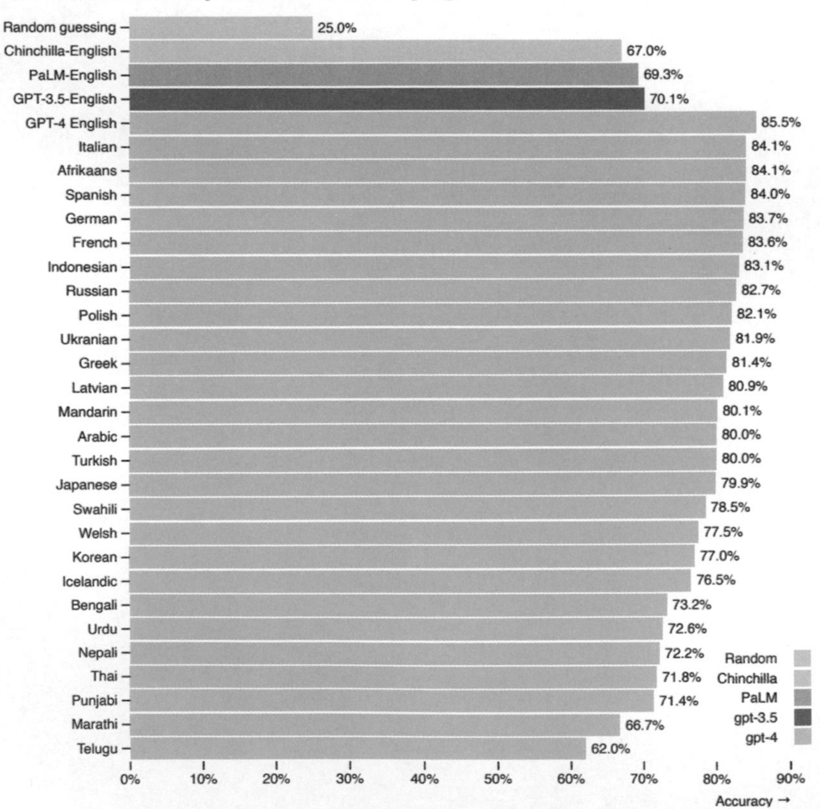

Figure 5. Performance of GPT-4 in a variety of languages compared to prior models in English on MMLU. GPT-4 outperforms the English-language performance of existing language models [2, 3] for the vast majority of languages tested, including low-resource languages such as Latvian, Welsh, and Swahili.

3-2 名詞的翻譯

3-2-1 形容美女的英文

筆者學習英文多年，只知道使用 beautiful 形容女子很漂亮，現在可以由 ChatGPT 得知，可以更優雅或是更有學問的形容女子很美。

錦魁　請列舉形容女孩「很美麗」的英文單字，同時右邊要加註中文翻譯

當然，以下是一些形容女孩「很美麗」的英文單字，並附上中文翻譯：

1. **Beautiful** - 美麗的
2. **Gorgeous** - 華麗的
3. **Pretty** - 漂亮的

…

19. **Delicate** - 纖細的
20. **Angelic** - 天使般的

以上單字都可以用來描述女孩的美麗。不同的詞可能有些微的語境差異或者特定的使用情境，選擇合適的詞彙可以更精確地表達你的感受。

註　上述筆者只截取部分畫面。

3-2-2 出國旅遊與相關的英文單字

ChatGPT 輸出與出國旅遊相關的英文單字。

錦魁　請列舉「出國旅遊」相關的英文單字，同時右邊要加註中文翻譯

當然，以下是一些與「出國旅遊」相關的英文單字，並附上中文翻譯：

1. **Travel** - 旅遊
2. **Abroad** - 國外
3. **Tourist** - 觀光客

…

31. **Local Cuisine** - 當地美食
32. **Attraction** - 旅遊景點

這些單字和短語涉及到出國旅遊的各個方面，包括計劃、交通、住宿、觀光和體驗當地文化等。

3-2-3　吃飯

相信大多數人會用早餐 (breakfast)、午餐 (lunch)、早午餐 (brunch) 和晚餐 (dinner) 的英文，但是「吃飯」的英文，筆者一下也忘記了，下列是筆者詢問的結果。

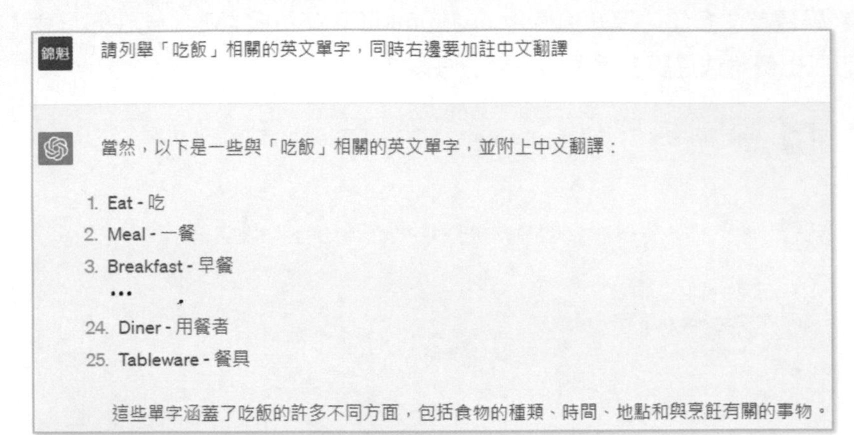

3-2-4　建立英文學習機

前面幾小節我們中規中矩輸入完整句字，然後由「 」引號，讓 ChatGPT 協助我們輸出指定的英文相關單字練習英文，我們也可以利用訓練 ChatGPT，建立「英文學習機」，讓未來我們在這個對話方塊輸入單字，ChatGPT 自動輸出相關單字，這樣相當於建立了「英文學習機」。下面是訓練過程：

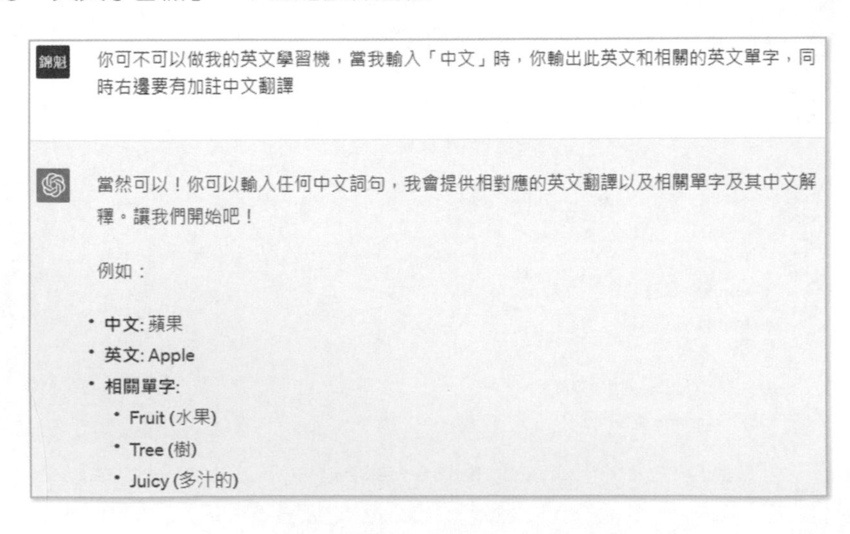

上述訓練結束，ChatGPT 自動建立了「英文學習機」聊天標題。

註 如果讀者使用 ChatGPT 時，所出現的聊天標題不是「英文學習機」，可以自行將此標題名稱改為「英文學習機」。

未來，筆者點選「英文學習機」聊天標題，只要輸入中文，ChatGPT 就自動將筆者輸入中文翻譯，同時列出相關含中文註解的英文單字。

3-2-5 建立英文翻譯機

這一節將使用 ChatGPT 建立英文翻譯機，建立原理和前一小節類似，下列是建立英文翻譯機的實例。

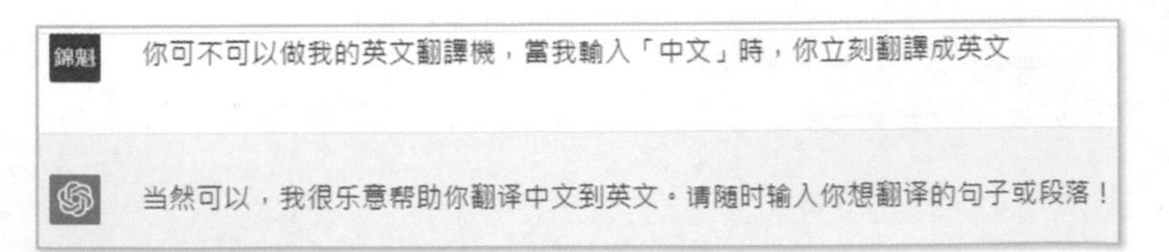

註 如果讀者使用 ChatGPT 時，所出現的聊天標題不是「英文翻譯機」，可以自行將此標題名稱改為「英文翻譯機」。

未來，筆者點選「英文翻譯機」聊天標題，只要輸入中文，ChatGPT 就自動將筆者輸入中文翻譯成英文，下列是實例。

筆者在 1-15 節介紹了 ChatGPT App，我們也可以隨時使用此 App，就可以有行動式的英文翻譯機，方法是開啟 ChatGPT App，同時先點選右上方的 ••• 圖示。

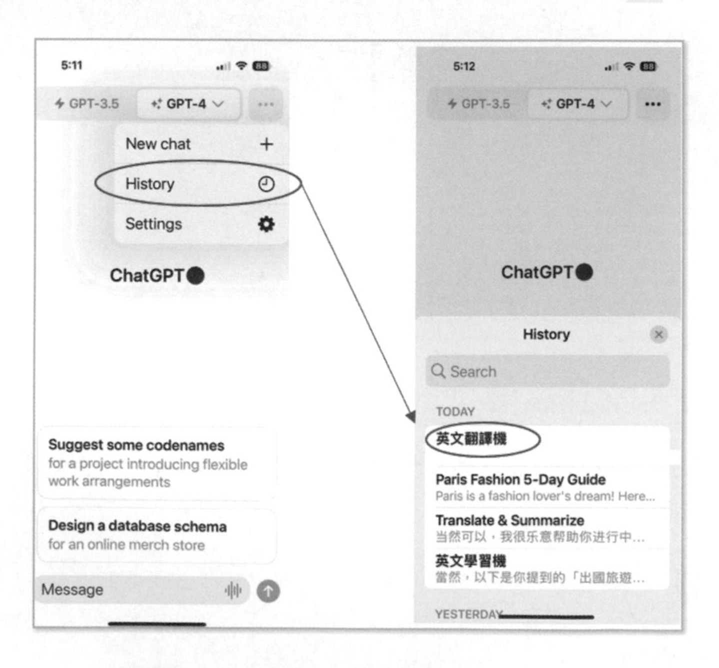

選擇 History，接著選擇英文翻譯機，如上所示。

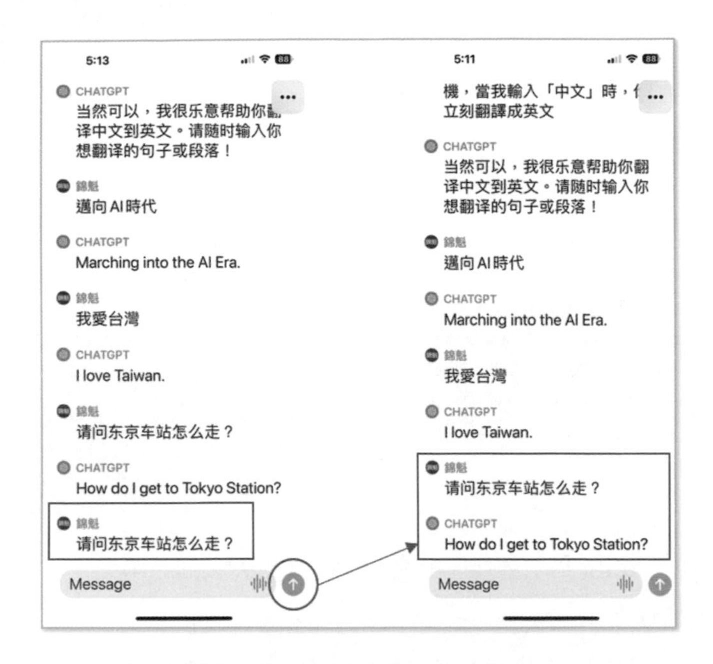

現在可以語音輸入，然後就可以得到即時翻譯的結果。

3-3 翻譯一句、一段或是一篇文章

了解了翻譯功能，如果在職場需要常常撰寫英文文件，可是苦於英文太差，可以借用 ChatGPT 功能。或是讀者是學生，想要發表論文，無法完整表達英文，可以將寫好的文章讓 ChatGPT 協助轉譯，可以事半功倍。

3-3-1 翻譯一句話

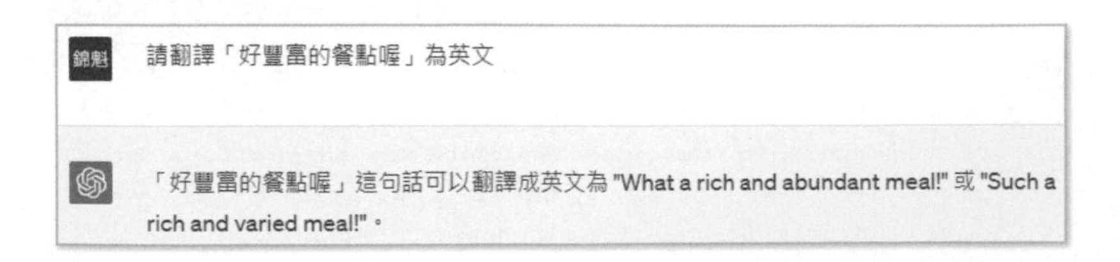

3-3-2 翻譯一個段落

下列是筆者嘗試將撰寫「機器學習」著作的部分序內容，翻譯的結果。

請將下列段落翻譯成英文
寫過許多的電腦書著作，本書沿襲筆者著作的特色，程式實例豐富，相信讀者只要遵循本書內容，必定可以在最短時間，精通使用Python設計機器學習相關應用的知識。編著本書雖力求完美，但是學經歷不足，謬誤難免，尚祈讀者不吝指正。

Having written many computer-related books, this book follows the author's distinctive style, filled with abundant programming examples. It is believed that readers, by adhering to the content of this book, can master the knowledge of using Python for machine learning applications in the shortest amount of time. While the compilation of this book strives for perfection, the insufficiency of learning and experience might lead to unavoidable mistakes. Readers' corrections are kindly requested and will be greatly appreciated.

3-3-3 翻譯一篇文章

下列是筆者「Power BI」著作序的文章，翻譯成英文的結果。

請將下列段落翻譯成英文
將企業人力資源、市場分析、趨勢預測、業務銷售、財務預測等大數據使用一張圖表表達，讓關鍵數據凸顯呈現，已經是企業競爭力的主流，過去使用Excel可以完成單獨簡單的功能，但是數據無法很便利的整合。Power BI則是可以輕易將所有資料整合，以最直覺方式建立讓人一眼就了解關鍵數據的視覺化效果圖表，同時發佈到雲端，讓數據可以用電腦與手機分享，或是與工作夥伴共享。讀者學會了Power BI，相當於讓自己職場競爭力進入全新的境界。這是第2版的書籍，與第1版比較，主要是下列更新：

1：Power BI Desktop視窗介面更新。

2：增加介紹AI視覺效果，例如：分解樹狀結構、影響關鍵因數、智慧敘述。

Power BI主要應用有3個領域：

1：從大數據視覺化逐步進化為AI視覺化

2：智慧決策

3：雲端分享

目前這個領域的書籍不多，同時內容不完整，對於Power BI整個視覺效果物件也沒有講得很全面，同時更多隱藏在AppSource的視覺效果物件解說更是非常缺乏，為了讓讀者可以全面瞭解Power BI的功能，也成了筆者撰寫這本書的動力。

Presenting big data such as corporate human resources, market analysis, trend forecasting, business sales, and financial forecasting all in one chart, highlighting key data, has already become mainstream in business competitiveness. In the past, using Excel could accomplish individual simple functions, but data integration was not very convenient. Power BI, however, can easily integrate all data, creating visual effect charts that allow one to understand ... data at a glance in the most intuitive way, while also publishing to the cloud, making d Reg

註 上述只輸出部分翻譯內容。

3-4 文章潤飾修改

筆者所寫的英文是台灣式的英文，這時也可以請求 ChatGPT 協助潤飾語法、語法檢查或單字錯誤修正，下列是筆者的實例。

錦魁

請修改與潤飾下列英文

Mr. Jiin-Kwei Hung has ever studied two courses which I taught Mechanical Drawing and Machine Design. In this period, he has ever assisted me for drawing construction and make a book relative with mechanical drawings published smoothly therefore, I have a deep image in him.

Certainly! Here's a revised and polished version of the text:

Mr. Jiin-Kwei Hung has previously enrolled in two courses that I taught, namely Mechanical Drawing and Machine Design. During this time, he has assisted me in constructing drawings and contributed to the successful publication of a book related to mechanical drawings. Therefore, he has left a profound impression on me.

3-5 新聞翻譯

在國際化的今日，讀者可能要常常拜訪國外網站，若是無法掌握新聞內容，也可以透過 ChatGPT 翻譯，下列是實例。

錦魁

請將下列英文翻譯為中文

"The Blind Side" has been waylaid with controversy more than a decade after the 2009 blockbuster movie's release.

On Monday, Michael Oher, the one-time NFL player whose story was dramatized in "The Blind Side," asked a Tennessee court to end his legal relationship with the Tuohy family, who took him into their home as he navigated the foster care system and went on to become a football star and pro player. Oher, 37, claimed he recently learned he had never been adopted by the Tuohy family as portrayed in the film.

He also said he had been tricked into signing an agreement to make the couple his conservators, giving them authority to make his business decisions and allowing the family to profit from his life story with "The Blind Side," which earned $309 million at the box office.

《The Blind Side》自2009年的大片上映後十多年來一直受到爭議的困擾。

週一，曾經的NFL球員Michael Oher，他的故事在《The Blind Side》中被戲劇化，要求田納西法院終止他與Tuohy家庭的法律關係。Tuohy家庭曾將他收為養子，當時他正處於寄養制度之中，後來成為足球明星和職業球員。37歲的Oher聲稱，他最近才得知自己從未被Tuohy家庭收養，這與電影中的描繪不符。

上述文章取材自下列網址

https://www.usatoday.com/story/entertainment/movies/2023/08/16/the-blind-side-movie-controversy-michael-oher/70603312007/

3-6 多語系的應用

3-6-1 日文的應用

下列是日文翻譯的實例。

> 請將「早安」翻譯成日文
>
> 「早安」在日文中可以翻譯為「おはようございます」（お早うございます，發音：おはようございます）。如果是非正式場合或與親近的人說，則可以簡略地說「おはよう」（お早う，發音：おはよう）。

下列是翻譯日文網站新聞的實例。

> 請將下列日本網站新聞翻譯為中文
> 謎が多い野生のネコ・イリオモテヤマネコの生態を解剖せよ！
> 超貴重映像で迫る！イリオモテヤマネコ進化のミステリー
>
> 8月17日（木）［総合］午後7:30～8:42
>
> >
>
> 沖縄・西表島に僅か100匹ほどしか生息しない、絶滅危惧種のイリオモテヤマネコ。なぜ小さな島で生き長らえることができたのでしょうか？
>
> 早稲田大学教授の鈴木直樹さんは、その謎を明らかにしようと10年にわたり、95万枚の写真、120時間以上の動画を撮り続けてきました。映像を分析すると、ヤマネコは独自の進化を遂げ、小さな島で生き長らえてきたことが分かりました。その驚くべき生態とは？
>
> 解剖野生貓・西表山貓的生態，多是謎團！
> 透過超珍貴的影像揭示！西表山貓的進化之謎
>
> 8月17日（星期四）［綜合］下午7:30～8:42
>
> 沖繩・西表島上僅有約100隻生存的絕滅危機物種西表山貓。它們為何能在這個小島上生存這麼久呢？

上述文章取材自下列網址
https://www6.nhk.or.jp/nhkpr/post/original.html?i=39581

3-6-2 韓文的應用

下列是韓文翻譯的實例。

錦魁 請翻譯「濟州島旅遊」為韓文

「濟州島旅遊」可以翻譯為韓文的「제주도 여행」。

下列是翻譯韓文網站新聞的實例。

錦魁 請將下列韓文網站的新聞翻譯為中文
대통령실 "한미일, 18일 전과 후로 나뉠것…범지역 협력체 진화"
송고시간2023-08-17 17:57 요약beta 공유 댓글 글자크기조정 인쇄
김태효 "30년간 한미일 협력 의제 제한적"…한미일 3각 공조 '뉴노멀' 진입 시사
한미일 항구적 협력 제도화 방점…캠프데이비드 회담서 전방위 협력 결과 문서 '2건+α' 전망
'한미일 동맹' 해석엔 선그어…'대중 투자규제' 논의는 부정적, '첨단기술 탈취 방지'는 가능성 열어놔

總統府："韓美日，18日將分為前後兩部分…區域合作組織的演進"
發送時間：2023-08-17 17:57

金泰孝："30年來韓美日合作議題有限"…韓美日三方合作暗示進入'新常態'
韓美日長期合作制度化重點…在坎普戴維的會談中預計全方位合作結果文件'2件+α'
對'韓美日聯盟'的解讀要小心…'對中國投資規制'的討論是消極的，'防止先進技術盜竊'是可能的

上述文章取材自下列網址
https://www.yna.co.kr/view/AKR20230817145600001?section=politics/all&site=topnews01

3-6-3 中文翻譯成歐洲語系

這一節將使用法文為實例，讀者可以將觀念應用在德文、西班牙文、葡萄牙文等。

錦魁 請用法文翻譯「法國巴黎是時尚之都」

當然，「法國巴黎是時尚之都」可以翻譯成法文為：

「Paris, en France, est la capitale de la mode.」

筆者不懂法文，因此請求將前一個句子翻譯成英文，得到下列結果。

錦魁 請將前面你翻譯的法文，改翻譯成英文

當然！我先前翻譯的法文句子「Paris, en France, est la capitale de la mode.」可以翻譯成英文為：

"Paris, in France, is the capital of fashion."

經過上述翻譯，筆者確定所翻譯的法文是沒有問題的。

第 4 章
文藝創作與戀愛顧問

詩、詞、文藝與小說，坦白說對非文學系的筆者而言，是非常生疏，這一章將探討 ChatGPT 在這方面的能力。

筆者是學電腦科學，文筆比較弱，本章除了讓 ChatGPT 帶我們寫約會信，同時筆者也教導讓 ChatGPT 做我們的交友顧問。

4-1 詢問 ChatGPT 對詩詞的基本認識

錦魁　你認識中國的詩詞嗎

當然，中國的詩詞有著非常悠久和豐富的歷史，從先秦時期到近現代，都有許多傑出的詩人和作品。

中國古詩詞包括了不同的體裁和風格，如詩經的風、雅、頌，漢詩的五言、七言，唐詩的絕句、律詩，宋詞的詞牌等等。有名的詩人如李白、杜甫、王維、蘇軾、李清照等人的作品，至今仍然被譽為中國詩詞的經典。

例如，李白的《靜夜思》：

> 床前明月光，
> 疑是地上霜。
> 舉頭望明月，
> 低頭思故鄉。

又如蘇軾的《水調歌頭·明月幾時有》：

> 明月幾時有？
> 把酒問青天。
> 不知天上宮闕，
> 今夕是何年？

中國的詩詞不僅在文學上有極高的成就，更是反映了中國歷史、文化、哲學和人民情感的重要窗口。透過研讀這些詩詞，可以深入了解中國的文明和人文精神。如果你有任何具體的問題或想要了解更多，請隨時提問！

從上述回答可以確定 ChatGPT 了解中國詩詞，同時可以隨時了解中國最經典的詩詞。

4-2 七言絕句

4-2-1 了解 ChatGPT 對七言絕句的知識

詢問 ChatGPT 是否知道七言絕句。

錦魁 你知道七言絕句

七言絕句是中國古代詩歌的一種形式，屬於絕句的一種。絕句通常由四行組成，每行七個字，共28個字。每行通常有兩個意義單元，通常由兩個或三個字組成。這種形式要求語言緊湊，意象生動，富有詩意。

七言絕句的韻律規則也相對嚴格，通常第一、二、四句押韻，有時候也會出現不同的韻律變化。這種形式在唐詩中非常流行，很多著名的詩人，如李白、杜甫等都寫過七言絕句。

举例来说，李白的《静夜思》就是一首典型的七言绝句：

床前明月光，
疑是地上霜。
举头望明月，
低头思故乡。

这首诗通过富有意象的语言描述了作者对故乡的思念之情，形象生动，感情真挚。

從上述回答可以知道 ChatGPT 是了解七言絕句的，不過 ChatGPT 也會錯誤，很明顯所舉的實例是五言絕句，經過 2 次溝通，ChatGPT 才產生正確實例。

錦魁 你舉的實例錯誤，那是五言絕句

你完全正確，我犯了一個錯誤。《静夜思》確實是五言絕句，不是七言絕句。謝謝你的指正！

讓我給出一個正確的七言絕句的例子。這是王之涣的《登鹳雀楼》：

白日依山尽，
黄河入海流。
欲穷千里目，
更上一层楼。

這首詩通過描繪景物，表達了詩人遠大的抱負和不懈的探索精神。再次感謝你的指正！

錦魁

這也是錯誤

對不起，我的回答再次錯誤，造成了混淆。我非常感謝你的耐心。看來我在挑選合適的例子方面做得不夠好。

七言絕句的形式要求每句七個字，共四句。我再次給出一個希望是正確的例子，這是賀知章的《回鄉偶書》的其中一首：

少小離家老大回，
鄉音無改鬢毛衰。
兒童相見不相識，
笑問客從何處來。

再次感謝你的耐心，希望這個例子是正確的。

從這個實例也提醒我們，ChatGPT 也會錯誤，所以我們使用時也必須小心。

4-2-2 ChatGPT 做一首七言絕句

下列是筆者要求 ChatGPT 做一首七言絕句。

錦魁

可否隨意編一首七言絕句

好的，這是一首我隨意編寫的七言絕句：

春風綠柳搖清明，燕子歸來草地輕。
花開蝶舞情意動，日落山河美景橫。

這首詩描繪了春天的景象，綠柳拂動，燕子歸巢，花開蝶舞，晚霞如火，表達了作者對自然美的感受和賞識。

ChatGPT 不僅會作詩，同時還寫出意境。

4-2-3 請 ChatGPT 依據情境做一首七言絕句

下列是筆者情境描述，與 ChatGPT 的回答。

錦魁 我40年前畢業於明志工專，近期要回母校演講，內心激盪，有興奮也有緊張，你可以用這個心境做一首七言絕句嗎？

當然，根據您提供的情境，我為您創作了以下七言絕句：

> 四十年路夢歸程，明志母校情依舊。
> 演講興奮心緊張，故地重遊思悠揚。

這首詩描寫了您即將回到母校演講的心境，不僅充滿期待和興奮，也帶著一絲緊張。希望能捕捉到您的感受，並祝您的演講成功！

4-3 五言絕句

4-3-1 了解 ChatGPT 對五言絕句的知識

詢問 ChatGPT 是否知道五言絕句。

錦魁 你知道五言絕句嗎

當然，五言絕句是中國古典詩歌的一種形式，由四行組成，每行五個字，共計二十個字。它遵循特定的平仄和韻律規則，並通過豐富的意象和內涵來表達情感和主題。

下面是一個五言絕句的例子，王之渙的《登鸛雀楼》：

白日依山盡，
黃河入海流。
欲窮千里目，
更上一層樓。

這首詩以鸛雀樓為背景，通過對自然景色的描繪，表達了作者的遠大抱負和壯志。五言絕句在唐代有許多傑出的作品，是中國古典詩歌的重要組成部分。

筆者繼續問，是否知道李白靜夜思的內容。

錦魁　你知道李白的靜夜思

當然，李白的《靜夜思》是一首非常著名的五言絕句。這首詩用簡單的語言和深刻的情感描繪了夜晚思鄉的心情。以下是詩的全文：

床前明月光，
疑是地上霜。
舉頭望明月，
低頭思故鄉。

這首詩通過對床前月光與地上霜的比喻，以及舉頭望月與低頭思鄉的對照，深深表達了作者對故鄉的思念之情。它的語言簡單，意境深遠，成為了中國古典詩歌中的經典之作。

4-3-2　ChatGPT 做一首五言絕句

錦魁　你可不可以隨意做一首五言絕句

當然，我可以嘗試創作一首五言絕句。請見以下：

山川共長逝，
日月添光輝。
心懷千里志，
筆走翰飛時。

這首詩試圖捕捉自然景物的永恆和人類精神追求的主題。希望你喜歡！如果有特定的主題或情感，你想要我探索，請隨時告訴我。

4-4 求助 ChatGPT 寫一首詩給想追求的女性

錦魁 我認識一位女孩，想展現才華寫一首詩給她，你可以協助嗎

當然，我很樂意協助你創作一首詩來展現你的才華，並向那位女孩表達你的情感。以下是一首五言絕句，希望能捕捉你想要表達的感覺：

月光照花影，
風送香氣飛。
知心共言語，
夢想共未來。

如果你有更具體的想法或需要更深入的情感描寫，請隨時告訴我，我將很樂意為你進一步定制詩歌。

ChatGPT 要求筆者寫詩的主題，筆者的回應如下：

錦魁 月色皎潔明亮，映射在湖上

當然，根據你所描述的景象，我可以為你創作一首五言絕句。這首詩試圖捕捉月光在湖面上的美麗影像：

月色皎潔影，
湖面鏡光宸。
心隨波浪動，
夢繞水中身。

這首詩意圖通過自然景物的描繪，表達一種寧靜、美麗和夢幻的感覺。希望這符合你的期望！如果有任何特定的要求或情感，你想要我加入，請隨時告訴我。

4-5 小說撰寫

詢問 ChatGPT 是否會寫小說。

錦魁 你會不會寫小說

當然，我可以協助你寫小說或者其他敘事作品。無論是短篇小說、長篇小說、或者只是某個小說情節的草案，我都能提供協助。請告訴我你想要寫作的主題、風格、角色或情節，我將很樂意幫助你開始或繼續你的創作。如果你有特定的想法或需要指引，也請隨時告訴我！

4-5-1　登陸月亮的冒險故事

請用500個字描述登陸月亮冒險的故事

當然，以下是一個描述登陸月亮冒險的故事草案：

在不久的未來，一個由精英宇航員組成的小隊被選中執行一項前所未有的任務：登陸月球的未探索區域，搜索可能隱藏的外星文明遺跡。

隊長艾倫是一位經驗豐富的宇航員，骨子裡流淌著冒險的血液。他的副手，年輕的科學家莉莎，則懷抱著對未知的好奇心。

他們駕駛著先進的太空船穿越太空，朝著那冷漠的太空之海航行。月球在太空船的觀察窗外逐漸變大，它的表面充滿了坑洞和裂縫，這是一片荒涼而神秘的世界。

在進行了一系列複雜的計算和校準後，艾倫小心地將太空船降落在月球表面。一陣塵土飛揚，太空船順利著陸。他們身處的這個區域，據信藏著神秘的外星遺跡。

莉莎緊張地穿上宇航服，打開艙門。她的腳第一次踏上月球表面，感受著那異樣的地心引力。月球的土壤在她的腳下感覺既粗糙又柔軟，周圍一片寧靜。

她和艾倫用特製的儀器掃描地下，不久後，他們發現了一個隱藏的入口。心跳加速，他們走進黑暗的通道，內心充滿了期待和不安。

通道的盡頭，他們發現了一個室內，其中藏著外星的科技產品和文字。這些遺跡證明了外星文明的存在，並為地球帶來了新的科技和知識。

艾倫與莉莎彼此對視，眼中閃耀著成就和冒險的光芒。他們知道，他們剛剛打開了人類未來的新篇章，也揭開了宇宙的新神秘面紗。

坦白說寫得真好，整個過程有科技、也有冒險。

4-5-2 小飛俠的故事

以下是 ChatGPT 用 500 個字描述小飛俠的故事。

錦魁 請用500個字描述小飛俠的故事

當然！以下是一個描述小飛俠的故事草案：

在一個充滿神奇和奇幻的世界裡，住著一個名叫小飛俠的男孩。他不同於普通的孩子，擁有一雙可以飛翔的翅膀。

小飛俠的生活充滿冒險和探索。他飛越高山和深谷，穿梭在森林和湖泊之間，發現了許多奇特的生物和神秘的地方。

一天，小飛俠聽說了一個古老的傳說，關於一個隱藏在遙遠山脈之中的寶藏。據說那個寶藏有神奇的力量，能夠實現持有者的願望。

小飛俠決定去尋找那個寶藏。他告別了他的家人和朋友，開始了一段漫長的旅程。

他飛越了險峻的山嶺，穿越了深邃的森林，甚至冒險穿過了一片充滿火龍的火山區域。沿途他遇到了許多困難和挑戰，但他始終保持著勇敢和決心。

在途中，小飛俠還結識了一些新的朋友，包括一個善良的精靈和一隻能說人話的魔法兔子。他們也被寶藏的傳說所吸引，決定和小飛俠一起冒險。

經過了許多日夜的努力，他們終於找到了寶藏的所在地。在一個古老的洞穴深處，他們發現了一個閃閃發光的箱子。

小飛俠打開箱子，裡面放著一個金色的羽毛。那羽毛立刻融入了他的翅膀之中，賦予了他更強大的飛行能力。

小飛俠意識到，真正的寶藏不是金錢或珠寶，而是成長、友誼和勇氣的經歷。他感謝了他的新朋友，並承諾永遠珍惜這段難忘的冒險。

他飛回了家鄉，帶著新的力量和智慧，成為了一個真正的英雄。他的故事在村莊裡流傳著，激勵著更多的孩子追求夢想，勇敢冒險。

4-5-3 長故事會自動編章節

ChatGPT 無法一次回應太長的故事，下列是請求用 5000 個字講解「宇宙之旅 – 北斗七星之路」，可以發現 ChatGPT 因為故事長，會自動編章節。

錦魁

請用5000個字描述「宇宙之旅 - 北斗七星之路」

當然，以下是一個描述「宇宙之旅 - 北斗七星之路」的故事。

第一章：召集探險者

在地球的一個隱密基地裡，一群精挑細選的科學家、工程師和探險者聚集在一起。他們的使命是前所未有的挑戰：一次直接飛向北斗七星的宇宙旅行。

此次探險的領隊是一位名叫艾瑞克的資深宇航員，他的冷靜和智慧讓每個人都深感敬意。探險隊的其他成員各有特長，有的精通科技，有的擅長生存技能，有的則是心理學和人類行為的專家。

第二章：宇宙船「北斗號」

他們的交通工具是一艘最新型的宇宙船「北斗號」，它配備了先進的推進系統和人工智能導航，能夠自動調節和修理自身。

探險隊在地球上度過了幾個月的培訓和準備，了解彼此的性格和專長，並精研各種可能遇到的情況和危機。

第三章：啟程

終於，旅程的那一天來臨了。他們在基地的人們的歡呼聲中，搭乘「北斗號」升空，開始了他們的宇宙之旅。

初始的飛行相對平靜，他們穿越了太陽系，俯瞰了行星和小行星帶的壯麗景色。每一個人都深感自己成為了宇宙的一部分。

第四章：第一個挑戰

然而，旅程並不都是平順的。當他們接近土星的時候，一個突如其來的太空暴風席捲了宇宙船。艾瑞克和他的團隊必須迅速行動，調整航向，修理損壞的系統。

他們成功地渡過了危機，但這個事件讓每個人都深感自己的渺小和宇宙的偉大。

第五章：神秘訪客

在穿越了一片荒涼的宇宙區域後，他們收到了一個未知的信號。跟踪信號，他們發現了一艘漂浮在太空的古老太空船。

他們小心地登上了那艘船，發現了一個古老的文明的遺跡，以及一個記載著前往北斗七星的秘密之路的地圖。

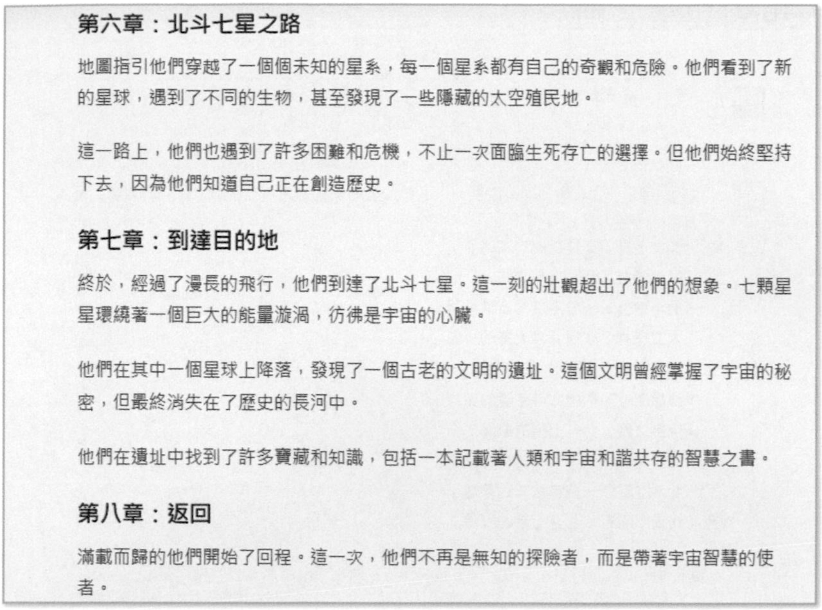

第六章：北斗七星之路

地圖指引他們穿越了一個個未知的星系，每一個星系都有自己的奇觀和危險。他們看到了新的星球，遇到了不同的生物，甚至發現了一些隱藏的太空殖民地。

這一路上，他們也遇到了許多困難和危機，不止一次面臨生死存亡的選擇。但他們始終堅持下去，因為他們知道自己正在創造歷史。

第七章：到達目的地

終於，經過了漫長的飛行，他們到達了北斗七星。這一刻的壯觀超出了他們的想象。七顆星星環繞著一個巨大的能量漩渦，彷彿是宇宙的心臟。

他們在其中一個星球上降落，發現了一個古老的文明的遺址。這個文明曾經掌握了宇宙的秘密，但最終消失在了歷史的長河中。

他們在遺址中找到了許多寶藏和知識，包括一本記載著人類和宇宙和諧共存的智慧之書。

第八章：返回

滿載而歸的他們開始了回程。這一次，他們不再是無知的探險者，而是帶著宇宙智慧的使者。

4-5-4 故事太長回應中斷

ChatGPT 無法一次回應太長的故事，前一小節的故事會有中斷，這時需按 Continue generating 鈕，讓敘述繼續。

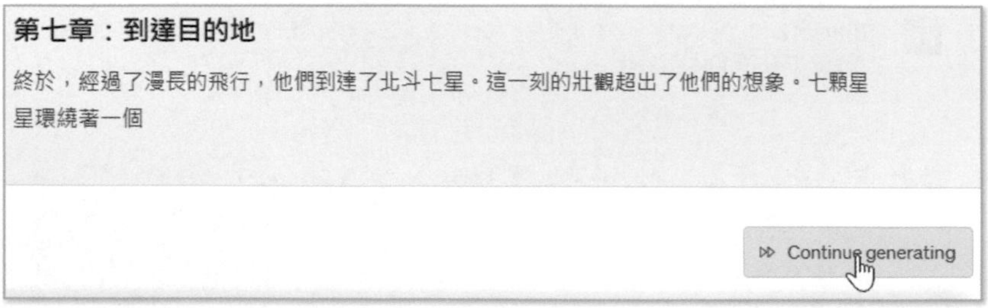

第七章：到達目的地

終於，經過了漫長的飛行，他們到達了北斗七星。這一刻的壯觀超出了他們的想象。七顆星星環繞著一個

Continue generating

4-6 規劃與創作一部小說

人類在規劃一部著作時，可能會先有故事標題、大綱，才有故事，我們也可以依此步驟讓 ChatGPT 協助完成。

4-6-1　規劃故事名稱

錦魁

我想寫一篇內容是「到北斗七星的旅行」的故事，請協助我想10個書籍名稱。

當然，這是一個非常有趣的主題，以下是10個關於「到北斗七星的旅行」的書籍名稱：

1. **「北斗七光：穿越星際的奧德賽」**
2. **「星海漫遊：北斗七星之路」**
3. **「北斗指引：一段宇宙的冒險旅程」**
4. **「太空探索：尋找北斗七星的秘密」**
5. **「星際遠征：北斗七星的呼喚」**
6. **「夢想航線：飛向北斗七星的旅行」**
7. **「宇宙之舞：北斗七星的追尋」**
8. **「星辰之歌：北斗七星的神秘傳說」**
9. **「北斗之旅：一個宇航員的夢想」**
10. **「跨星系漂流：北斗七星的探險」**

這些書名涵蓋了科幻、冒險、探索和夢想等主題，希望能激發你的創作靈感！

從上述我們獲得了 ChatGPT 規劃的故事名稱。

4-6-2　規劃章節大綱

有了故事名稱，我們可以讓 ChatGPT 規劃故事的章節大綱。

錦魁

感謝給我書籍名稱的靈感，我決定使用「星海漫遊：北斗七星之路」當作書名，你可不可以為這個故事規劃10個章節標題。

當然，這是一個迷人的書名！以下是「星海漫遊：北斗七星之路」的10個章節標題，希望它們能配合你的故事構想：

1. **第一章：漫遊者的召喚** - 故事的開始，主人公接受一個前往北斗七星的挑戰。
2. **第二章：「星辰號」的誕生** - 描述太空船的建造和準備過程，包括人員的挑選和訓練。
3. **第三章：太空港的告別** - 描述離開地球的情感告別和冒險的開始。
4. **第四章：黑暗星海的秘密** - 探險隊遇到第一個挑戰和未知的太空現象。
5. **第五章：穿越星際迷霧** - 面臨更多的困難和危險，探險隊的勇氣和團隊精神被考驗。
6. **第六章：失落星球的遺跡** - 描述一個神秘失落文明的發現，以及其中隱藏的秘密。
7. **第七章：光速之路** - 太空船進入光速，探險隊員經歷時間和空間的扭曲。
8. **第八章：北斗門戶的開啟** - 描述到達北斗七星的那一刻，以及一個重要的發現。
9. **第九章：七星聯盟的挑戰** - 探險隊遇到北斗七星的居民，開始一系列的挑戰和協商。
10. **第十章：星海歸航** - 完成使命的回程，回顧整個旅程的收穫和改變，以及對未來的展望。

這些章節標題旨在創造一個從地球到北斗七星的史詩般的太空冒險故事，希望能夠符合你的創作需求！

4-6-3 規劃章節內容

前一小節已經有 10 個章節了，接下來我們可以依據整本故事內容多寡，規劃每個章節的內容。例如：假設要規劃 3 萬個字的小說，這時可以規劃每個章節有 3000 個字，可以參考下列實例。

錦魁 請用3000個字描述「星海漫遊：北斗七星之路」故事，「第一章：漫遊者的召喚」的內容。

當然！以下是「星海漫遊：北斗七星之路」第一章「漫遊者的召喚」的描述：

第一章：漫遊者的召喚

太空探索局（Space Exploration Agency，簡稱SEA）的一個神秘的項目正進行著選拔。這個項目的目標是選擇一群最優秀的科學家、工程師和太空探險者，共同完成一個史無前例的任務：到達北斗七星。

人們對北斗七星的神秘著迷始於古代，星座成為許多古老文明的指引。時至今日，科技讓夢想成為可能。而這一夢想，現在正呼喚著漫遊者。

1. 召喚的信件

主人公，一位名叫艾倫的資深宇航員，在一個普通的日子收到了SEA的密封信件。信件簡短但深刻，邀請他參加這次的選拔。他明白，這將是人類太空探索史上的重大一步。

2. 甄選過程

艾倫來到了SEA的秘密基地，那裡聚集了來自世界各地的頂尖人才。他們經歷了艱苦的訓練和嚴格的考核，包括心理測試、身體素質訓練、技能競賽和模擬太空生活。

他與其他候選人共同度過了許多夜晚，討論著對太空、對未知的渴望和恐懼。

3. 夢想和現實

選拔並非一帆風順。艾倫必須面對自己的不安和擔憂，甚至一度想放棄。他與家人的分離、對未知的恐懼和對自己能力的懷疑壓得他喘不過氣來。

他的教練和其他候選人鼓勵他，讓他回想起自己成為宇航員的初衷和夢想。

4. 成功的召喚

經過了漫長的選拔，艾倫終於被選為此次探險的一員。他懂得了，這不僅僅是一次任務，更是一次對自我和人類性的探索。

他站在觀星台上，凝視著夜空中的北斗七星，心中充滿了期待和豪情。

5. 新的開始

隨著其他成員的公布，一支夢想的隊伍組建完成。他們將一同乘坐「星辰號」太空船，展開一段前所未有的太空冒險。

這一章以召喚的主題作為開始，描述了主人公從收到信件到成為探險隊成員的過程。不僅描寫了選拔的艱辛，更深入探討了人類對未知的渴望和恐懼，為整個故事奠定了基調。

上述筆者感覺內容不到 3000 個字，所以要求補足 3000 個字，可以參考下列內容。

錦魁　內容似乎不到3000個字，可不可以增加內容

當然，讓我繼續詳細描寫「漫遊者的召喚」的章節。

6. 艾倫的背景

艾倫的太空夢始於他的童年。生長在科技鼎盛的世代，他自小就對星星充滿好奇。他的父親是一位天文學家，常常帶著他觀看星空，告訴他關於宇宙的神秘故事。北斗七星特別引起他的注意，因為它曾是古人導航的指南針。

7. 選拔中的友誼

在選拔過程中，艾倫結識了一位來自另一個國家的女科學家瑪麗亞。她聰明、果敢，與艾倫一樣對太空抱著無窮的熱情。他們共同度過了許多訓練和測試，彼此成為了最重要的支援。

8. 選拔的挫折

選拔過程並不順利。一次模擬太空環境的訓練中，艾倫因為一個小失誤差點造成嚴重後果。他陷入自我懷疑，開始質疑自己是否真的適合這個任務。他在深夜的訓練場地流淚，感到孤獨和絕望。

9. 重拾夢想

瑪麗亞發現了艾倫的困擾，她鼓勵他回想自己的初衷，並分享了自己的夢想和恐懼。他們一同在星空下發誓，無論未來等待他們什麼，都要堅持下去。艾倫重新找回了信心，感慨地認識到，太空探索不只是科技和冒險，更是人性和情感的旅程。

10.「星辰號」的神秘

此次探險的太空船「星辰號」被設計得極為先進，集合了全球最頂尖的科技。在選拔結束後，艾倫和隊伍有機會參觀這艘太空船。他們被其內部的設計所震撼，同時也對接下來的任務充滿期待。

11. 凝聚的力量

隊伍最終組建完成，每個人都在心中默默許下誓言。他們知道，前方等待他們的不僅是未知的冒險，更是對人類性的探索。他們凝視著北斗七星，彼此的眼中閃耀著共同的夢想。

第一章「漫遊者的召喚」結束在這一幕。主人公艾倫與他的隊伍正準備開始一場震撼人心的冒險，帶著人類對未知的渴求和對夢想的追求，走向那遙遠的星海。

這一章不僅描述了選拔的過程，更深入探討了主人公的背景、情感和夢想。希望這些內容能為故事的開端增添更多層次感和引人入勝的元素。

上述完成了第一章的內容，讀者可以依據此觀念一步一步完成整個故事編製。

4-7 約會信件撰寫

4-7-1 一般約會的信

這是邀請看 Mission Impossible 電影的邀約信。

你可不可以協助我寫一封300個字，約漂亮女孩看Mission Impossible電影的信

當然，以下是一封簡短並約略300字的邀請信，用於約漂亮女孩一起觀看《Mission Impossible》電影：

親愛的 [女孩的名字]：

你好！我是 [你的名字]，最近有個事情讓我非常興奮，那就是新一部的《碟中諜》即將上映。作為一個電影愛好者，我總是渴望能與有共同興趣的人分享這樣的時刻。

我認識你以來，就發現你也對電影充滿熱情。因此，我想邀請你一起去看這部電影。我相信，湯姆·克魯斯的出色演出和驚心動魄的劇情定能讓我們度過一個精彩的夜晚。

或許我們可以在週末找個合適的時間，一同前往電影院。看完電影後，我們也可以一起享用晚餐或喝杯咖啡，分享彼此對電影的看法和感受。

我明白約看電影可能是個突如其來的提議，但我真心希望你能考慮這個邀請。相信我，這部電影值得一看，而且和你共同觀賞定能讓這次體驗更加特別。

如果你有興趣的話，請隨時回覆或打給我。我期待能和你共度一個美好的電影之夜！

真誠地，
[你的名字]

4-7-2　增加詩句和莎士比亞的句子

上面約會的信可不可以增加莎士比亞的句子

當然，我可以在信件中加入一句莎士比亞的名言。這裡是修改後的版本：

親愛的 [女孩的名字]：

你好！我是 [你的名字]。最近有部新的《碟中諜》即將上映，我無法不感到興奮。就如莎士比亞曾說的："人生舞台上的每個人都有各自的出場時刻。"或許，這次的電影之約正是屬於我們兩人的特殊時刻。

我認識你以來，就發現你也對電影充滿熱情。我想邀請你共享這部令人驚艷的作品。湯姆·克魯斯的精湛演技和劇情的奇幻漩渦定能讓我們流連忘返。

或許週末的某個時刻，我們可以一同赴約電影院。看畢後，亦可共享晚餐或一杯咖啡，談談電影，談談人生。

此邀請或許有些突然，但正如莎翁所言："敢於奮鬥的人，生活才有意義。"因此，我真心期望你能接受這次的邀請。

如果你感興趣，請隨時告訴我。我期待我們的電影之夜，期待我們共同創造的美好回憶。

真誠地，
[你的名字]

4-7-3 擴充約會看電影信增加一首詩

錦魁

上面約會信可不可以再增加一首詩

當然，我可以在信件中加入一首簡短的詩來表達你的情感。以下是修改後的版本：

親愛的 [女孩的名字]：

你好！我是 [你的名字]。《碟中諜》的新作上映在即，心中的期待使我想起了莎士比亞的名言："人生舞台上的每個人都有各自的出場時刻。"因此，我想和你共享這一時刻。

此刻，我還想以一首小詩表達我的情感：

在銀幕的光芒下，
我們共賞夢幻的畫卷，
你的笑容如星光閃耀，
是我夜空最亮的星球。

或許週末的某個時刻，
我們可以一同赴約電影院。
觀畢影片，共享晚餐或咖啡，
談電影，談人生，談未來。

這個邀請或許突然，
但敢於奮鬥的人生才有意義。
我真心期望你能接受這次的邀請，
一同共度一個難忘的夜晚。

如果你感興趣，請隨時告訴我。
我期待我們的電影之夜，
期待共同創造的美好回憶。

真誠地，
[你的名字]

4-7-4　用一首詩取代一封信

錦魁　可不可以用一首詩，此詩的意境是邀約看電影

當然，以下是一首以邀約觀看電影為主題的詩：

在城市的霓虹閃爍，
銀幕背後故事等待開鑼，
那片刻的夢幻與現實交錯，
邀你共踏這場不凡的旅程。

《碟中諜》新篇章揭幕，
動作、懸疑，演技的展現無窮，
湯姆·克魯斯的飛躍與奔跑，
是否願意一同目睹這精彩的熔爐？

在週末的閒暇時光，
讓我們並肩坐在影院的暗光，
共享這部作品的驚喜與思索，
在銀幕前感受彼此的呼吸和心跳。

如果你願意和我共度，
這個充滿魅力的電影夜晚，
請給我一個微笑或點頭的答案，
讓我們的回憶增加這浪漫的一章。

邀你一同觀影的夜晚，
在故事中尋找共鳴的時光，
請讓我們的心靈一同起舞，
在這部電影的光芒下找到自己的方向。

4-7-5　用一首七言絕句取代一封信

錦魁　可不可以用一首七言絕句，此詩的意境是邀約看點影

當然，七言絕句是一個非常經典且簡潔的詩體。以下是一首用來邀約看電影的七言絕句：

新片上映心已狂，
共赴影院約何時。
夢幻銀幕等同賞，
此情此景你可知？

筆者所輸入資料有錯字，ChatGPT 依舊可以完美回應，下面是修正錯誤再度回應另一首七言絕句的結果。

錦魁　可不可以用一首七言絕句，此詩的意境是邀約看電影

當然，以下是一首以邀約觀看電影為主題的七言絕句：

銀幕倩影新篇開，
共赴影院約時待。
夢幻交織情已牽，
此刻同享你可來？

4-8　交友顧問

4-8-1　交友顧問

錦魁　你可以作為我的交友顧問嗎

當然，我可以協助你提供交友和人際關係方面的建議。請注意，雖然我可以提供一般的建議和指引，但我無法了解你個人的具體情況或了解你所在社交環境的細微差異。因此，我的建議可能需要根據你的具體情況和舒適度來調整。

如果你有任何具體的問題或需要幫助的地方，請隨時告訴我！

4-8-2　吸引漂亮同學注意

我班上有一位女同學很漂亮，應該如何讓她注意到我？

讓人注意到你並不一定需要特殊的技巧或策略。重要的是保持真實自我、展現你的獨特之處，並建立真誠的聯繫。以下是一些可能有助於你達到目的的建議：

1. **了解她的興趣和愛好**：通過共同的興趣找到聊天的話題，可以讓對話更自然和有趣。
2. **展現自信**：自信是吸引人的一個重要特質。透過良好的姿勢、眼神交流和清晰的語言，可以傳達自信的形象。
3. **友善的行為**：對她以及周圍的人友善並尊重，這樣可以展現你的成熟和負責任。
4. **不要太急**：對一個人感興趣並不意味著需要急於展開感情。先從朋友做起，慢慢建立信任和舒適感。
5. **保持外貌整潔**：良好的個人衛生和合適的穿著可以給人留下良好的印象。
6. **參與社交活動**：如果她參加某個社交團體或活動，你也可以考慮加入。共同的活動可以讓你們有更多的交流機會。
7. **展現你的才能和熱情**：如果你有特殊的才能或對某個主題特別有熱情，不妨分享給她。人們通常會對有熱情和才能的人感到吸引。
8. **尊重她的感受和選擇**：如果她顯示出不感興趣或需要空間的跡象，請尊重她的意願。

記住，每個人的喜好和反應都是獨特的，所以可能需要一些時間和努力來找到最合適的方式。最重要的是保持真實、尊重和耐心。

4-8-3　獲得別人的好感

如何知道她對我有好感

了解某人是否對你有好感可能有些複雜，因為每個人的表現方式都可能有所不同。不過，以下是一些通常的跡象，可能表明她對你有一些興趣：

1. **身體語言**：如果她經常與你保持眼神交流、面對你的身體、微笑或者經常觸碰你（例如拍拍你的肩膀），這可能是一個跡象。
2. **花更多時間在你身邊**：她是否主動找機會和你待在一起？例如在課間休息、午餐或課外活動時？
3. **主動聯絡**：她是否主動發訊息或打電話給你，無論是有關學業還是只是閒聊？
4. **對你的興趣和生活特別感興趣**：她是否經常問你的愛好、家庭、未來計劃等個人問題？
5. **傾向於分享私人事務**：她是否與你分享她的感受、夢想、家庭或者其他私人的事務？
6. **在你需要幫助時主動提供支援**：不論是學業還是其他事情，她是否經常主動提供幫助？
7. **在朋友間的反應**：她的朋友是否對你們之間的關係有所察覺？有時候朋友可能會注意到一些你可能沒察覺的事情。

要注意的是，以上的跡象不一定意味著她確實對你有浪漫的興趣。有些人可能只是友善或外向。最直接有效的方法可能是當你們建立了一定的信任和舒適感後，直接和她溝通你的感受。不過，這需要勇氣和判斷，並且考慮到她的感受和你們目前的關係。如果你不確定，也可以先從你們共同的朋友那裡尋求一些意見或觀察。

4-8-4 如何邀請第一次約會

錦魁 如何邀請她進行第一次約會？

邀請某人第一次約會可能讓人感到緊張，但保持真誠和自信可以讓過程變得更順利。以下是一些步驟和建議，你可能會發現它們有助於你邀請她約會：

1. **選擇合適的場合**：選擇一個輕鬆的場合提出約會邀請，例如在課間休息或共同的休閒活動中。
2. **選擇合適的活動**：選擇一個你們都可能感興趣的活動。如果你了解她的興趣和愛好，可以選擇一個相關的活動。
3. **直接但不正式地提出**：不必過於正式，可以像這樣說："嗨，我聽說有一個新的咖啡店/電影/展覽，你周末有空一起去嗎？"
4. **展現自信，但不要壓迫**：微笑、保持眼神交流，並以開放的語氣提出邀請。如果她說不方便或不感興趣，則友善地接受她的回答。
5. **留下彈性**：如果她對活動感興趣但時間不合適，可以提供其他時間或問她有什麼建議。
6. **確認細節**：如果她接受邀請，記得確認細節，例如時間、地點和相關活動。
7. **如果感到不確定，可以與朋友一起**：如果你們都感到有點緊張，可以考慮和一些共同的朋友一起出去，這樣可能會減輕壓力。
8. **保持友善和真誠**：最重要的是展現你的友善和真誠。你的目的是共享一個愉快的時光，而不是壓迫她感到必須接受你的邀請。

記住，每個人和每個情況都是獨特的，所以使用你對她和你們之間關係的了解來引導你的做法。無論她的回答是什麼，保持尊重和正面的態度都是關鍵。如果她接受了你的邀請，那太好了！如果沒有，也不必感到沮喪，保持友善的關係，也許將來還有其他的機會。

4-8-5 撰寫第一次約會的七言絕句

錦魁 可否協助做一首七言絕句，當作邀請約會的開場白

當然！使用一首七言絕句作為邀請約會的開場白，既富創意又充滿浪漫情感。以下是一個可能的版本：

山水相邀夢初醒，
共遊台北情意深，
若君有意共漫遊，
請賜回音定良辰。

這首詩以自然景物作為背景，提出邀請並表達渴望共同度過美好時光的願望。希望這能幫到你，如果你有任何特定的想法或主題，也可以讓我知道，我會很樂意進一步協助你！

4-8-6　第一次約會應注意事項

錦魁

請告訴我第一次約會應注意事項

第一次約會是一個重要的機會，可以更進一步了解彼此。這是一些你可能會發現有用的第一次約會的注意事項：

1. **準時到達**：遲到可能給人不尊重的印象。計劃提前到達，以便有足夠的時間找到停車位或解決其他潛在問題。
2. **穿著得體**：選擇適合約會場所和活動的服裝，不必過於正式，但也不要太隨便。
3. **保持禮貌和尊重**：與她保持友善和尊重的互動，請注意你的言語和行為。
4. **做好聆聽**：展現你對她說話感興趣，並提問以深入了解她的觀點。
5. **避免過於敏感的話題**：在初次約會時，最好避免宗教、政治或過於私人的話題，除非你確定你們都對此感興趣並舒適討論。
6. **不要過度依賴手機**：將手機調成靜音並專注於與她的互動，過度查看手機可能會讓她覺得被忽略。
7. **適度的身體接觸**：了解彼此的舒適區域，適度的身體接觸，例如開門或輕輕碰觸手臂，可以增加親密感。但要確保她感到舒適。
8. **自付或提前討論費用問題**：如果你邀請她，通常意味著你會付款。不過，一些人可能更喜歡各付各的，所以如果有疑問，可以提前討論。
9. **真誠的讚美**：如果你真心覺得她的某個方面很棒，不妨誠實地讚美她。
10. **享受時光並保持輕鬆**：不要給自己太大壓力，目的是享受彼此的陪伴並更好地了解對方。
11. **約會結束後的反饋**：如果你們度過了愉快的時光，不妨在約會結束後的第二天發訊息感謝她，如果你有興趣，也可以提議下一次約會。

第一次約會是了解彼此的機會，所以保持開放和真誠的態度，展現你最真實的一面是非常重要的。不要害怕展現你的個性和興趣，也要積極了解她的想法和感受。最後，記得享受過程，無論結果如何，這都是一個有趣的經歷和學習的機會。

4-8-7 第一次約會的行程規劃

錦魁

可否協助安排在台北市從下午到晚上的第一次約會行程

當然可以！台北市有許多迷人的地方，非常適合約會。以下是一個從下午到晚上的約會行程提案，當然你可以根據你們的興趣和喜好來進一步調整：

下午：

1. **散步於台北市的美麗公園**：
   - 地點：例如大安森林公園或二二八和平公園。
   - 活動：散步、聊天、欣賞湖泊和樹木，也許還可以一起野餐。
2. **藝術和文化體驗**：
   - 地點：例如台北國立故宮博物院或台北當代藝術館。
   - 活動：欣賞藝術品，分享對藝術和歷史的看法。

傍晚：

1. **信義區購物和漫遊**：
   - 地點：台北101附近的購物中心。
   - 活動：漫遊商店，享受城市的繁華，也許還可以一起看一部電影。
2. **觀賞夕陽**：
   - 地點：象山或台北101觀景台。
   - 活動：欣賞城市美景和夕陽，共享浪漫時刻。

晚上：

1. **晚餐**：
   - 地點：在台北市內選擇一家風格和預算合適的餐廳。
   - 活動：享受美食，深入聊天。
2. **甜點和夜晚散步**：
   - 地點：饒河街觀光夜市或台北市其他知名夜市。
   - 活動：嘗試當地小吃和甜點，一起在夜市中漫遊。
3. **如果時間允許，欣賞現場音樂表演**：
   - 地點：例如西門町附近的現場音樂酒吧。
   - 活動：享受音樂，結束美好的夜晚。

記得，約會的目的是享受彼此的陪伴和了解對方，所以選擇你們都感興趣的活動並保持輕鬆的氛圍是非常重要的。不要害怕根據當天的情況做出調整，最重要的是你們共同享受的時間。祝你們約會愉快！

4-8-8 約會結束的七言絕句

錦魁　可否協助我在約會結束時，做一首七言絕句送給她

當然可以！七言絕句是一種精緻的詩歌形式，可以用來表達你的感受和約會的印象。以下是一個提議，你可以根據你們的共同經歷來個人化：

山水共遊情未老，
夕陽同賞意悠悠，
人生短暫如春夢，
願與君共度時光。

這首詩捕捉了一天約會的精神，強調共享的經歷和願望繼續共度時光。你可以根據你們的具體活動和感受來調整。如果你有任何特定的想法或主題，我也很樂意幫助你進一步定制這首詩！

第 5 章
ChatGPT 在教育的應用

ChatGPT 的興起，也帶給全球教育界的正反論述，這一章筆者重點是應該如何應用此工具，讓老師獲得更好的教學成效，學生可以有效率的更愛上學習。

5-1 讓ChatGPT告訴我們ChatGPT在教育的應用

錦魁　你可不可以敘述，ChatGPT對教育的應用

當然，ChatGPT作為一個先進的語言模型，在教育領域有許多應用，以下是一些主要的方面：

1. **個人化教學助理:** ChatGPT可以作為個人化教學助理，為學生提供定制的學習材料和反饋。它可以根據學生的需求和理解程度，提供相應的教學支援。
2. **語言學習工具:** 對於學習新語言的人來說，ChatGPT可以作為一個有效的練習工具。學生可以透過與模型的互動來練習語言理解和表達。
3. **輔助教師工作:** 教師可以使用ChatGPT來準備教學資料，如測驗、考試或作業的問題。模型也能幫助教師分析學生的學習進度和需求，進一步改善教學策略。
4. **補充教材:** ChatGPT可以生成或幫助編寫補充教材，提供學生更廣泛、更多角度的學習資源。
5. **增強學生參與:** 透過與ChatGPT的互動，學生可能會感到更加舒適和自在，特別是在一對一的學習環境中。這可以鼓勵他們更加積極地參與學習過程。
6. **特殊教育支援:** ChatGPT也可用於支援特殊教育需求的學生。通過定制化的互動，可以更好地滿足這些學生的獨特學習需求和風格。
7. **連接偏遠地區:** 在一些資源有限或偏遠地區，ChatGPT可以提供基本的教育支援，彌補教育資源不足的問題。

9. **數據分析和研究支援:** 教育研究人員可以使用ChatGPT來分析和整理大量教育數據，以深入了解教育趨勢和學生表現。

然而，也值得注意的是，ChatGPT在教育中的應用還存在一些挑戰和限制，例如資料隱私、道德考量、過度依賴技術等問題。因此，在將這些工具納入教育實踐時，需要謹慎考慮和平衡各方面的利弊。

5-2 學生應用 ChatGPT

學生應用 ChatGPT，最大的特色是可以獲得即時的答案。不過筆者測試，如果碰上複雜的問題，還是需要檢查，因為 ChatGPT 仍會出錯。下列是學生可以應用的領域：

- 當作百科全書：我們可以隨時請教 ChatGPT 獲得知識。
- 作文大綱：一篇作文題目，可以讓 ChatGPT 告知重點。
- 更改文章內容：我們也可以將所寫的文章讓 ChatGPT 批閱與修改。
- 撰寫報告：直接告知主題，讓 ChatGPT 代勞撰寫。
- 摘要文件：給予大量資料，讓 ChatGPT 撰寫摘要。
- 撰寫讀書心得：直接給予內容，讓 ChatGPT 撰寫讀書心得。
- 請求學習建議：各類知識的學習建議，皆可以請教 ChatGPT。

5-2-1 ChatGPT 其實是一個百科全書

下列是筆者詢問「美國南北戰爭」。

錦魁 請用約100個字敘述美國南北戰爭

美國南北戰爭（1861-1865年）是美國歷史上一場重大內戰，主要原因為奴隸制問題與州權與聯邦政府權力的衝突。南方的邦聯國家主張州權並依賴奴隸經濟，而北方聯邦則主張保留聯盟並廢除奴隸制。四年激烈戰鬥後，北方聯邦軍取得勝利。戰爭結束後，奴隸制被廢除，但種族問題仍然持續影響美國社會。

下列是筆者詢問「美國 OpenAI 公司」。

錦魁 請用約100個字介紹OpenAI公司

OpenAI是一家人工智能研究機構，成立於2015年，致力於確保人工智能的利益普及人類全體。透過開放協作和透明度，OpenAI推動了人工智能領域的創新和研究。該組織專注於構建安全並與人類價值觀一致的人工智能。OpenAI開發了多個先進模型，例如GPT系列，並與學術界和工業界合作，以促進人工智能的健康發展。

下列是筆者詢問「中國歷史的春秋戰國時代」。

錦魁 請用約100字介紹中國歷史的春秋戰國時代

春秋戰國時代（約770-221年BCE）是中國歷史上的一個時期，標誌著封建制度的衰落和中央集權的萌芽。春秋時期（770-476年BCE）諸侯國間相互競爭，戰國時期（475-221年BCE）則戰亂更加頻繁。這個時期出現了許多思想家和學派，如孔子、老子等，被稱為"百家爭鳴"。最終秦國統一六國，建立秦朝，結束了此時期的分裂和戰亂，為中國歷史的統一鋪平了道路。

5-2-2 作文大綱或內容撰寫

學生寫作文的學習目的多元且重要，主要包括：

1. 提高語言能力：透過寫作，學生能夠練習和掌握語言結構、詞彙和語法，有助於提高書面表達能力。
2. 培養思考能力：寫作文要求學生思考主題、組織思路並表達觀點，有助於培養邏輯思考和批判性思維能力。
3. 增強溝通技巧：學生透過寫作文學習如何清晰、有條理地表達自己的想法和感受，有助於增強未來人際溝通的能力。
4. 促進創造力發展：透過寫敘事、描寫、想像等不同類型的作文，學生可以展現自己的創造力和想像力。
5. 認識自我和社會：寫作文能讓學生反思自我、觀察社會，培養自主學習和社會責任感。
6. 加強學科整合：寫作文常涉及多學科知識，有助於學生整合不同學科的知識和技能，促進全面發展。

總而言之，寫作文不僅是語言學習的重要手段，也是培養學生綜合素養的有效途徑。

109 年大學聯考學測作文是「靜夜情懷」，筆者讓 ChatGPT 寫出大綱建議，這是非常好的大綱建議，已經不輸給高中國文老師了。

你可不可以協助寫作文題目「靜夜情懷」的大綱

當然，以下是一個關於「靜夜情懷」作文主題的大綱，您可以根據需要進行調整和擴展：

I. 引言：

- 描述夜晚的寧靜景象，如閃爍的星光、寂靜的街道等。
- 提出靜夜引發的深層思考或情感聯想，為主題定調。

II. 靜夜下的自我反思：

- 自我審視：靜夜如何促使思考個人成長、人生目標等。
- 時間感悟：夜的寧靜與時間流逝的沉思，如對過去的回顧，對未來的展望等。

III. 靜夜與人際情感：

- 思念親友：描述在寧靜的夜晚如何加深對親人或友人的思念。
- 感慨人際關係：如何在靜夜中反思人與人之間的連接與隔閡。

IV. 靜夜與自然共鳴：

- 與自然對話：描述夜晚自然界的美麗，例如月光、微風等，如何引發與自然的共鳴。
- 環境議題：透過靜夜觀察，思考人類與自然的關係，如環保意識等。

V. 靜夜中的創造與靈感：

- 描寫夜晚如何激發創造力和靈感。
- 舉例自己在夜晚如何獲得創作或學習的動力。

VI. 結論：

- 回顧整篇文章的主要觀點。
- 總結靜夜如何讓人有深層的情感體驗和認識，並表達對靜夜的讚美或感慨。

這個大綱提供了多個角度來探討「靜夜情懷」這一主題，可以根據具體需要進行選擇和調整。

下列是 ChatGPT 針對「靜夜情懷」的作文範本。

錦魁 請寫一篇600個字的「靜夜情懷」作文

當夜色降臨，城市的喧囂逐漸遠去，取而代之的是一片寧靜與和諧。在這樣的靜夜中，每一顆星星都彷彿在訴說著自己的故事。今夜，我也想借這寧靜的夜空來沉浸自己的情感，探索那些深藏心底的感受。

靜夜下的自我反思

坐在窗前，看著窗外的月光柔和地灑在大地上，我不禁開始反思自己的人生路。靜夜為我提供了一個冥想的空間，讓我能夠脫離日常的繁忙，真實地面對自己的內心。我想起了童年的夢想，青春的掙扎，成長的喜悅和失落，這些記憶在靜夜中彷彿重新獲得了生命。

靜夜與人際情感

夜的寧靜也使我深感親人和友情的可貴。我想起了遠在他鄉的家人，靜夜中，他們是否也在窗前凝望，思念著彼此？我想起了與朋友共度的時光，那些歡笑和淚水交織的回憶在這靜夜中顯得格外清晰。人與人之間的情感連接在靜夜中得到了加深，讓人更加珍惜。

靜夜與自然共鳴

除了人與人的情感，靜夜還讓我與自然產生了共鳴。微風輕拂，樹葉沙沙作響，一切都讓人感覺和諧而寧靜。這樣的夜晚使人重新認識到自然的美麗，讓人深思人類與自然的關係，應當如何愛護我們共同的家園。

靜夜中的創造與靈感

或許正因為這樣的寧靜，靜夜成了許多文人墨客的創作靈感源泉。我也在這樣的夜晚找到了寫作的動力，將自己的情感化作文字，讓它們在紙上自由飛翔。

結語

靜夜情懷不僅是對夜的讚美，更是一次心靈的旅程。在夜的寧靜中，人們可以找到自己的本真，感受人與人、人與自然的和諧，甚至激發創造力的火花。這一切都使得靜夜不再只是一個時間段，而是一個讓人沉思、感慨、創造的美麗世界。讓我們珍惜每一個靜夜，聆聽它帶給我們的心靈低語。

5-2-3 報告與大綱的撰寫

下列是筆者請求撰寫「AI 的未來」大綱的建議。

我想寫一篇「AI的未來」報告，請給大綱建議

當然！「AI的未來」是一個涵蓋廣泛並極富深度的主題。以下是一個可能的大綱建議，您可以根據具體需求進行調整：

I. 引言

- 主題定義：解釋什麼是AI以及它的當前重要性。
- 目的陳述：說明報告的目的，即探討AI的未來發展趨勢和挑戰。
- 方法論述明：描述報告的研究方法和來源。

II. AI的現狀與背景

- 歷史回顧：簡述AI的發展歷史。
- 現今應用：概述當前AI在各行業的應用與影響。

III. AI的未來發展方向

- 技術創新：探討未來可能的技術突破，例如量子計算、能效提升等。
- 行業擴展：分析AI將在哪些新行業或領域得到應用。
- 社會影響：討論AI如何改變工作、教育、醫療等社會層面。

IV. 倫理與法律考量

- 倫理問題：分析AI可能帶來的倫理挑戰，例如隱私、偏見等。
- 法律框架：探討如何建立合適的法律監管機制以促進AI的健康發展。

V. 國際競爭與合作

- 國際競爭：分析不同國家在AI領域的競爭態勢。
- 國際合作：探討國際間如何合作以促進AI的全球發展。

VI. 持續發展與可持續性

- 環境影響：分析AI技術的環境足跡。
- 可持續發展：探討如何確保AI的發展符合可持續發展目標。

VII. 挑戰與風險

- 安全性問題：探討AI系統的安全挑戰。
- 經濟和社會風險：分析AI可能對就業、經濟和社會結構的影響。

VIII. 結論

- 主要發現概述：總結報告的主要發現和洞見。
- 建議與展望：提供對未來AI發展的建議和展望。

IX. 參考文獻

- 列出報告中引用的所有資料和文獻。

這個大綱提供了對「AI的未來」這一主題的全方位探討。您可以根據實際需求添加、刪減或調整各個部分。

讀者可以針對大綱，請求 ChatGPT 撰寫報告內容，下列是 ChatGPT 所寫「引言」的內容實例。

錦魁 請撰寫「AI的未來」的「引言」

當然！以下是「AI的未來」報告的引言部分：

人工智能（Artificial Intelligence，AI）已經成為當今世界科技和社會發展的核心驅動力。自從1950年代AI概念的提出，至今它已從理論研究轉變為日常生活和工業應用的實用技術。無論是醫療、交通、金融還是娛樂產業，AI的足跡遍布其中，不僅提高了效率，也為創新打開了全新的可能性。

然而，AI的未來是一個複雜並充滿挑戰的主題。隨著技術的不斷發展，AI將如何影響人類社會？它將帶來哪些倫理和法律問題？又如何保障其可持續性和安全性？這些問題不僅牽涉科技本身，更涉及社會結構、經濟發展、法律監管等多方面因素。

本報告旨在深入探討AI的未來發展趨勢、可能遇到的挑戰以及機遇。透過分析當前的技術現狀，研究不同領域的應用案例，並考察倫理、法律和全球化等因素，我們將努力為讀者呈現一個全面而均衡的AI未來展望。

在研究方法上，本報告將結合文獻回顧、專家訪談、案例分析等多種手段，以期提供一個既理論深入，又實踐貼近的視角。

在全球科技迅速變革的背景下，理解AI的未來走向不僅對科技界至關重要，更涉及到整個社會的健康發展。希望本報告能夠為政策制定者、工業界、學術研究者以及所有關心AI未來的人們提供有益的洞見和啟示。

讀者可以繼續讓 ChatGPT 協助寫其他大綱內容，就可以成為一篇完整的報告。

5-2-4 閱讀論文撰寫摘要

AI 時代，AI 音樂也是一個重要的主題，Google 公司雖未有商業化的產品，但是也沒有在此領域缺席，Google 公司有發表一篇 MusicLM:Generating Music From Text(MusicLM：用文字產生音樂)。

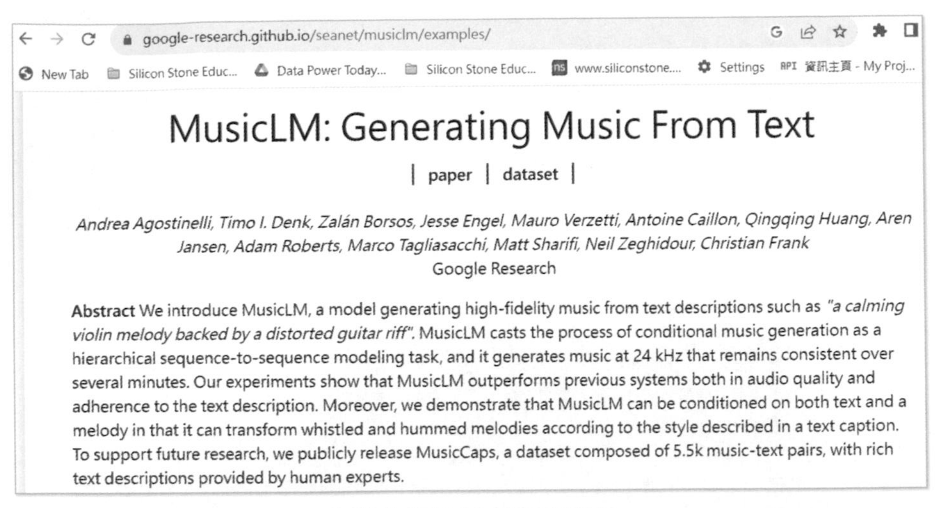

MusicLM: Generating Music From Text

| paper | dataset |

Andrea Agostinelli, Timo I. Denk, Zalán Borsos, Jesse Engel, Mauro Verzetti, Antoine Caillon, Qingqing Huang, Aren Jansen, Adam Roberts, Marco Tagliasacchi, Matt Sharifi, Neil Zeghidour, Christian Frank
Google Research

Abstract We introduce MusicLM, a model generating high-fidelity music from text descriptions such as *"a calming violin melody backed by a distorted guitar riff"*. MusicLM casts the process of conditional music generation as a hierarchical sequence-to-sequence modeling task, and it generates music at 24 kHz that remains consistent over several minutes. Our experiments show that MusicLM outperforms previous systems both in audio quality and adherence to the text description. Moreover, we demonstrate that MusicLM can be conditioned on both text and a melody in that it can transform whistled and hummed melodies according to the style described in a text caption. To support future research, we publicly release MusicCaps, a dataset composed of 5.5k music-text pairs, with rich text descriptions provided by human experts.

上述內容取材自下列網址
https://google-research.github.io/seanet/musiclm/examples/

筆者將上述文章全部選取、複製到 ChatGPT 的輸入框，同時要求用中文摘要內容，如下所示：

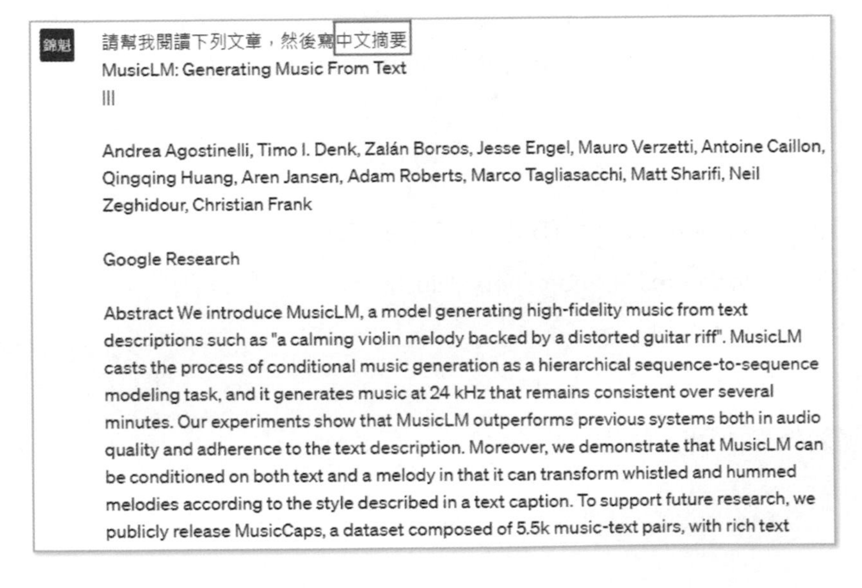

請幫我閱讀下列文章，然後寫中文摘要
MusicLM: Generating Music From Text
|||

Andrea Agostinelli, Timo I. Denk, Zalán Borsos, Jesse Engel, Mauro Verzetti, Antoine Caillon, Qingqing Huang, Aren Jansen, Adam Roberts, Marco Tagliasacchi, Matt Sharifi, Neil Zeghidour, Christian Frank

Google Research

Abstract We introduce MusicLM, a model generating high-fidelity music from text descriptions such as "a calming violin melody backed by a distorted guitar riff". MusicLM casts the process of conditional music generation as a hierarchical sequence-to-sequence modeling task, and it generates music at 24 kHz that remains consistent over several minutes. Our experiments show that MusicLM outperforms previous systems both in audio quality and adherence to the text description. Moreover, we demonstrate that MusicLM can be conditioned on both text and a melody in that it can transform whistled and hummed melodies according to the style described in a text caption. To support future research, we publicly release MusicCaps, a dataset composed of 5.5k music-text pairs, with rich text

然後可以得到下列中文摘要。

當然，以下是文章的中文摘要：

文章介紹了一個名為MusicLM的模型，該模型能夠根據文字描述生成高保真度的音樂，例如"舒緩的小提琴旋律伴隨著失真的吉他riff"。MusicLM將條件音樂生成視為一個分層的序列到序列建模任務，並能生成在幾分鐘內保持一致的24 kHz音樂。實驗結果表明，MusicLM在音頻質量和對文字描述的遵循方面均優於以前的系統。

此外，MusicLM還可以根據文字和旋律進行調整，即它可以根據文字標題中描述的風格轉換哨子和哼唱的旋律。為了支持未來的研究，作者公開發布了一個名為MusicCaps的數據集，其中包括由人類專家提供的5.5k音樂-文字對，具有豐富的文字描述。

文章還展示了一系列實例，說明了模型是如何從豐富的標題、故事模式、文本和旋律條件等方面生成音頻的。此外，還探索了不同樂器、流派、音樂家經驗水平、地點、時代和手風琴獨奏等方面的音頻生成。

總之，MusicLM通過文字描述生成音樂的能力為音樂創造和理解開辟了新的可能性，並對未來的音樂生成研究提供了有力的支持。

5-2-5　協助撰寫履歷表

每一位學生畢業後，撰寫履歷表進入職場，撰寫履歷表是必經歷程，我們可以借助 ChatGPT 完成履歷撰寫。如果無法給予完整的學經歷，ChatGPT 只能依據大眾化格式產生履歷，為了要有一個符合自己特色的履歷，建議給予完整的資料，下列是實例：

姓名：洪星宇

學歷：明志科技大學電機系

語言能力：Python、Java、HTML、CSS、JavaScript

軟體能力：WordPress、Photoshop、Illustrator

其他技能：SEO 知識

目標：網頁設計師

獲獎紀錄：SSE 攝影競賽全國第一名。

我想要應徵網頁設計工程師，請協助撰寫履歷，我的個人資料如下：
姓名：洪星宇
學歷：明志科技大學電機系
語言能力：Python、Java、HTML、CSS、JavaScript
軟體能力：WordPress、Photoshop、Illustrator
其他技能：SEO知識
目標：網頁設計師
獲獎紀錄：SSE攝影競賽全國第一名。

當然，以下是您的履歷範例，您可以根據需要進一步修改或增添內容。

洪星宇的履歷

聯絡資訊

- 地址：（請填入您的地址）
- 電話：（請填入您的聯絡電話）
- 電子郵件：（請填入您的電子郵件）

目標
追求網頁設計師職位，利用我的程式語言能力和軟體技能，以創新和效率推動項目成功。

學歷

- 明志科技大學，電機系，畢業年份（請填入）

技能

- **語言能力**：Python、Java、HTML、CSS、JavaScript
- **軟體能力**：熟悉WordPress、Photoshop、Illustrator
- **其他技能**：具SEO知識

工作經驗
（如果有任何相關工作經驗或實習經驗，請在此區域詳細描述。）

專案經驗
（如果有任何個人或團隊專案經驗，包括學校專案，請在此區域詳細描述。）

獲獎紀錄

- **SSE攝影競賽全國第一名**：（描述競賽詳情和您的作品，例如主題、技巧等。）

興趣與愛好
（如果您希望，可以在此區域描述一些個人興趣和愛好，這有助於展現您的個人特質和多元才能。）

推薦人
（如有需要，可在此提供推薦人的聯絡資訊。）

5-2-6 協助撰寫應徵信

錦魁　你可以協助撰寫應徵網頁工程式的信嗎

當然，以下是一份應徵網頁設計工程師職位的範例信件。您可以根據具體情況進行修改和補充：

[您的地址]
[您的城市, 郵遞區號]
[日期]

[公司名稱]
[公司地址]
[公司城市, 郵遞區號]

敬啟者，

我在[職缺來源，例如公司網站或招聘網站]看到貴公司正在招聘網頁設計工程師一職，非常興奮地寫信申請這個職位。作為一名擁有明志科技大學電機系學士學位的專業人士，我相信我的技能和經驗可以為貴公司帶來貢獻。

在學期間，我積極參與了多個網頁設計項目，並熟練掌握了Python、Java、HTML、CSS、和JavaScript等程式語言。這些項目讓我不僅鍛煉了實際應用技能，更讓我理解了團隊合作和有效溝通的重要性。

此外，我也具備使用WordPress、Photoshop、Illustrator等軟體的能力，並對SEO有深入的理解。這些技能使我能夠從設計到開發，全方位地參與網頁項目。

我的其他成就包括在SSE攝影競賽中獲得全國第一名。這次經歷不僅提升了我的視覺設計能力，更讓我學會了如何在壓力下保持冷靜，迎接挑戰。

我對貴公司的使命和價值觀感到共鳴，並期待有機會成為團隊的一部分。隨信附上我的履歷，以供您參考。如果有任何需要進一步了解的地方，請隨時與我聯繫。

感謝您花時間閱讀我的申請，期待有機會與您面談，進一步討論我的資格和這個職位。

誠摯的，

[您的全名]
[您的電話號碼]
[您的電子郵件地址]

附件：履歷

5-2-7 職場面試應該注意事項

錦魁 請列出職場面試應該注意事項

當然，職場面試是一個重要的過程，以下是一些應注意的事項，以幫助您成功通過面試：

1. **準時到達**：提前至少15分鐘到達面試地點，顯示您重視這個機會。
2. **穿著得體**：根據職位和公司文化選擇合適的服裝。通常建議穿著整齊、專業的服裝。
3. **帶齊文件**：攜帶多份履歷副本、推薦信、證書等必要文件。
4. **了解公司和職位**：在面試前做足夠的了解，包括公司背景、文化、產品、所應徵職位的職責等。
5. **保持良好的肢體語言**：保持眼神交流、微笑，坐姿端正但不僵硬，顯示自信和開放。
6. **清晰有力的回答**：針對提問，回答要清晰、簡潔，並提供具體的例子支持您的說法。
7. **準備問題**：面試不只是公司評估您，也是您評估公司的機會。事先準備一些問題，可以展示您對職位的興趣和投入。
8. **注意語言禮儀**：謹慎選擇用詞，避免使用俚語和過於隨 casual 的語言。
9. **展現熱情**：通過您的回答和問題展現您對職位的熱情和興趣。
10. **不要過早談薪資**：除非面試官主動提出，否則避免在初次面試中提及薪資問題。
11. **面試後跟進**：面試結束後，可通過電子郵件或手寫卡片感謝面試官的時間和考慮，留下良好印象。
12. **保持正面態度**：即使在被問到困難或挑戰性問題時，也要儘量保持積極和正面的態度。
13. **不講述貶低前雇主的言詞**：避免在面試中說出任何可能解讀為對前雇主不滿或抱怨的話語。
14. **誠實**：對於您的經歷和能力，保持真實和誠實，不要誇大或虛偽。

面試是一個互動的過程，所以在準備時除了專注於自己的表現，也要考慮到如何與面試官建立連接，展示您對職位的適合性和熱情。

5-3 教師應用 ChatGPT

5-3-1 準備教學內容

如果要產生圖文並茂的教學內容，讀者可以複習 2-7 節。下列是準備「台灣原住民」發展史的 3 頁教學資料。

錦魁

請幫我準備3頁「台灣原住民」發展史的教學資料

當然，以下是有關「台灣原住民」發展史的3頁教學資料。

第1頁：台灣原住民的起源與遷徙

關鍵字： 起源

重點清單：

- 台灣原住民的語言屬於南島語系，與馬來西亞、印尼和菲律賓等地的部分民族有關聯。
- 遺傳和語言學研究支持台灣原住民是南島語系的發源地。
- 台灣原住民共有16個官方認定的族群，每個族群都有其獨特的文化和傳統。

第2頁：台灣原住民的文化與社會結構

關鍵字： 文化

重點清單：

- 原住民的生活方式和文化受到地理環境的影響，如山地或海洋。
- 許多族群有豐富的口頭傳統，包括神話、傳說和歌曲。
- 原住民社會的結構通常是以部落為基礎，並有自己的領袖和法規。

第3頁：台灣原住民的現況與未來發展

關鍵字： 現況

重點清單：

- 原住民在台灣的社會經濟地位常常受到忽略和邊緣化。
- 政府和非政府組織正努力保護和促進原住民的文化和權益。
- 原住民年輕一代在尋求平衡現代生活和傳統文化之間的連接。

這3頁教學資料概述了台灣原住民的起源、文化和現狀。老師或演講者可以根據這些重點清單深入解釋每個主題，並配合相關的視覺材料或活動來豐富教學內容。

5-3-2 準備問卷調查

錦魁 請準備「台灣原住民」發展史的調查表，共5題，以了解學生接收程度

當然，以下是一份用以了解學生對「台灣原住民」發展史學習狀況的調查表。這份調查表包括5個問題，旨在評估學生對此主題的接收和理解情況。

「台灣原住民」發展史學習調查表

1. 你對台灣原住民的歷史和文化有多少了解？

- 完全不了解
- 略知一二
- 有初步了解
- 深入理解

2. 在「台灣原住民」發展史的教學中，你最感興趣的部分是什麼？請簡述。

- 開放回答

3. 你覺得目前台灣原住民在社會、文化和經濟方面的現況如何？是否與你之前的認知有所不同？

- 開放回答

4. 今天的教學內容是否讓你更想了解台灣原住民的歷史和文化？

- 強烈不同意
- 不同意
- 普通
- 同意
- 強烈同意

5. 你對今天教學的哪些方面感到滿意？哪些方面覺得需要改進？

- 開放回答

這份調查表的設計涵蓋了學生對台灣原住民歷史和文化的興趣、理解程度和反饋。透過學生的回答，教師可以了解學生的學習狀況，並相應地調整教學策略和內容，以更好地滿足學生的需求和興趣。

5-3-3　協助準備附有解答的考題

請協助出3題是非題，3題選擇題，了解學生對於「台灣原住民」發展史的學習狀況，請同時附上解答給我。

當然！以下是三個是非題和三個選擇題，用以了解學生對於「台灣原住民」發展史的學習狀況，並附有解答。

是非題：

1. 台灣原住民的語言屬於南島語系。

- 是 (正確答案)
- 否

2. 所有的台灣原住民族群都居住在山區。

- 是
- 否 (正確答案)

3. 台灣原住民共有10個官方認定的族群。

- 是
- 否 (正確答案，台灣原住民共有16個官方認定的族群)

選擇題：

4. 台灣原住民中，哪個族群以勇士文化著稱？

- A) 阿美族
- B) 排灣族 (正確答案)
- C) 魯凱族
- D) 布農族

5. 下列哪個活動是台灣原住民的重要傳統慶典之一？

- A) 中秋節月餅賽食
- B) 大甲媽祖遶境
- C) 豐年祭 (正確答案)
- D) 龍舟賽

6. 目前台灣有多少個官方認定的原住民族群？

- A) 5個
- B) 10個
- C) 16個 (正確答案)
- D) 22個

這些問題涵蓋了台灣原住民的起源、文化和現況，並附有解答供教師參考。透過這些問
你可以快速評估學生對課程內容的理解，並針對學生的需要進行相應的教學調整。

5-4 升大學的面試

ChatGPT 也可以是一位稱職的面試官，由於 ChatGPT 學識淵博，能面試的範圍非常廣。其實筆者最佩服的是，ChatGPT 在面試者回答後，可以針對面試者的答案做註解，我們的回答是否完整，也可以請 ChatGPT 告訴你，甚至請 ChatGPT 教你應該如何回答，所以 ChatGPT 也可以當作我們的指導教授。

5-4-1 詢問是否了解升大學的口試

錦魁　你 知道台灣高中生申請讀大學需要口試?

是的，一些大學在招生時會要求申請者進行面試或口試，以了解申請者的個人特質、學習動機和適應能力等。不過，並非所有大學都會要求口試，而是視各校的招生政策而定。另外，口試方式也可能因學校而有所不同，可能是面對面的面試、線上的視訊面試、或是其他形式的口試。

從 ChatGPT 的回答可以確定 ChatGPT 知道升大學需要面試或是口試，所以筆者可以繼續這個主題。

5-4-2 請 ChatGPT 擔任面試教授

錦魁　我想讀電腦系, 你可不可以當作面試我的教授, 問我3個要讀這所大學的相關問題

當然，我可以當作面試您的教授，請問您想要我問您哪三個與申請這所大學電腦系相關的問題呢？

ChatGPT 同意擔任面試教授，同時詢問筆者要問的問題。

5-4-3 題目讓 ChatGPT 自由發揮

錦魁 你可以自由發揮

好的，那我就問您三個與申請這所大學電腦系相關的問題，希望能幫助您更深入地思考您的申請動機和學習目標：

1. 您是如何對電腦科學產生興趣的？您是否曾有過相關的學習或實作經驗？
2. 您為什麼想要申請這所大學的電腦系？您對這所大學的電腦系有哪些認識或印象？
3. 在您看來，一位優秀的電腦科學家需要具備哪些技能和素質？您目前有哪些能力和優勢，能夠幫助您在電腦科學領域有所建樹？

ChatGPT 經過幾秒的思考，立即提出 3 個問題。

5-4-4 一次問一題

筆者請 ChatGPT 一次問一題。

錦魁 你可不可以一次問一個問題

當然可以，我了解了，請問我可以先問您哪一個問題呢？

5-4-5 ChatGPT 提問第一題

好的，那我先問您第一個問題：您是如何對電腦科學產生興趣的？您是否曾有過相關的學習或實作經驗？

錦魁 我在高中的時候學過Python, 當時就很感興趣, 也曾經參加過程式設計競賽得到台北市第3名

5-4-6 ChatGPT 提問第二題

在 ChatGPT 問第二題時，同時也針對筆者第一題的回答做了評語。

很棒呢！您的經驗和成就顯示了您對電腦科學的熱情和天賦。接下來，我想問您第二個問題：您為什麼想要申請這所大學的電腦系？您對這所大學的電腦系有哪些認識或印象？

從小學時後就聽過許多對人類有貢獻的軟體, 是這所大學電腦系畢業的校友設計的, 因此心中嚮往期待有一天我也可以設計對人類有意義的軟體

5-4-7 ChatGPT 提問第三題

這是一個非常具體且有激勵性的動機。設計對人類有意義的軟體是一個充滿挑戰性和有意義的目標。這所大學的電腦系確實有很多傑出的校友，如果您能在這所大學深造，將有機會接觸到更多先進的技術和理念，並且與來自各個領域的人才進行交流和合作，這對您的成長和未來的職業發展都會有很大的助益。最後，我想問您第三個問題：在您看來，一位優秀的電腦科學家需要具備哪些技能和素質？您目前有哪些能力和優勢，能夠幫助您在電腦科學領域有所建樹？

一位優秀的科學家在知識方面首先要有良好的數學基礎, 研究方面必須要有追根究底, 鍥而不捨的精神, 我在高中學習電腦時, 常常碰上問題都是自己解決, 因此期待可以申請你們學校學習與研究更高深的電腦知識

5-4-8 ChatGPT 的評語

下列是 ChatGPT 的評語，在交談中感覺 ChatGPT 是有智慧的，因此筆者也感謝了 ChatGPT。

非常贊同您對於一位優秀的電腦科學家所需要具備的技能和素質的看法。數學是電腦科學的基礎，對於專業技能的掌握和研究方向的選擇都至關重要。同時，精益求精的態度和不畏挑戰的精神也是取得成就的必要條件。而您在高中學習電腦時自己解決問題的經驗和態度，也證明了您具備獨立思考和解決問題的能力，這是非常寶貴的素質，也是您未來在電腦科學領域有所建樹的重要保障。非常感謝您和我分享這些信息。

錦魁

感謝你

不客氣，如果您有任何其他的問題或需要協助，請隨時讓我知道。我很樂意為您提供幫助。

第 6 章

ChatGPT 在企業的應用

6-1 ChatGPT 行銷應用

ChatGPT 可以協助撰寫行銷文案，也可以規劃行銷文案，創意遠超過一般行銷人員，這將是本節的主題。

6-1-1 撰寫行銷文案

如果我們沒有給予詳細的產品資料，所產生的文案是一般性的行銷文案。建議要求 ChatGPT 寫行銷文案時，最好提供產品特色、功能、優點，甚至用實際例子，越詳細越好。下列是一個推銷冷氣機的行銷文案。

錦魁 你可不可以協助撰寫銷售「冷氣機」的行銷文案

當然可以，以下是一些針對冷氣機銷售的行銷文案示例，您可以依據實際需求進行選擇或修改：

1. **涼爽一夏，不再是夢想**：選擇我們的冷氣機，讓清涼舒適伴您度過每一個炎熱夏季。靜音設計、快速降溫，是您夏日的最佳拍檔！
2. **節能新選擇**：我們的冷氣機融合先進的節能技術，讓您在享受涼爽的同時，更為地球做出貢獻。清涼與節能，兩者兼得！
3. **智能生活，觸手可得**：隨時控制、隨心調節，我們的智能冷氣機讓您的生活更加便捷舒適。只需一個按鍵，自在享受您想要的溫度。
4. **專業品質，值得信賴**：多年的專業製造，精心設計的產品，讓您的選擇沒有後顧之憂。選擇我們，選擇品質保證。
5. **特惠限時進行中**：現在下訂，即享特惠價格！購買更多更有折扣，讓您擁有高品質冷氣機的同時，也能享受購物的樂趣。
6. **全方位服務，安心保障**：專業的安裝團隊，24小時客服支援，我們隨時為您解答疑問，解決問題。購買我們的冷氣機，您將享受無憂的售後體驗。
7. **多款式選擇，總有一款適合您**：無論是家庭還是辦公室，各種不同的空間需求，我們都有合適的冷氣機款式，滿足您的所有需求。
8. **健康首選，呵護您的每一個呼吸**：我們的冷氣機配備先進空氣過濾系統，讓您在享受涼爽的同時，也能呼吸到新鮮潔净的空氣。

希望這些文案能夠幫助到您的銷售推廣。如果您有任何特殊要求或需要更多定制的內容，請隨時告訴我！

從上述可以看到，ChatGPT 已經依據「冷氣機」的特色寫一個很好的行銷文案，下列是筆者增加「冷氣機特色」，同時說明是推廣「深涼牌冷氣機」，所產生的文案。

錦魁 你可不可以協助撰寫銷售「深涼牌冷氣機」的行銷文案，「深涼牌冷氣機」具有「節能省電、智慧變頻、去菌除臭、聲控主機」特色。

當然，根據您提供的「深涼牌冷氣機」的特色，以下是專門為這個品牌設計的行銷文案：

1. **深涼牌冷氣機 — 讓每一個夏天都涼爽深沉**：選擇深涼，感受不一樣的清涼。特殊節能省電設計，讓您享受涼爽的同時，更能省下一筆電費。
2. **智慧變頻技術，隨心所欲調節**：深涼牌冷氣機采用先進的智慧變頻技術，自動調節運作模式，為您提供恰到好處的冷暖，隨心所欲，自在享受。
3. **健康呼吸，去菌除臭一步到位**：我們的專利去菌除臭技術，有效去除空氣中的異味和細菌，讓您的家園更健康，更清新。
4. **聲控主機，未來生活觸手可及**：只需一聲令下，深涼牌冷氣機即可遵從您的指令。聲控技術讓您的生活更智能，更便捷。
5. **環保節能，為地球盡一份力**：選擇深涼牌，不僅是選擇舒適，更是選擇責任。我們的節能省電設計讓您在享受涼爽的同時，也為地球做出貢獻。
6. **深涼牌冷氣機，您的智能舒適選擇**：無論是炎熱的夏天還是寒冷的冬季，深涼牌冷氣機都是您的最佳選擇。智能變頻、節能省電、去菌除臭、聲控主機，多重功能讓您的生活更美好。
7. **限時促銷，深涼牌等您帶回家**：立即行動，享受深涼牌冷氣機的專屬優惠。一台冷氣機，多重功能，讓您的家居生活更加精彩。
8. **質保服務，深涼牌讓您買得安心**：我們為每一台深涼牌冷氣機提供完善的售後保障，讓您的購買之路更加放心舒適。

希望這些文案能符合您的需求並幫助您有效推廣深涼牌冷氣機。若有任何特定要求或需要進一步修改，請隨時告訴我！

6-1-2 行銷規劃

ChatGPT 除了可以寫行銷文案，也可以規劃行銷。

錦魁

有一款手機品牌是「OrangePhone」，特色是防水、耐寒、自動對焦、9600萬畫素，過年到了，可不可以規劃3個行銷活動。

當然，針對「OrangePhone」的特色，包括防水、耐寒、自動對焦和9600萬畫素，我們可以規劃以下三個過年行銷活動：

1.「春節防水攝影大賽」

概念：

春節期間是家庭團聚的好時機，也常伴隨著煙花和煙火。這個行銷活動利用「OrangePhone」的防水特性，鼓勵消費者在煙花、水燈節等活動中拍攝最美的瞬間。

具體方案：

- 參賽者需使用「OrangePhone」拍攝具有春節特色的防水照片或影片。
- 從所有提交的作品中選出最具創意和美感的作品，並給予豐富獎品，例如新款「OrangePhone」或專業攝影課程等。

2.「寒冬耐寒體驗館」

概念：

利用「OrangePhone」的耐寒特性，創建一個寒冬主題的體驗館，讓消費者親身感受手機在低溫環境下的卓越表現。

具體方案：

- 在商場或人流密集的地方設立冷凍體驗室，內部裝潢仿照冰雪世界。
- 消費者可在體驗室內使用「OrangePhone」進行拍攝或遊戲，親身體驗其在低溫下的流暢操作。
- 提供特殊優惠券或禮品給參與體驗的消費者，鼓勵購買。

3.「9600萬畫素拍出新年新希望」

概念：

藉由強調「OrangePhone」9600萬畫素的高畫質特點，開展一個以「新年新希望」為主題的攝影活動。

具體方案：

- 鼓勵消費者使用「OrangePhone」拍攝代表自己新一年願望和夢想的照片。
- 透過社交媒體或官方網站提交作品，並配上富有感染力的故事描述。
- 選出最有創意和感人的作品，給予如旅行套票、專業攝影器材等豪華獎勵。
- 可與慈善組織合作，將部分銷售收益捐贈給有需要的人，傳遞新年的溫暖和希望。

這三個行銷活動結合了「OrangePhone」的主要特色和春節的節日氛圍，旨在增強品牌認知度，同時促進產品銷售。希望對您的行銷推廣有所幫助！如果有任何其他問題或需要進一步協助，請隨時提出。

6-1-3 設計廣告短片腳本

前一小節我們有了行銷活動，也可以進一步要求 ChatGPT 協助我們設計廣告短片的腳本。

我想要為「9600萬畫素拍出新年新希望」拍一個廣告短片，你可以設計腳本嗎？

當然可以！以下是一個針對「9600萬畫素拍出新年新希望」主題的「OrangePhone」廣告短片腳本：

場景一：[開場，城市的新年景象]

- **畫面**：城市煙火、街道燈飾、家庭團聚，交織著新年的氛圍。
- **旁白**：「新的一年，新的希望，用OrangePhone，讓每一刻留下深刻印象。」

場景二：[人物介紹，各年齡層的夢想]

- **畫面**：展示不同年齡段的人物，他們用OrangePhone拍攝自己的夢想和新年願望。
  - 小孩子正在拍攝他未來想成為的職業。
  - 年輕情侶拍攝新居和未來的旅行計劃。
  - 老年夫婦拍攝家庭照片和孫子的笑容。
- **旁白**：「不管年紀大小，每個人的夢想都值得被記錄。9600萬畫素，捕捉生命中每一個精彩瞬間。」

場景三：[產品特點，9600萬畫素]

- **畫面**：細膩展示OrangePhone的外觀、鏡頭，特寫9600萬畫素拍攝出的高清照片。
- **旁白**：「OrangePhone的9600萬畫素相機，讓您的每一張照片都充滿生活細節和真實情感。」

場景四：[社交分享，連結人們]

- **畫面**：人們透過社交媒體分享自己用OrangePhone拍攝的新年夢想照片。
- **旁白**：「分享您的夢想，與全世界一同見證。OrangePhone，攜手走向新的一年。」

場景五：[結尾，產品和活動推廣]

- **畫面**：OrangePhone logo，以及「9600萬畫素拍出新年新希望」活動宣傳畫面。
- **旁白**：「立即參加我們的9600萬畫素拍出新年新希望活動，和OrangePhone一起寫下新的篇章。」

字幕：OrangePhone官方網站網址、特賣資訊、活動詳情等。

此腳本結合了OrangePhone的9600萬畫素特點和新年新希望的主題，傳達了一個充滿正能量和希望的訊息。您可以根據具體拍攝需求進行微調。如果有任何修改或額外要求，請隨時告訴我！

6-2 IG 方式貼文

IG 方式貼文，可以呈現活潑圖示當行銷文案開頭，整個文案生動引人關注。

我的網站銷售蘋果、葡萄、橘子，請以適合IG方式協助寫推廣文

當然，以下是一些適合在Instagram上推廣你的水果網站的文案選項。你可以根據自己的品牌風格和目標客戶進行調整。

選項一：清新風格

🍏🍇🍊 新鮮水果任你選！在我們的網站上，你可以找到口感酥脆的蘋果、甜美的葡萄和橘子的清新風味。點擊鏈接立即購買，讓你的每一天都充滿天然的滋味！#水果愛好者 #新鮮食材 [網站鏈接]

選項二：健康主題

🏃 追求健康生活嗎？我們精選的蘋果、葡萄、橘子正是你的最佳選擇！無論是早餐、運動後的點心，還是工作間隙的小食，都能為你帶來能量和活力。立即訂購，健康就是如此簡單！#健康飲食 #有機水果 [網站鏈接]

選項三：家庭友好型

👨‍👩‍👧‍👦 一家人的健康，我們一手包辦！新鮮採摘的蘋果、葡萄、橘子，無論是大人還是小孩都愛吃！快來選購你們家喜愛的水果吧！#家庭健康 #美味分享 [網站鏈接]

選項四：優雅風格

🥂 想要的不只是水果，而是一場味覺的盛宴。我們的蘋果、葡萄、橘子都是精心挑選的頂級品質。無論是自己享用還是招待賓客，都能展現你的優雅品味。立即選購，享受非凡的美味體驗！#優雅生活 #高端享受 [網站鏈接]

希望這些選項能夠滿足你的推廣需求！如果有任何特殊要求或需要更多的幫助，請隨時告訴我。

6-3 員工加薪的議題

許多人在職場期待加薪的心情，在此我們看 ChatGPT 如何處理。

6-3-1 適不適合向老闆提加薪

錦魁

工作很久了, 老闆都不加薪, 你認為是否適合向老闆提加薪議題

在這種情況下，我認為向老闆提出加薪的議題是合理的。如果你已經在公司工作了很長時間並且一直在為公司貢獻，但薪資一直沒有得到合理的調整，這可能會對你的士氣和工作動力造成負面影響。向老闆提出加薪的議題可以幫助你解決這些問題，並提高你的自尊和工作動力。

當你要向老闆提出加薪的議題時，可以做以下的事情：

1. 收集證據：你需要收集能夠證明自己工作貢獻的證據，例如工作成果、客戶評價或其他對公司有貢獻的數據等。
2. 準備談話策略：在向老闆提出加薪的議題之前，你需要準備好一個談話策略，例如如何表達自己的立場、如何回答可能會出現的問題等。
3. 尊重對方：在提出加薪的議題時，需要尊重對方的立場和意見，並且不要在談話中使用激烈的語言或情緒化的表達方式。

總之，向老闆提出加薪的議題是合理的，但需要以尊重和理智的方式進行。如果你能提供充分的證據和談話策略，那麼這個議題可能會獲得理解和支持。

6-3-2 請 ChatGPT 寫加薪的信件

錦魁

可否協助寫一封請求老闆加薪的信件

當然可以，以下是一份請求加薪的信件範本，你可以根據自己的情況進行修改：

尊敬的 [老闆姓名]：

我很榮幸在這家公司工作了[工作年限]，並且一直以來都非常享受這份工作所帶來的挑戰和機會。隨著這些年來我在這個職位上的成長和發展，我相信我已經做出了實質性的貢獻，並且為公司帶來了重大的價值。

我希望能夠和您談談薪資調整的問題。我已經在這個職位上工作了很長一段時間，但我的薪資一直沒有與我的工作責任和貢獻相符。我認為我的技能和經驗已經達到了一個新的水平，並且我還可以為公司帶來更多的價值。

在這種情況下，我希望能夠向您請求對我的薪資進行評估和調整。我相信這樣的調整不僅會鼓勵我繼續為公司的成功而努力工作，同時也會體現公司對員工的重視和支持。

如果您有任何問題或需要進一步了解我的立場，請隨時與我聯繫。感謝您抽出寶貴的時間閱讀我的信件。

此致

敬禮

[你的姓名]

6-4 企業調漲折扣議題

一個新品牌的企業，在進入市場初期常常會被要求低折扣，經過幾年新品牌可能長大，為了要有合理競爭力，因此會想提升賣場折扣，下列是要求 ChatGPT 寫這方面的信件。

錦魁 我的公司成立時，因為是新品牌，被要求用比較低的折扣銷售到A賣場，甚至是低於同業，現在公司已經站穩腳跟，想要提高折扣到同業水準，請協助撰寫這方面的信件。

當然，以下是一封給A賣場的信件草稿，旨在協商提高折扣到同業水準。您可以依據具體情況進行調整：

[公司全名]

[地址]

[日期]

[A賣場全名]

[賣場地址]

主旨：調整供應商品的折扣水準

尊敬的[A賣場負責人或相關部門負責人名稱]先生/女士：

自從我們的合作開始以來，[公司名稱]一直珍視與[A賣場名稱]的夥伴關係。感謝您在我們剛創業時給予的支援，您的協助讓我們能夠在市場上迅速取得一席之地。我們共同的努力使得我們的產品在消費者中取得了良好的口碑和銷售業績。

隨著[公司名稱]的不斷成長和品牌的建立，我們現已逐漸站穩了市場地位。在審視目前的市場環境和我們與其他零售商的合作條款後，我們認為現在是適當的時候，將我們的產品折扣調整到與同業相同的水準。

我們理解這個改變可能需要您的團隊進行一些調整，因此我們希望能與您協商合適的過渡期和新的折扣方案。我們相信，通過共同努力，我們的合作將持續穩健成長，共同實現更大的成功。

請您在方便的時候，安排一個會議時間，以便我們能夠詳細討論這個議題。您也可以隨時通過以下聯絡方式與我聯繫：

- 電話：[您的聯絡電話]
- 電子郵件：[您的電子郵件地址]

我們期待您的回覆，並再次感謝您一直以來的支持和合作。

此致

敬禮！

6-5 企業公告

6-5-1 旅遊公告

以下是公司旅遊的公告，有了 ChatGPT 真是省事很多。

錦魁　請協助寫公告, 告訴公司全體員工將在4月27日到金門旅遊3天

親愛的全體員工：

我們很高興地宣布，公司將於4月27日至4月29日組織一次為期3天的金門旅遊活動，以表彰大家一年來的辛勤工作和貢獻，同時也是感謝大家對公司的支持和信任。

此次旅遊活動是我們公司的一個重要活動，將為大家提供一個難得的休閒機會，讓大家能夠暫時放下繁忙的工作，享受愉快的假期時光，感受金門獨特的歷史文化和風景名勝。

為確保旅遊活動的順利進行，公司已經安排了專業的導遊和豪華的交通和住宿設

為確保旅遊活動的順利進行，公司已經安排了專業的導遊和豪華的交通和住宿設施，並且在活動中將提供多種美食和文化體驗活動。我們相信這將是一個難得的機會，讓大家能夠放鬆身心，增進相互之間的交流和了解。

我們希望每一位員工都能夠參加此次活動，如果由於特殊原因無法參加，請務必在活動前向公司相應部門申請請假，以便我們進行相應的安排。

謝謝大家的理解和支持，期待與大家一起在金門共渡愉快的旅程！

此致

敬禮！

XX公司

6-5-2 參展公告

錦魁

請協助撰寫12月5日起, 連續5天在台北世貿中心電腦展的公文, 給所有客戶

尊敬的客戶：

我們很高興地宣布，我們公司將於12月5日至12月9日在台北世貿中心舉辦一個為期五天的電腦展，展覽範圍涵蓋了最新的電腦硬件、軟件和周邊設備等多種產品。

此次展覽將為您提供一個了解最新科技產品和趨勢的機會，同時也是一個與業界專家和同行進行交流和分享經驗的場合。我們相信這將是一個讓您掌握更多信息和了解市場發展趨勢的機會。

展覽期間，我們的專業人員將在現場展示和解說我們公司的最新產品和服務，並且提供專業的諮詢和技術支持。此外，我們還準備了多種精美禮品和抽獎活動，為參觀者提供更多的驚喜和福利。

我們誠摯地邀請您來參加我們公司在台北世貿中心的電腦展，這是一個讓您更深入了解我們公司和我們的產品和服務的機會。我們期待您的蒞臨，並與您共同分享最新科技的樂趣和成就。

展覽期間，我們將在現場設有展位，歡迎您來參觀和咨詢。如需更多信息或者需要預約咨詢，請聯繫我們的客戶服務部。謝謝您的支持！

此致

敬禮！

XX公司

6-6 業務主管的面試

6-6-1 ChatGPT 的回應與協助

筆者請求 ChatGPT 協助面試業務主管，為了要讓 ChatGPT 可以更具體的認識筆者，所以筆者先告知自己的學經歷背景，因為是請求協助，ChatGPT 不僅提出問題，同時也給了筆者非常適切的建議答案。

我是明志科技大學經管系畢業, 精通英文, 有8年工作經驗, 有5年國內電子產品銷售經驗, 3年銷售產品到國外的經驗, 我想應徵一家國際公司的業務主管, 你可不可以擔任面試官, 協助我模擬面試

當然，我很樂意幫助你模擬面試，並提供一些建議和指導。首先，讓我們從面試中可能會問到的問題開始：

1. 請告訴我您的工作經驗以及相關的職務？
2. 您有國內及國際銷售經驗，能否介紹一下您的經驗及成就？
3. 請問您曾經管理過團隊嗎？請分享一下您的管理經驗。
4. 您認為一位優秀的業務主管需要具備哪些技能和特質？
5. 請描述您在團隊中的角色和貢獻。

您可以利用這些問題，準備自己的面試答案。以下是一些可以參考的回答：

1. 我畢業於明志科技大學經管系，擁有8年的工作經驗。我之前的職務包括國內電子產品銷售經理和國際業務經理。在這些職務中，我負責開發客戶，建立關係，以及推動銷售業績。我擁有良好的溝通技巧和商業頭腦，能夠成功達成銷售目標和客戶滿意度。
2. 我擁有5年國內電子產品銷售經驗和3年國際業務經驗。在國內的工作中，我成功開拓了新客戶並維護了現有客戶關係。我與客戶建立了良好的信任關係，並提供優質的產品和服務。在國際業務方面，我成功將產品推向海外市場，並與國外客戶建立了穩定的合作關係。我熟悉國際市場趨勢，並能夠提供符合客戶需求的產品和解決方案。
3. 在我之前的職位中，我有機會管理一個銷售團隊。我負責培訓新進員工，建立團隊的目標和工作計劃，並監督團隊的工作表現。我善於鼓勵團隊合上述回應中斷，筆者請求繼續回答。

作和創造一個積極的工作環境，以便團隊成員能夠充分發揮自己的潛力。我定期舉辦團隊會議，並與每個成員進行一對一的談話，以確保團隊成員理解公司的目標和方向。

4. 我認為一位優秀的業務主管需要具備多種技能和特質。首先，他或她需要擁有良好的溝通和人際關係技巧，以便與客戶建立良好的關係。其次，一位優秀的業務主管需要擁有卓越的商業頭腦，能夠發現商機並抓住機會。此外，他或她需要具備領導能力，能夠指導和激勵團隊成員，實現公司的銷售目標。最後，一位優秀的業務主管需要具有堅韌不拔的毅力和自我激勵能力，以應對市場變化和挑戰。
5. 在我的團隊中，我通常擔任領導者和協調者的角色。我熟悉團隊成員的優勢和劣勢，能夠將每個成員的技能和才能最大化地發揮。我也會與團隊成員合作，制定工作計劃和目標，以確保團隊朝著公司的目標和方向前進。我認為透明度和溝通是團隊成功的重要因素，因此我會鼓勵團隊成員自由地提出想法和問題，並提供適當的支持和建議。

6-6-2 請求 ChatGPT 擔任面試官

錦魁　感謝你給我題目和答案建議, 可不可以當作面試官, 一題一題開始問我

當然，我可以當作你的面試官，開始問你問題。請放鬆心情，並盡可能地表達你的觀點和經驗。

1. 請介紹一下您的工作經驗，以及相關的職務。
2. 您有國內及國際銷售經驗，能否介紹一下您的經驗及成就？
3. 您曾經管理過團隊嗎？請分享一下您的管理經驗。
4. 您認為一位優秀的業務主管需要具備哪些技能和特質？
5. 請描述您在團隊中的角色和貢獻。

ChatGPT 似乎沒有了解筆者的意思，所以一次提了 5 個問題。

6-6-3 請求一次一題方式詢問

下列是第 1 題內容與筆者回應。

錦魁 請一次一題方式問我

好的，請問第一個問題：請介紹一下您的工作經驗，以及相關的職務。

錦魁 我畢業於明志科技大學經管系，擁有8年的工作經驗。我之前的職務包括國內電子產品銷售經理和國際業務經理。在這些職務中，我負責開發客戶，建立關係，以及推動銷售業績。我擁有良好的溝通技巧和商業頭腦，能夠成功達成銷售目標和客戶滿意度。

下列是第 2 題與筆者的回應。

謝謝您的回答。您的經驗看起來非常適合業務主管的職務。那麼接下來的問題是：您有國內及國際銷售經驗，能否介紹一下您的經驗及成就？

錦魁 我擁有5年國內電子產品銷售經驗和3年國際業務經驗。在國內的工作中，我成功開拓了新客戶並維護了現有客戶關係。我與客戶建立了良好的信任關係，並提供優質的產品和服務。在國際業務方面，我成功將產品推向海外市場，並與國外客戶建立了穩定的合作關係。我熟悉國際市場趨勢，並能夠提供符合客戶需求的產品和解決方案。

下列是第 3 題與筆者的回應。

非常好，您的國內和國際銷售經驗非常豐富，看來您對於開發客戶和與客戶建立良好的關係有很高的熟練度。接下來的問題是：您曾經管理過團隊嗎？請分享一下您的管理經驗。

錦魁 在我之前的職位中，我有機會管理一個銷售團隊。我負責培訓新進員工，建立團隊的目標和工作計劃，並監督團隊的工作表現。

其實筆者的回答是抄襲自 ChatGPT，筆者故意只寫一半，結果 ChatGPT 居然由筆者的回答繼續追問。

很好，那麼您在管理團隊方面，有哪些策略或方法可以分享給我們呢？例如，如何培訓新進員工或如何與團隊合作，以確保目標的實現？

錦魁

我會創造一個積極的工作環境，以便團隊成員能夠充分發揮自己的潛力。我定期舉辦團隊會議，並與每個成員進行一對一的談話，以確保團隊成員理解公司的目標和方向。

下列是第 4 題與筆者的回應。

很好，透明度和溝通是團隊成功的重要因素之一，因此建立一個積極的工作環境和定期舉辦團隊會議是非常必要的。那麼接下來的問題是：您認為一位優秀的業務主管需要具備哪些技能和特質？

錦魁

首先，他或她需要擁有良好的溝通和人際關係技巧，以便與客戶建立良好的關係。其次，一位優秀的業務主管需要擁有卓越的商業頭腦，能夠發現商機並抓住機會。此外，他或她需要具備領導能力，能夠指導和激勵團隊成員，實現公司的銷售目標。最後，一位優秀的業務主管需要具有堅韌不拔的毅力和自我激勵能力，以應對市場變化和挑戰。

下列是第 5 題與筆者的回應。

非常好，您提出的技能和特質是非常重要的，對於業務主管來說，建立良好的溝通和人際關係、發現商機、領導和指導團隊以及堅韌不拔和自我激勵能力都是非常必要的。那麼最後一個問題是：請描述您在團隊中的角色和貢獻。

錦魁

在我的團隊中，我通常擔任領導者和協調者的角色。我熟悉團隊成員的優勢和劣勢，能夠將每個成員的技能和才能最大化地發揮。我也會與團隊成員合作，制定工作計劃和目標，以確保團隊朝著公司的目標和方向前進。我認為透明度和溝通是團隊成功的重要因素，因此我會鼓勵團隊成員自由地提出想法和問題，並提供適當的支持和建議。

下列是 ChatGPT 的總結。

非常好，您的角色和貢獻是非常關鍵的，透過了解每個團隊成員的優勢和劣勢，能夠協調並發揮每個人的長處，讓團隊的效能最大化。同時，透明度和溝通也是團隊成功的重要因素，這些做法能夠激勵團隊成員自由提出問題和想法，並且增加互動和合作的機會。非常感謝您分享這些寶貴的資訊和經驗，我希望這次模擬面試能夠幫助您更好地準備接下來的實際面試。

錦魁　感謝

不用客氣，希望我的回答能夠對您有所幫助，祝您在面試中表現出色！如果您有任何其他問題，歡迎隨時向我提出。

第 7 章
適用 GPT-3.5/4 的插件軟體

閱讀了前面 6 個章節，相信讀者已經知道 ChatGPT 已經很好用了，然而仍有一些不足，因此一些軟體公司針對不足部分開發了插件程式 (plugins)(也有人翻譯為「外掛」)。這一章所述的插件可以供 GPT-3.5 的使用者，也可以供 GPT-4 的使用者。

註　GPT-4 的使用者有官方認證的插件程式可以使用，將在下一章解說。

7-1 ChatGPT for Google – 回應網頁搜尋

這是一個 Google Chrome 瀏覽器擴充功能的應用程式，可以在使用 Google 搜尋時，讓 ChatGPT 可以同步回應你的搜尋，同時在瀏覽器的右邊欄位顯示，主要是免開新的網頁就可以和 ChatGPT 聊天。

註　如果未來 ChatGPT 重新開放使用 1-14 節的 Browse with Bing，就可以省略使用此功能了。

7-1-1 安裝 ChatGPT for Google

請點選 Chrome 右上方的圖示⋮，然後執行擴充功能，請點選前往 Chrome 線上應用程式商店。然後請搜尋 chatgpt for google，可以看到下列應用程式。

請點選圖示，將看到下列畫面。

請點選加到 Chrome，可以看到要新增 ChatGPT for Google 嗎？請點選新增擴充功能鈕，上述就算安裝完成 ChatGPT for Google 了，安裝完成後視窗下方有一些設定可

以先不必理會，使用預設即可。

註 本節所述方法適合未來其他插件程式。

7-1-2 開啟與使用 ChatGPT for Google

安裝完成後此功能是關閉的，必須開啟，請點選 Chrome 瀏覽器右上方的 🧩 圖示，然後選擇 ChatGPT for Google，可以參考下方左圖，然後就可以看到下方右圖啟動 ChatGPT for Google 了。

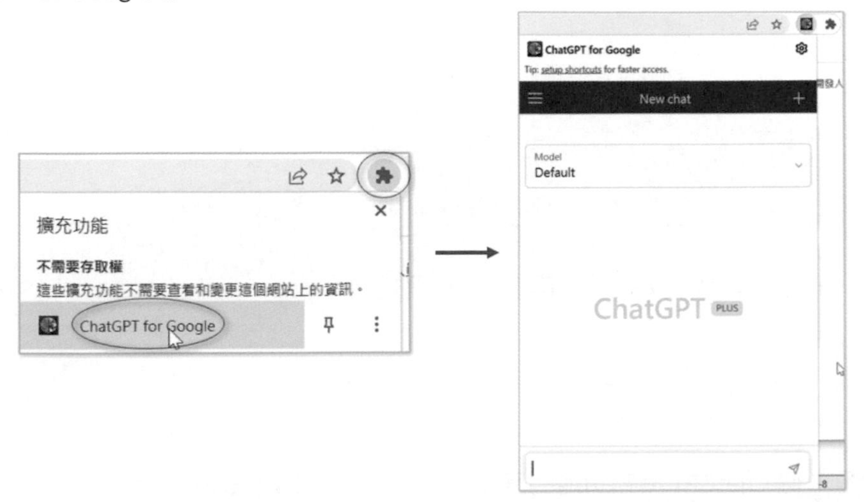

7-1-3 搜尋深智數位

當我們用 Chrome 在 Google 內有搜尋時，GhatGPT for Google 也會自動打開，由 ChatGPT 會自動回應搜尋內容的訊息。

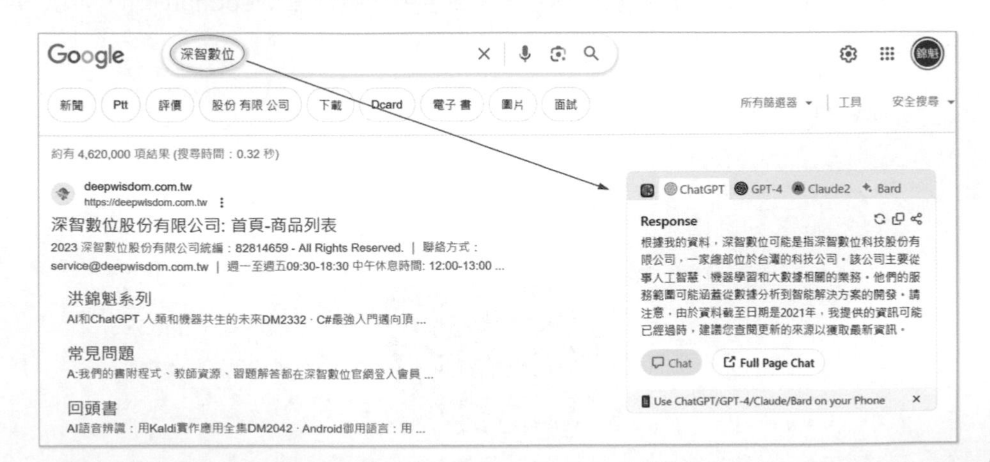

7-1-4　刪除插件

請點選 Chrome 瀏覽器右上方的 圖示，然後選擇 ChatGPT for Google 右邊的圖示 ⋮，再執行從 Chrome 中移除。

註　這一節的說明可以適用在本章其他插件程式。

7-2　WebChatGPT – 網頁搜尋

這是一個 ChatGPT 擴充功能的應用程式，ChatGPT 無法執行搜尋，這個功能主要是讓 Google 搜尋，然後由 ChatGPT 將結果彙整。

7-2-1　安裝 WebChatGPT

請參考 7-1-1 進入 Chrome 線上應用程式商店，然後選擇 WebChatGPT，可以得到下列結果。

請參考上圖點選 WebChatGPT，然後可以看到下列畫面。

請參考上方滑鼠游標，點選加到 Chrome，會出現要新增 WebChatGPT:ChatGPT with internet access 嗎？請點選新增擴充功能。然後就可以在 ChatGPT 環境輸入框下方看到 Web access 的訊息。

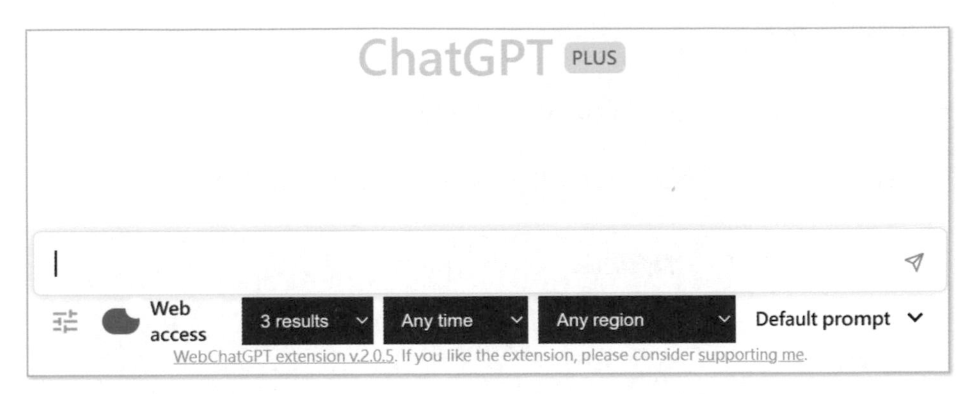

7-2-2 使用與關閉 WebChatGPT

2021 年以後的資料 ChatGPT 是不知道的，筆者輸入 2022 年世界杯足球賽冠軍，可以得到下列結果。

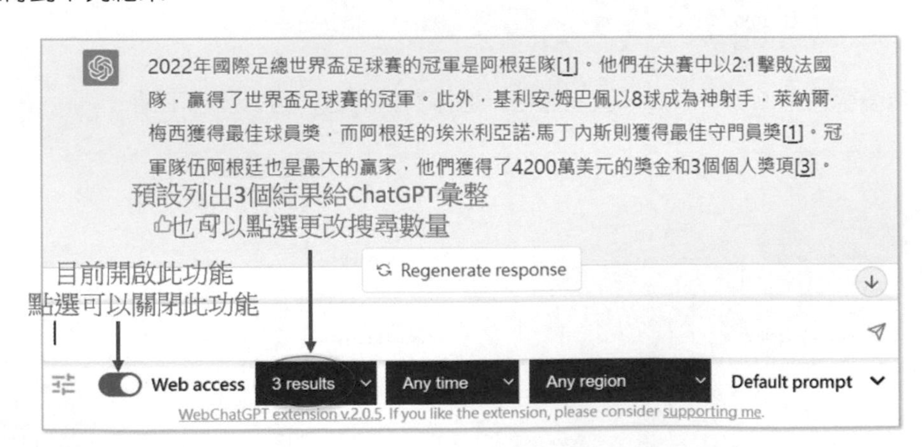

上述畫面左下方有 Web access 開關，如果我們是使用 2021 年以前的資料。可以關閉上述功能，如果是使用 2021 年以後的資料可以開啟 Web access 功能。

註 Any time 可以設定特定時間的資料，Any region 可以設定搜尋地點的資料。

7-3 Voice Control for ChatGPT – 口說與聽力

Voice Control for ChatGPT 是語音輸入與回應的應用程式，也就是可以接受語音輸入，ChatGPT 回應時除了文字回應，也會用語音回應。除了方便輸入，許多時候也可以讓我們練習不同語言的發音和聽力。註：如果讀者要做發音練習，或是聽力練習，這是非常好的工具。

7-3-1 安裝 Voice Control for ChatGPT

請讀者參考 7-1-1 節，到 Chrome 網路商店搜尋此擴充的插件程式。

7-3-2 語言選擇

預設語言是 English(US)，讀者也可以選擇其他語言，可以參考下圖。

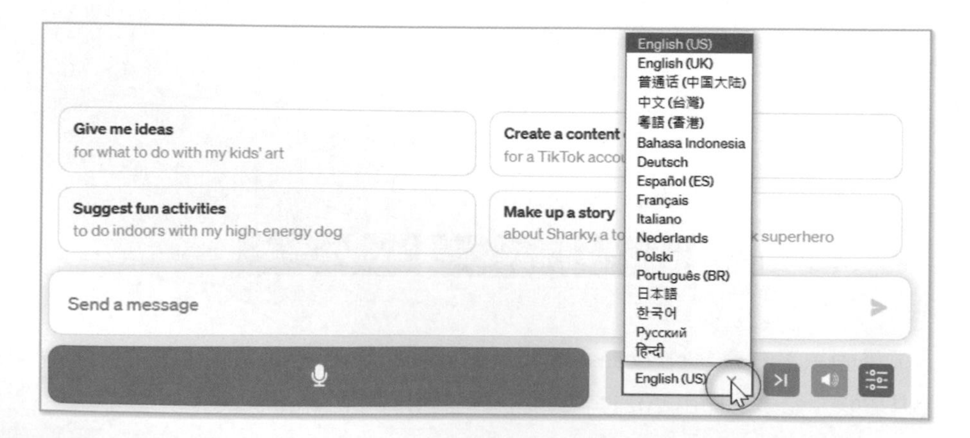

7-3-3 英語模式

正常畫面如下。

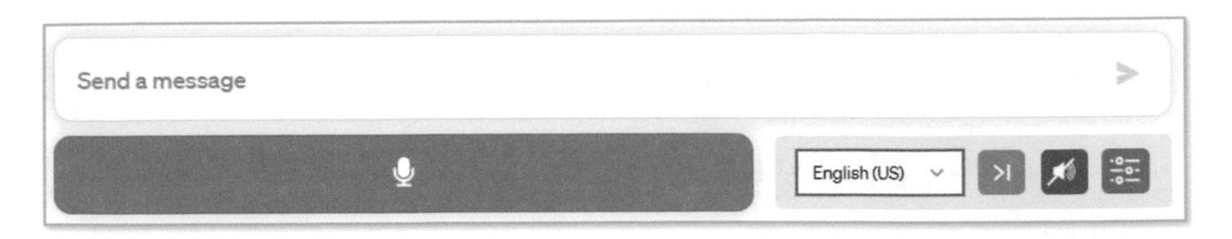

要進行輸入時，請將滑鼠游標移到麥克風圖示的輸入區。

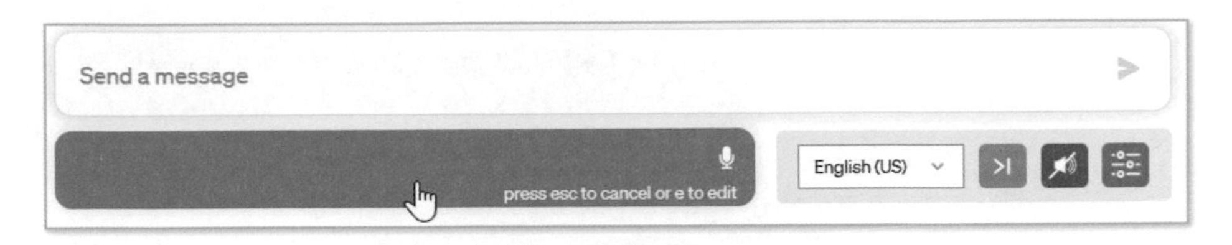

此時輸入長條變紅色，這表示可以用語音輸入了，筆者說「Good Morning」。

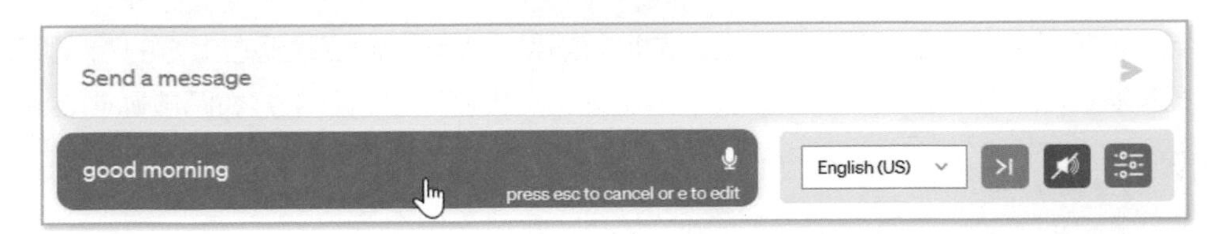

輸入完成，按一下，可以將輸入傳入 ChatGPT，然後可以得到 ChatGPT 的文字與語音回應。

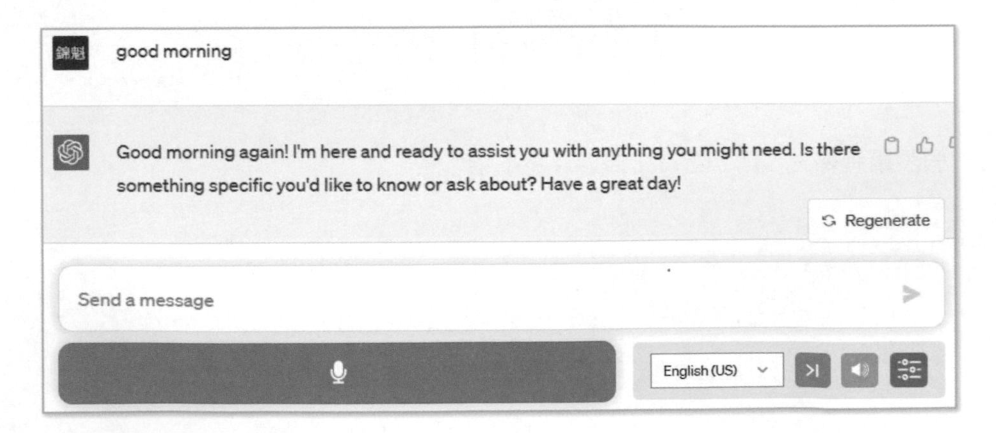

7-4 ChatGPT Writer – 回覆訊息與代寫電子郵件

這是讓 ChatGPT 幫你寫信和回信的功能。

7-4-1 安裝 ChatGPT Writer

請讀者參考 7-1-1 節，到 Chrome 網路商店搜尋此擴充的插件程式。

7-4-2 回覆訊息

安裝完成後此功能是關閉的，必須開啟，請點選 Chrome 瀏覽器右上方的 圖示，然後選擇 ChatGPT Writer，可以參考下方左圖，然後就可以看到下方右圖啟動 ChatGPT Writer 了。

假設筆者輸入「請公告員工旅遊注意事項」。

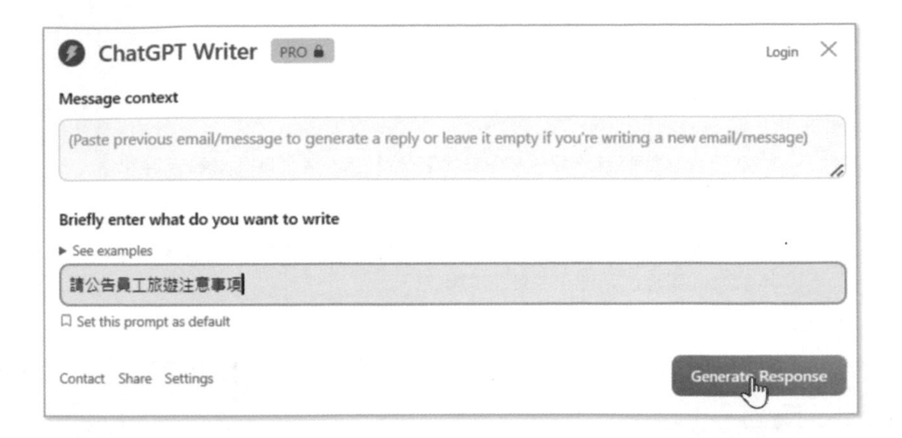

請按 Generate Response 鈕，可以得到產生 Response generated 欄位，此欄位有 ChatGPT 生成的訊息結果。

按 Copy Response & Close 鈕，可以複製生成的資料，然後讀者可以貼到電子郵件，下列是示範輸出 (只顯示部分內容)。

重要通知：員工旅遊注意事項

親愛的同仁，

大家好！我們即將展開一段令人期待的員工旅遊之旅，為了確保大家的安全和愉快，特別提醒以下注意事項，請務必遵守：

1. **個人健康狀況：** 在旅行前，請自我評估身體狀況，如有感冒、發燒、咳嗽等症狀，請務必及時告知主管及旅遊領隊。

讀者需知道，上述雖然是在 ChatGPT Writer 環境執行，其實相當於在 ChatGPT 介面產生了下列畫面。

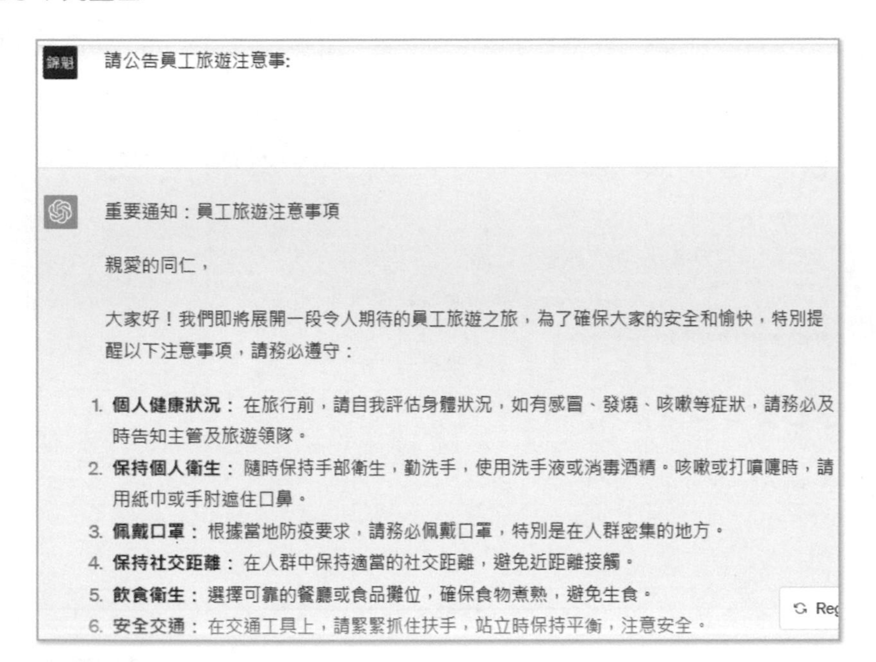

7-4-3　讓 ChatGPT 協助發信

請進入 Gmail，然請點選撰寫。

可以產生新的 Email，如下所示：

請點選下方的⚡圖示。

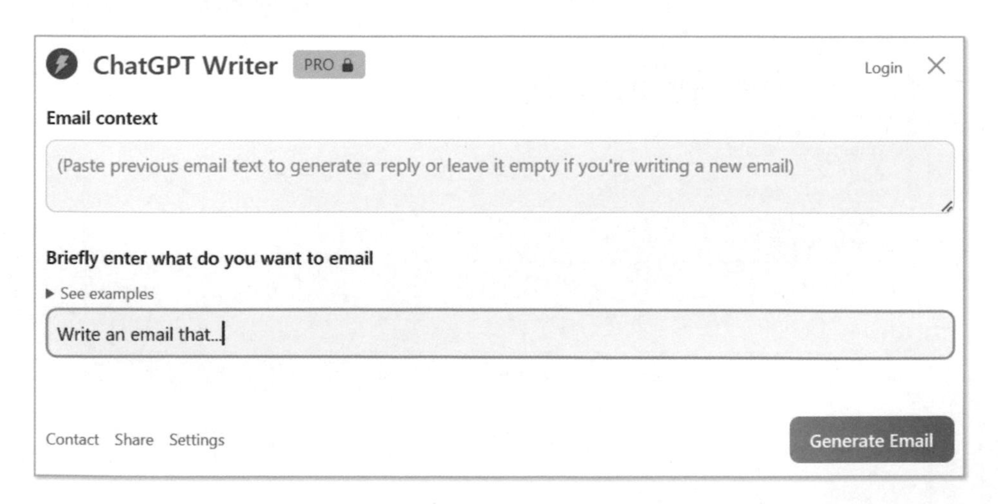

可以看到 ChatGPT Writer，請在 Briefly enter what do you want to email 欄位，輸入信件主題，如下所示：

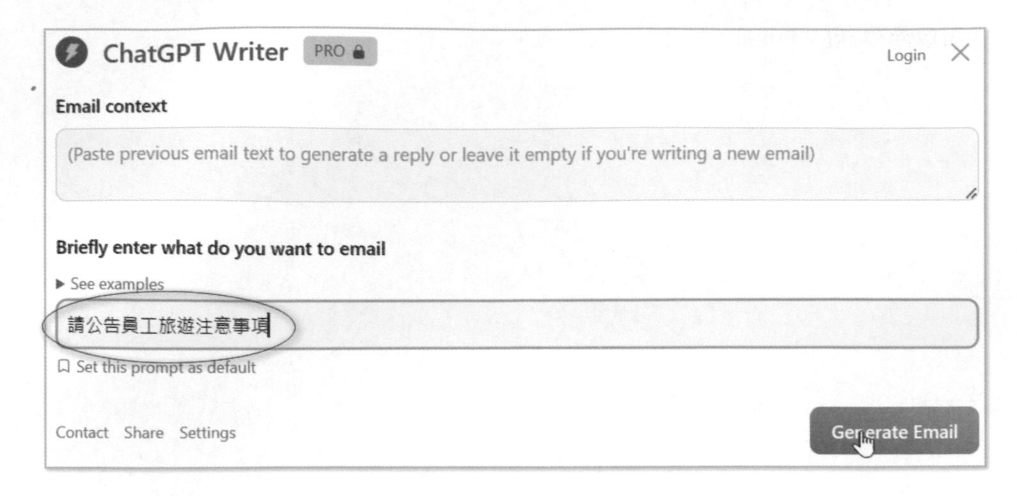

輸入完成請按 Generate Email 鈕，可以得到下列結果。

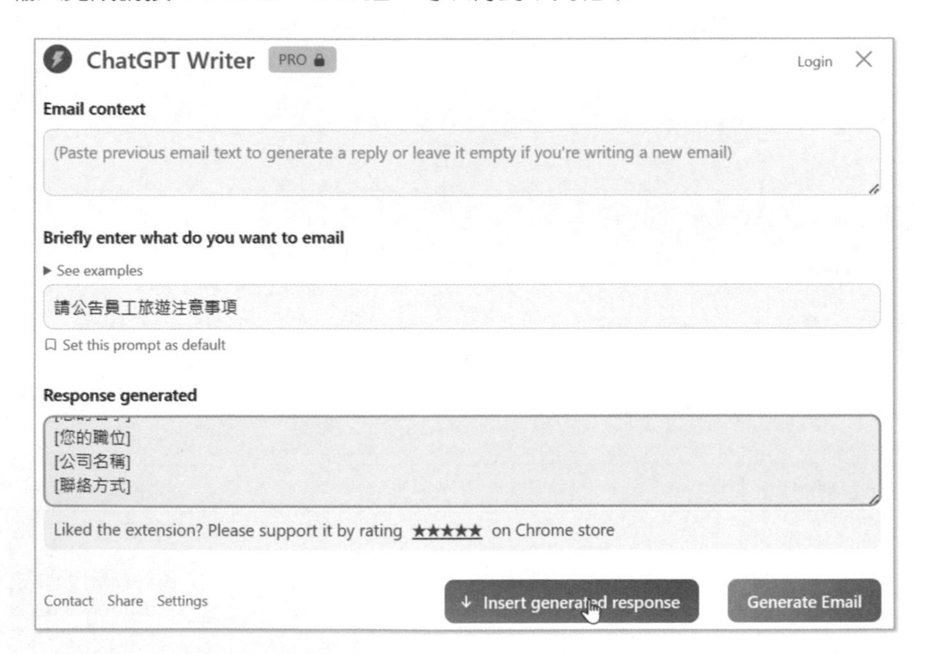

註　也可能產生英文信件內容，這時請按 Generate Email 鈕。

這時就可以在 ChatGPT Writer 框的 Response generated 欄位產生信件內容，請點選 Insert generated response 鈕，就可以將 Response generated 欄位的信件插入我的 Gmail，如下所示：

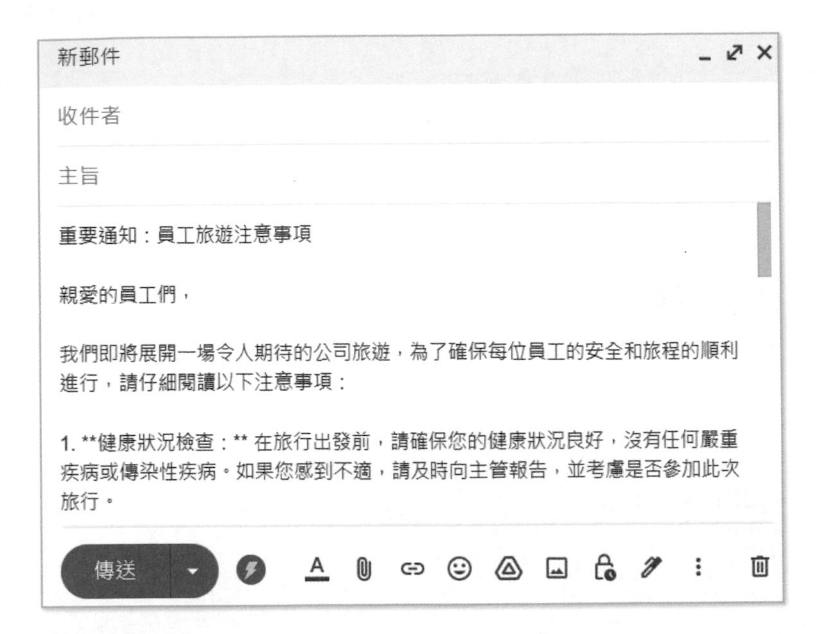

建議讀者要檢查郵件內容。

7-4-4 讓 ChatGPT 回覆信件

請在 Gmail 內，點選要回覆的信件，如下所示：

上述請點選回覆鈕，可以看到下列信件。

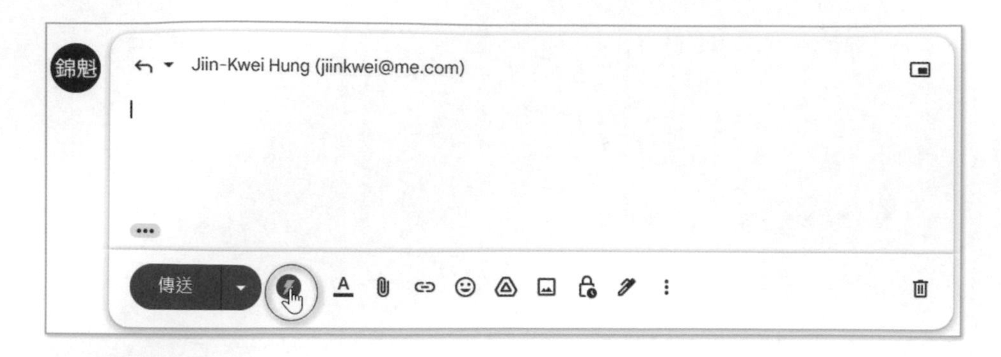

請點選 圖示。

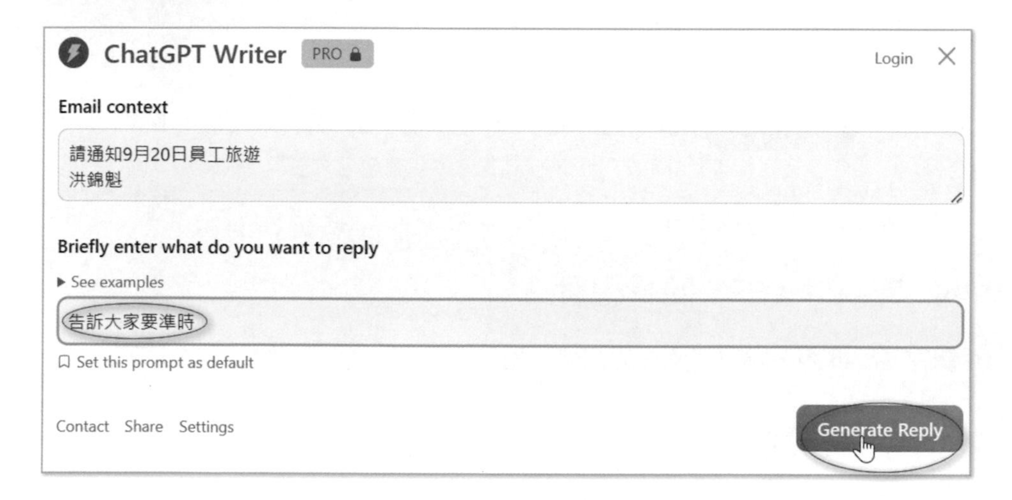

上述請在 Briefly enter what do you want to reply 欄位，回應內容主體，然後按 Generate Reply 鈕。

這時會產生信件主體，請按 Insert generated response 鈕，可以將 ChatGPT 的回應插入信件，如下所示：

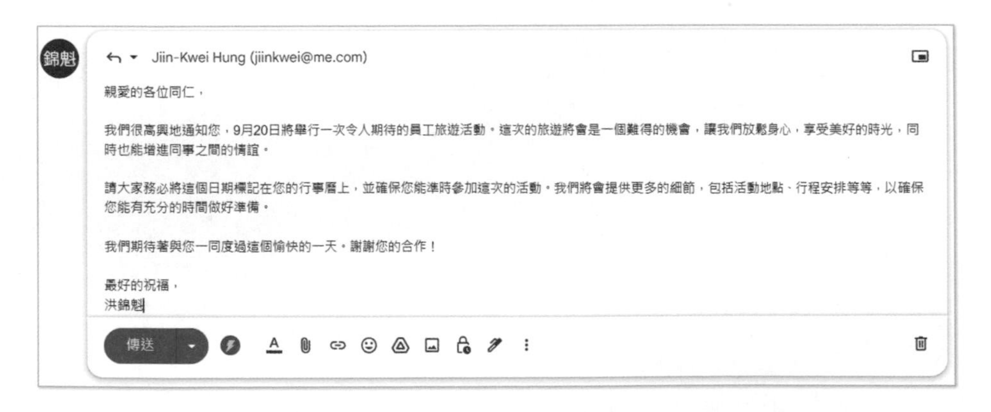

建議要檢查一下 ChatGPT 所回應的內容，如果沒有問題再寄出此郵件。

第 8 章

GPT 官方認證的插件軟體

為了要讓使用者可以更高效率的使用 ChatGPT，從 5 月起 ChatGPT 擴充了官方認證的插件 (Plugins) 功能，我們可以從 ChatGPT 頁面環境進入插件商店。

註 此章節內容只適用 ChatGPT Plus 的訂閱戶。

8-1 安裝與進入插件商店

8-1-1 開啟插件設定

請點選側邊欄左下方名字右邊的 ··· 圖示，可以開啟 Settings & Beta 欄位。

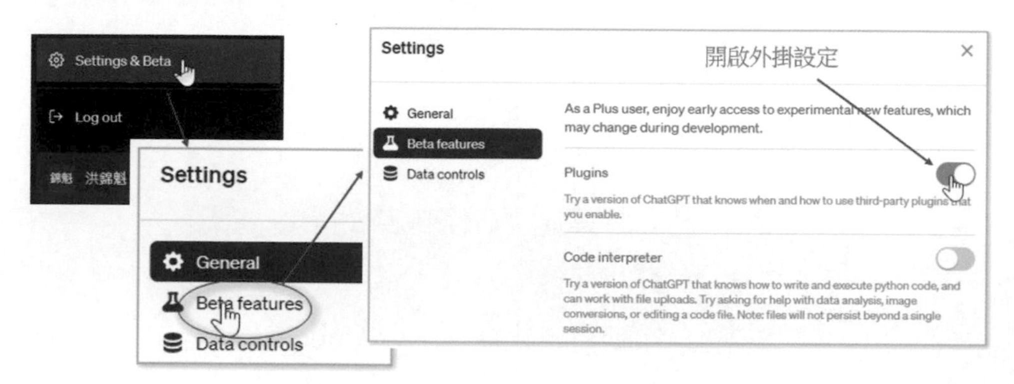

點選 Beta features 選項，開啟 Settings 對話方塊，請參考上方右圖開啟插件設定。

8-1-2 選擇 Plugins Beta 工作環境

即使讀者安裝了 Plugins 後，在 ChatGPT 工作環境仍是使用 Default 模式，如果要使用 Plugins，需要選擇此工作模式。

8-1-3 進入插件商店

當選擇了 Plugins 工作環境後，可以在 GPT-4 標籤下方看到 No plugins enabled 選單，這表示目前我們尚未訂閱插件，所以目前沒有可以使用的插件。請點選 ⌄ 圖示，可以看到 Plugins store 選項。

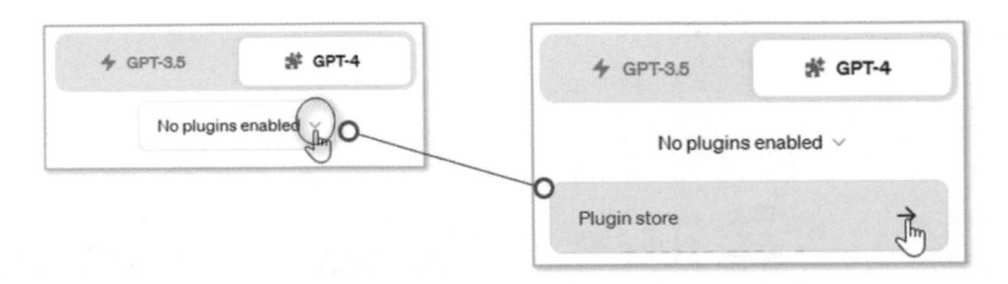

請點選 Plugin store，可以看到下列有關 plugins 使用須知的對話方塊。

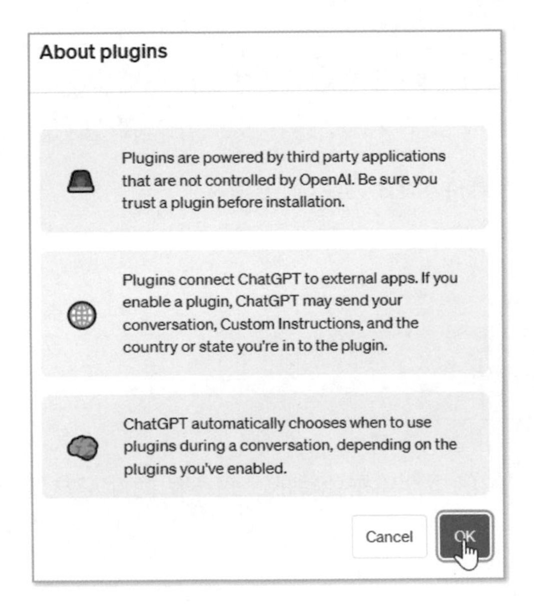

上述說明如下：

- 插件由非 OpenAI 控制的第三方應用程式提供支援。在安裝之前，請確保您信任該插件。
- 插件將 ChatGPT 連接至外部應用程式。如果您啟用了插件，ChatGPT 可能會將您的對話、自訂指示以及您所在的國家或州別傳送給插件。
- ChatGPT 會根據您啟用的插件，在對話過程中自動選擇何時使用插件。

上述點選 OK 鈕，就可以正式進入插件商店 (Plugin store)。

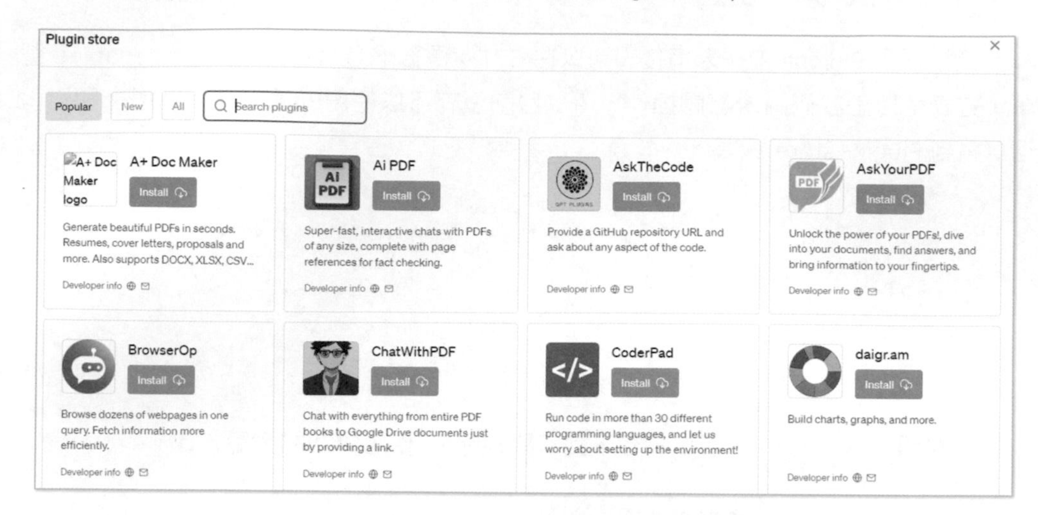

目前認證的插件有數百種，還在以驚人的速度持續增加中。在上述插件商店，目前用 3 個標籤將插件分類，如下。註：Search plugins 欄位則是可以搜尋插件。

Popular：最常用的插件，這也是目前選項。

New：新上架的插件。

All：全部插件。

8-2 訂閱插件

插件商店目前所提供的插件皆是免費的，每一個插件下方皆有簡單的使用說明。

8-2-1 訂閱插件示範

假設我想訂閱 WebPilot 插件，可以捲動至此插件，然後按一下 Install。

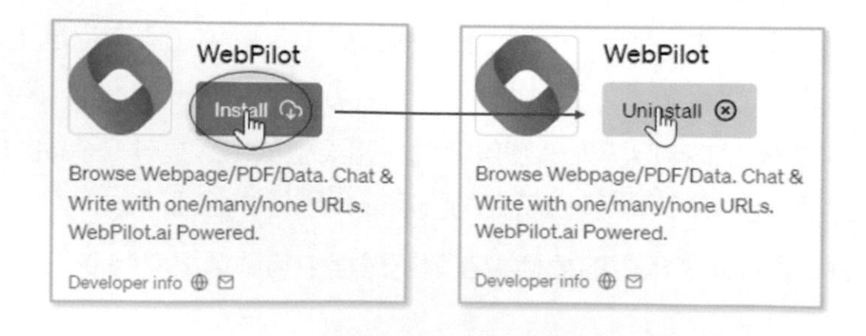

當 Install 變為 Uninstall 後，表示安裝成功了。訂閱插件成功後，可以在 GPT-4 標籤下方看到 No plugins enabled 變為下列插件圖示：

點選此右邊的 ⌄ 圖示，可以開啟目前插件列表。

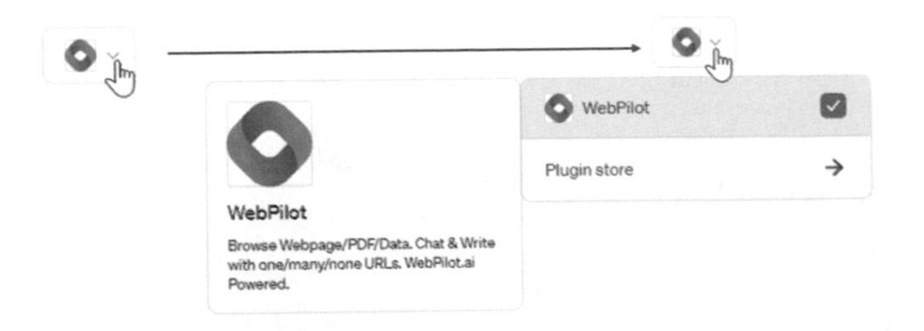

8-2-2 安裝多個插件的畫面

這時可以啟動 WebPilot 插件或是進入 Plugins store，繼續找尋要安裝的插件。假設筆者繼續安裝 Wolfram 和 Wikipedia，可以得到下列結果。

每次最多可以使用 3 個插件，即使你安裝了 4 個插件，也只有 3 個插件可以使用，筆者再安裝 ChatWithPDF，如下所示只有 3 個插件可以使用：

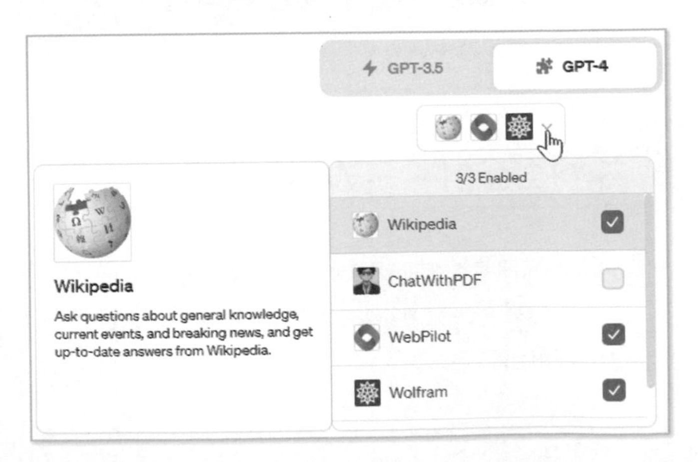

上述我們可以安裝多個插件，要使用特定插件時，記得設定此插件右邊的圖示為啟動 。

8-2-3 解除安裝插件

如果想要解除安裝插件，假設要解除安裝 ChatWithPDF，可以點選 Plugin store。

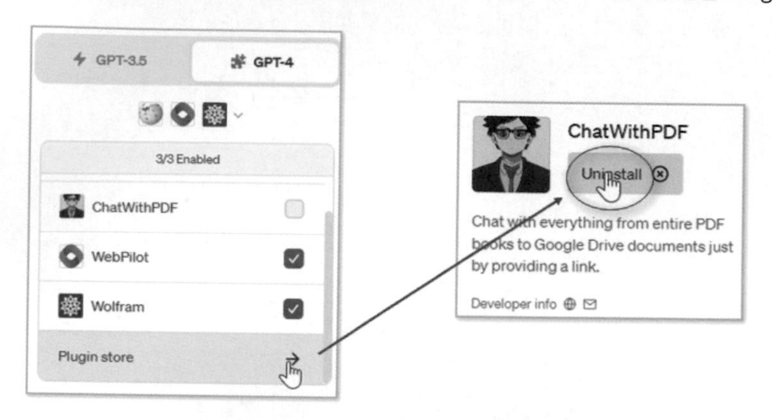

進入插件商店後，點選 ChatWithPDF 的 Uninstall，當 Uninstall 變為 Install 後表示解除安裝此插件成功了，未來插件列表將不再顯示 ChatWithPDF。

8-3 知識百科類插件 – Wikipedia

維基百科 (Wikipedia) 的訊息是時時更新，為了獲得最新的訊息，我們可以啟用此插件 Wikipedia 。未來如果輸入某些訊息，ChatGPT 就會啟動此插件搜尋資料，然後應用此插件回應最新訊息。

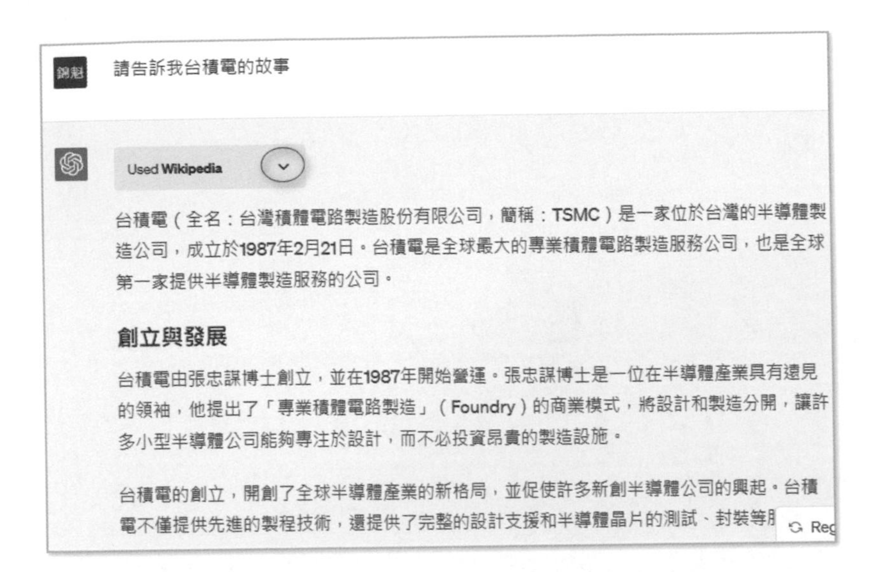

從 ChatGPT 的回應可以看到，出現 Used Wikipedia，表示下列訊息是來自 Wikipedia 插件。按右邊的 ⌄ 圖示，可以看到 ChatGPT 如何向 Wikipedia 插件做訊息請求，以及 Wikipedia 的回應方式。

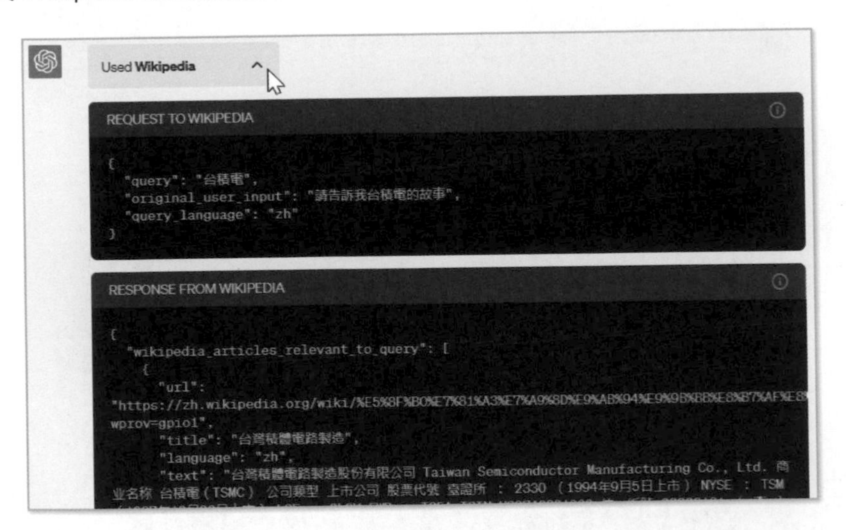

8-4 地圖大師 – Earth 插件

透過 Earth，我們可以根據提供的位置、傾斜角度和風格生成地圖圖像。請開啟此插件 Earth ☑ ，下列是系列應用。註：地圖下半部省略。

錦魁
請生成美國舊金山的衛星照地圖，此地圖有道路和城市名稱
請生成台北市的地圖
Used Earth
當然，以下是台北市的地圖：
當然，以下是美國舊金山的衛星照地圖，包括道路和城市名稱：
San Francisco
Regen

註　其實 Earch 插件也是使用了 Google 地圖當作範本。

8-5 完美提示 - Prompt Perfect

以「完美 (Perfect)」開始您的提示，每次都打造出完美的提示。我們與 ChatGPT 對話時，有時候表達的不是很清楚，這個插件可以將我們的問題重新架構，讓提問訊息更清楚，然後產生高品質的回應。請開啟此插件 Prompt Perfect ，下列是系列應用。

上述開頭用「完美」，也可以用「Perfect」，可以參考下列實例。

錦魁
Perfect：請幫我建立5頁簡報，主題是「ESG」
Used Prompt Perfect
當然，以下是關於「ESG」（環境、社會和治理）主題的5頁簡報概述：
頁面1：封面
• 標題：ESG（環境、社會和治理）：未來的投資方向
• 副標題：一個全面的指南
• 圖片：地球或可持續發展的象徵圖像
• 日期/作者：根據需要添加
頁面2：環境（E）
• 標題：環境保護與可持續發展
• 內容：
• 氣候變化的影響
• 能源效率
• 水資源管理
• 廢物減少
• 圖表/圖像：相關統計或圖表

頁面3：社會（S）
• 標題：社會責任與公平
• 內容：
• 勞工權益
• 社區參與
• 人權問題
• 消費者保護
• 圖表/圖像：社會影響的視覺呈現
頁面4：治理（G）
• 標題：治理：透明度與道德
• 內容：
• 公司治理結構
• 風險管理
• 遵循法規
• 道德行為
• 圖表/圖像：治理結構或相關圖表

頁面5：結論和未來展望

- **標題**：ESG的未來和挑戰
- **內容**：
  - ESG的重要性
  - 未來趨勢
  - 持續的挑戰
  - 呼籲行動
- **圖表/圖像**：未來發展的視覺化

這個簡報的結構提供了一個全面的視角，涵蓋了ESG的各個方面。如果您有任何特定的要求或需要更多的細節，請讓我知道！

8-6 圖表生成 - Show Me Diagrams

8-6-1 基本流程圖

在對話中直接創建和編輯圖表，請開啟此插件 Show Me Diagrams ，下列是顯示 flow 圖的應用。

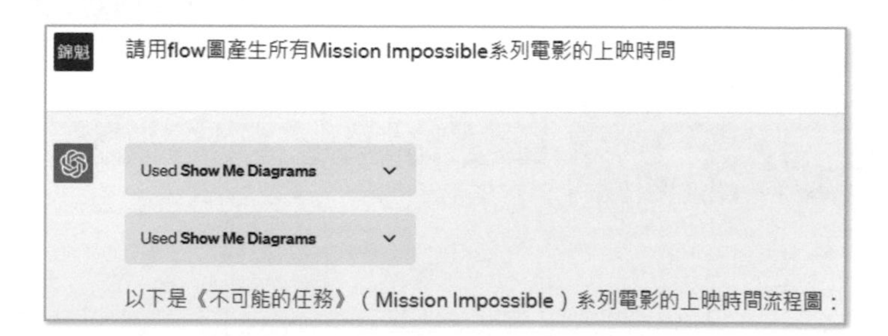

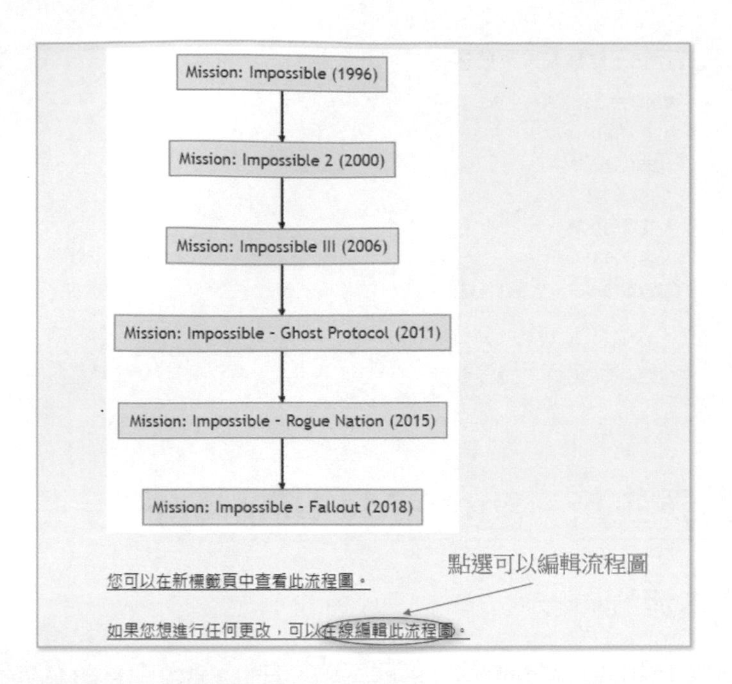

上述可以點選使用新標籤頁查看此流程圖，這時會有比較大的流程圖，可以獲得比較好的視覺效果。我們也可以點選「在線編輯此流程圖」，這時可以在瀏覽器的新頁面看到流程圖。

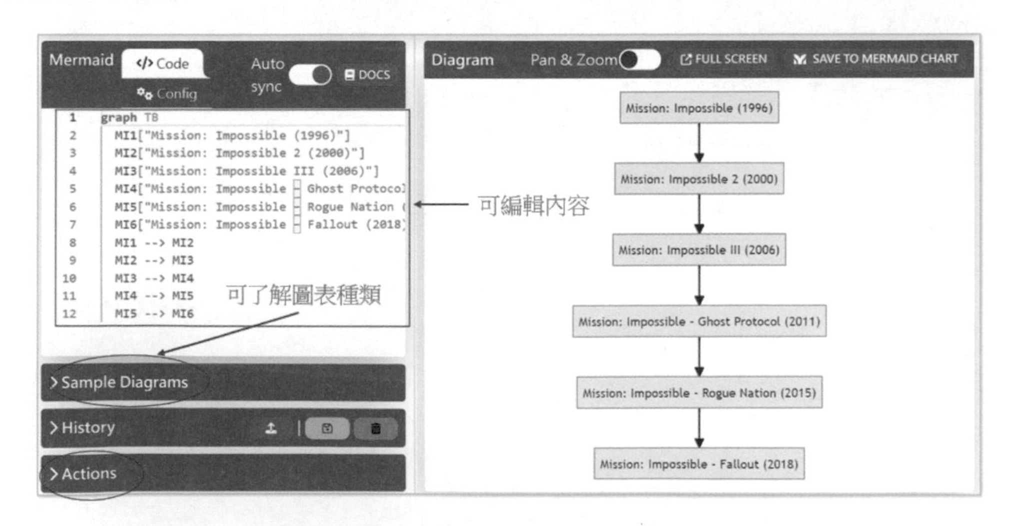

❑ Sample Diagrams 功能

上述左上方可以看到 Mission Impossible 系列電影的上市時間表，點選 Sample Diagrams，可以了解此插件有哪些流程圖可以選擇。例如：點選 Sample Diagrams 項目，再點選 Class(類別圖) 鈕或是 Gantt(甘特圖)，可以得到下列結果。

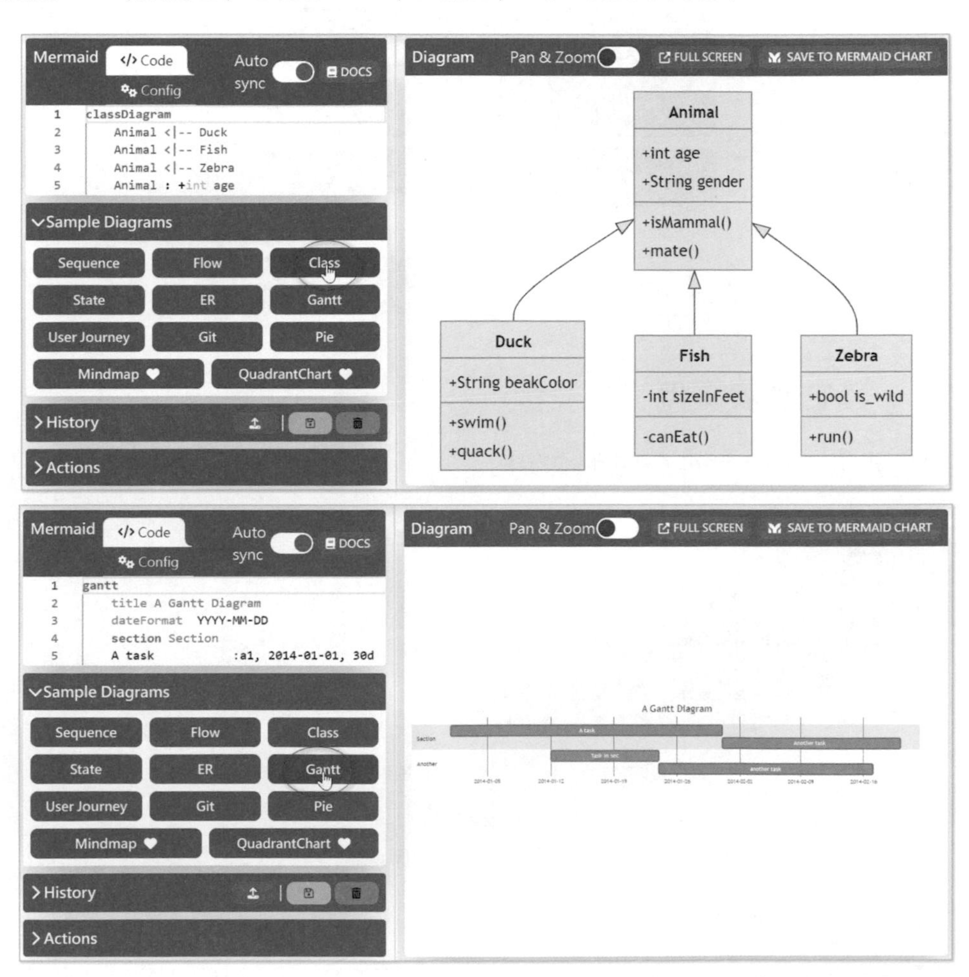

❑ Actions 功能

如果點選 Actions 項目，可以將影像拷貝到剪貼簿、下載影像、複製影像網址等。

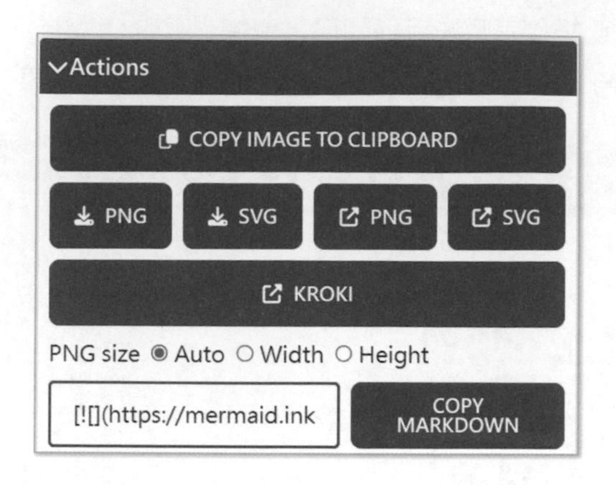

8-6-2 其它圖表實例

下列是建立 Mindmap(心智圖) 的實例。

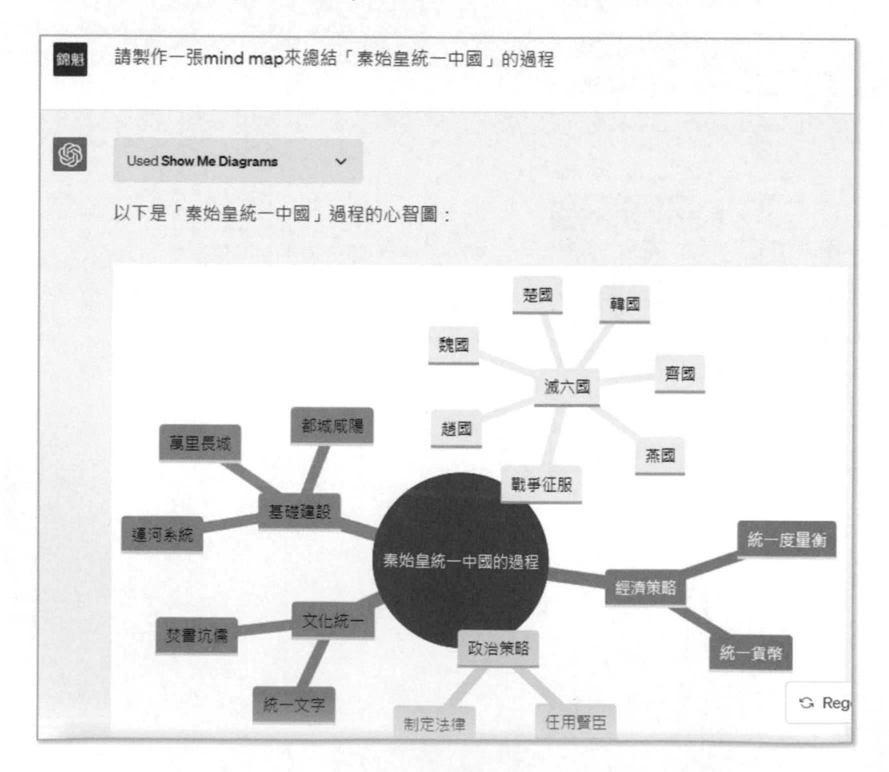

8-7 AI 語音導師 – Speak 插件

Speak 插件是你的 AI 語言導師，學會在其他語言中表達任何內容。假設在沒有啟用 Speak 插件下，我們輸入「請用英文說明「感謝招待我豐富的晚餐」」，可以得到下列結果。

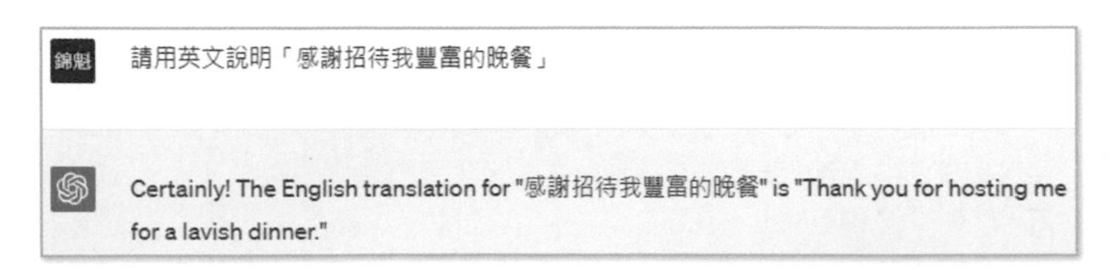

當有啟動 Speak 插件後 Speak ，我們可以獲得更完整的訊息。

例如，在一個情境中，John被邀請到朋友家吃晚餐，並對餐點印象深刻：

- **John:** "Wow, this dinner is incredible! Thank you so much for inviting me and for preparing such a delicious feast."
- **Sarah:** "You're welcome! I'm glad you're enjoying it. Help yourself to seconds!"
- **John:** "Thanks again, Sarah. I really appreciate it!"

如果您對這個解釋有任何問題或反饋，請點擊這裡告訴我們。

8-8 文字轉語音 - Speechki

8-8-1 基礎應用

這個插件可以將文字轉換為立即可使用的音訊，方法很簡單 - 下載連結、音訊播放器頁面，或嵌入式播放，請啟動此插件 Speechki ☑ 。

步驟 1：輸入要轉成語音的文字。

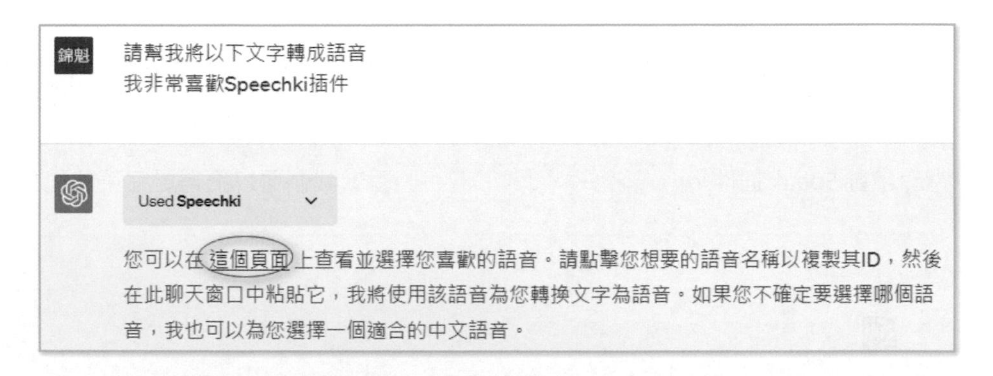

步驟 2：請點選上述「這個頁面」超連結，下一步是選擇播音員，有男生與女生，我們可以點選 ▶ 圖示試聽，然後點選 ⧉ 圖示複製。

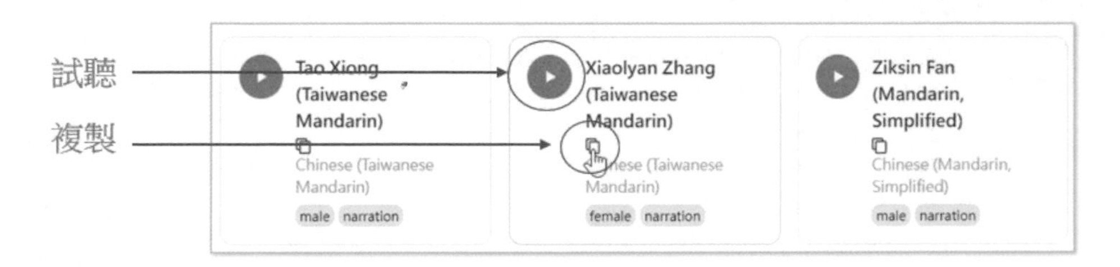

步驟 3：複製後，再貼到 ChatGPT，上述相當於選擇了播音員 Xiaolyan Zhang(Taiwanese Mandarin) ID 645，可以得到下列結果。

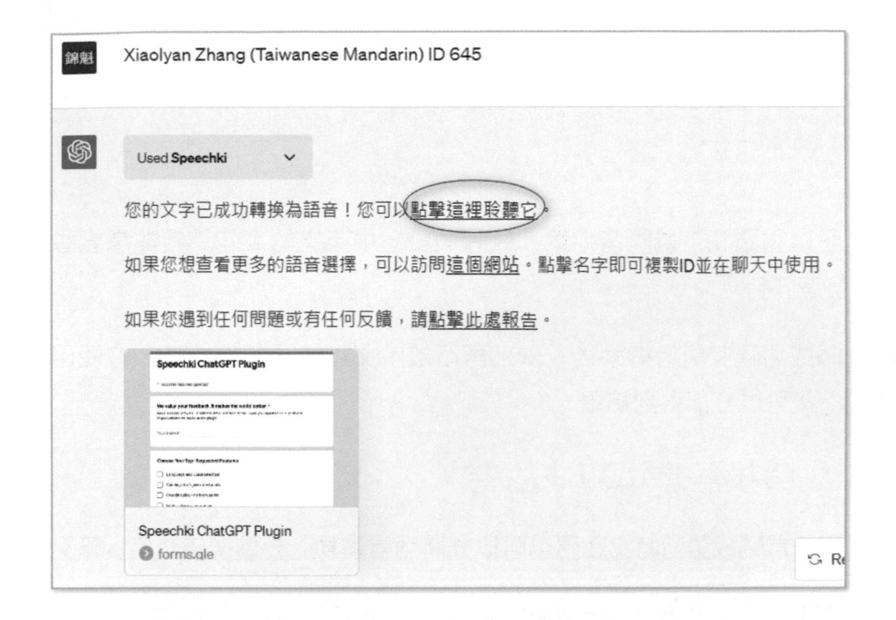

步驟 4：接著請點選「點擊這裡聆聽它」超連結，會看到要求註冊畫面。

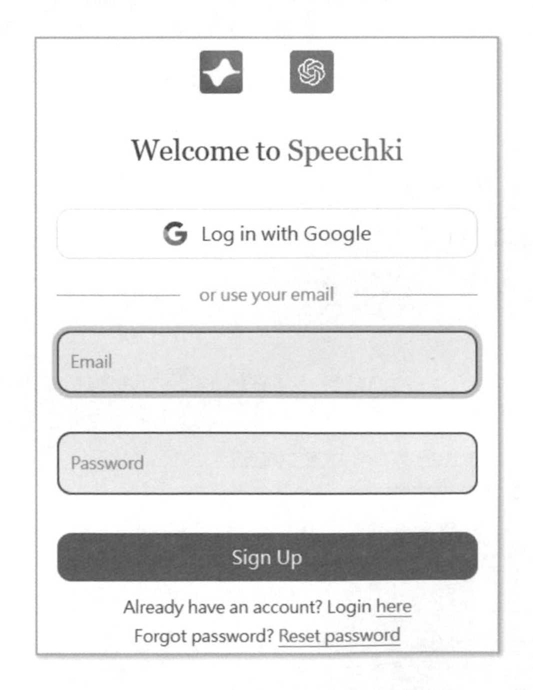

步驟 5：上述類似 ChatGPT 註冊帳號，完成後可以看到下列畫面。

讀者可以試聽和下載語音檔案，筆者測試含中英文的字句「我非常喜歡 Speechki 插件」，發音正確。

註　當我們成功建立語音檔案後，未來再度啟用文字轉語音功能時，會使用預設發音員，然後可以立即得到結果。

8-8-2　先轉換語言再轉成語音

在應用語言轉成語音時，我們也可以先將語言轉換，再轉換成語音，下列是實例。

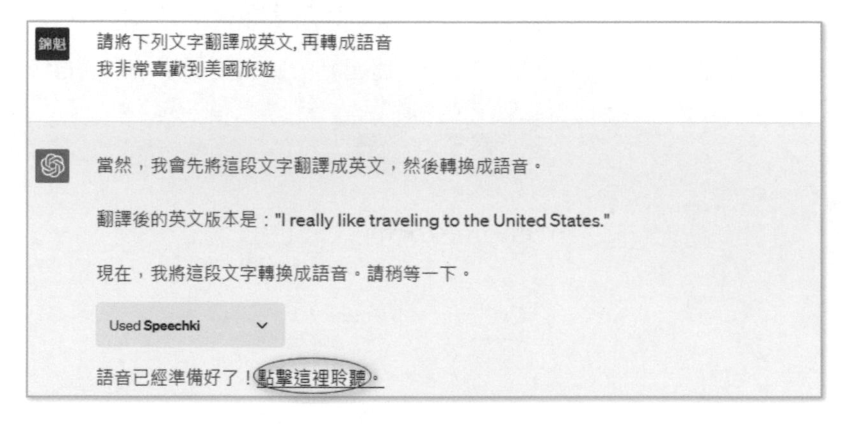

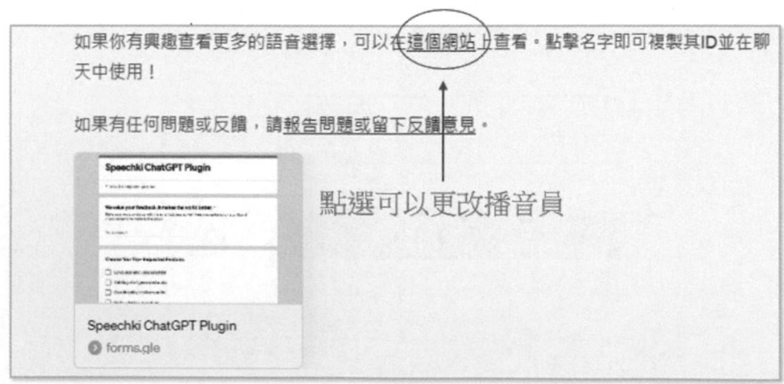

上述點選「點擊這裡聆聽」超連結，可以進入聆聽或下載所轉換的語音。點選「這個網站」超連結，可以更改播音員。

8-9 網頁 / 影片摘要神器 - VoxScript

可以執行 YouTube 字幕搜尋、網頁瀏覽、搜索等，然後依照指示摘要整理。請開啟此插件 VoxScript ，下列是系列應用。

❑ YouTube 字幕摘要

有一個 YouTube 影片內容如下：

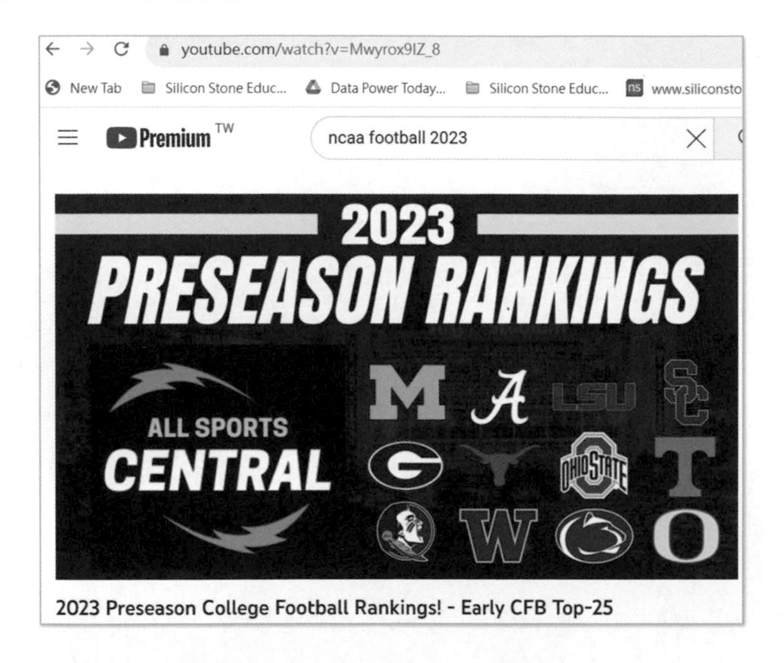

註 上述是取材自 YouTube 網頁，網址可以參考下列實例。

下列是摘要影片字幕的應用。

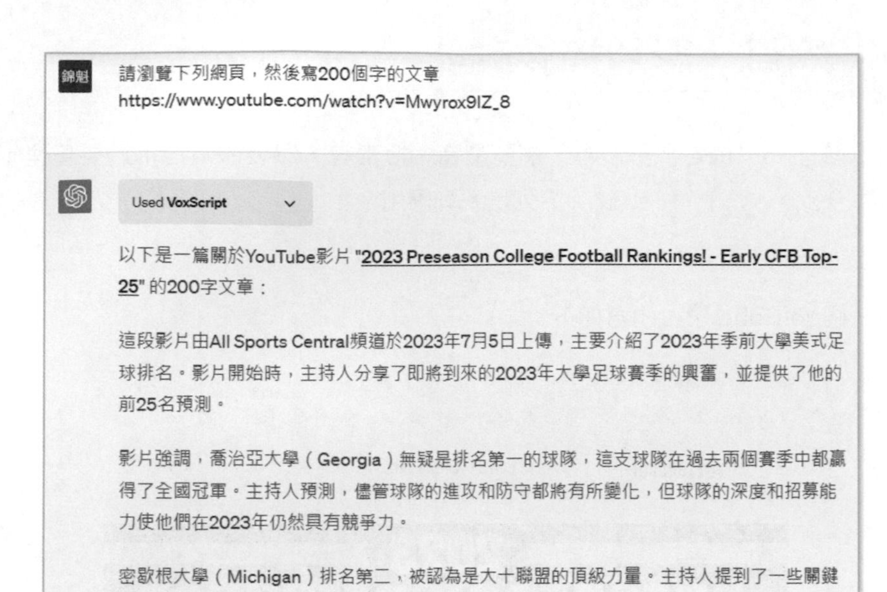

錦魁
請瀏覽下列網頁，然後寫200個字的文章
https://www.youtube.com/watch?v=Mwyrox9IZ_8
Used VoxScript
以下是一篇關於YouTube影片 "2023 Preseason College Football Rankings! - Early CFB Top-25" 的200字文章：
這段影片由All Sports Central頻道於2023年7月5日上傳，主要介紹了2023年季前大學美式足球排名。影片開始時，主持人分享了即將到來的2023年大學足球賽季的興奮，並提供了他的前25名預測。
影片強調，喬治亞大學（Georgia）無疑是排名第一的球隊，這支球隊在過去兩個賽季中都贏得了全國冠軍。主持人預測，儘管球隊的進攻和防守都將有所變化，但球隊的深度和招募能力使他們在2023年仍然具有競爭力。
密歇根大學（Michigan）排名第二，被認為是大十聯盟的頂級力量。主持人提到了一些關鍵球員，並強調了他們在進攻和防守方面的出色表現。

影片還提到了南加州大學（USC）和路易斯安那州立大學（LSU），這兩所學校被認為是全國冠軍的主要競爭者。特別是USC，主持人認為他們的進攻在國內可能是最好的，並預測他們的防守將有所改善。

整體而言，這段影片提供了對即將到來的大學足球賽季的深入分析和預測，對於任何大學足球迷來說都是一個有趣的觀看。

❑ 網頁瀏覽

假設有一個 USA Today 的新聞頁面如下，我們可以讓 VoxScript 協助我們瀏覽，然後做摘要報告。

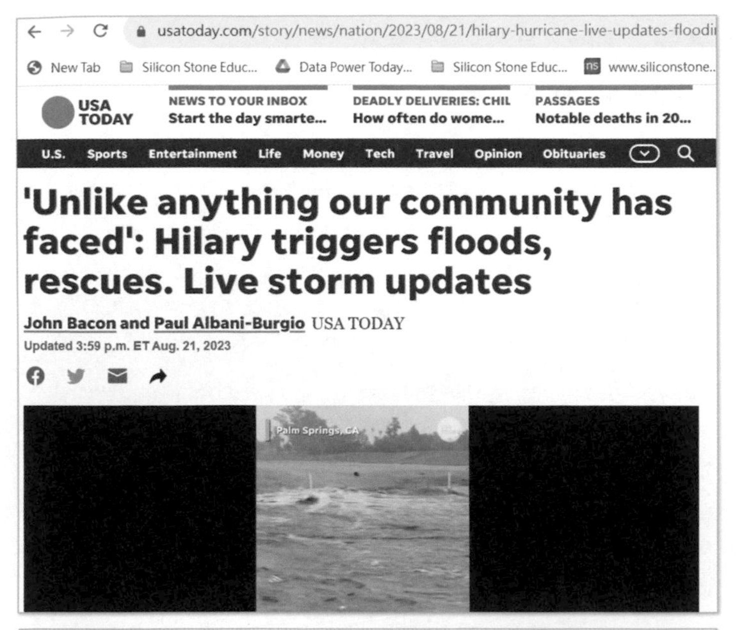

usatoday.com/story/news/nation/2023/08/21/hilary-hurricane-live-updates-floodi

New Tab | Silicon Stone Educ... | Data Power Today... | Silicon Stone Educ... | www.siliconstone...

USA TODAY

NEWS TO YOUR INBOX
Start the day smarte...

DEADLY DELIVERIES: CHIL
How often do wome...

PASSAGES
Notable deaths in 20...

U.S. Sports Entertainment Life Money Tech Travel Opinion Obituaries

'Unlike anything our community has faced': Hilary triggers floods, rescues. Live storm updates

John Bacon and Paul Albani-Burgio USA TODAY

Updated 3:59 p.m. ET Aug. 21, 2023

Tropical Storm Hilary drenches Southern California as floods prompt rescues

Tropical Storm Hilary drenched Southern California, dumping more than half an average year's worth of rain in one day.

Cody Godwin, Storyful

PALM SPRINGS, Calif. – The remnants of Hurricane Hilary lashed a swath of the West from the mountains and deserts to the Pacific Ocean beaches Monday after triggering mudslides, flooding and water rescues across Southern California.

Rain and debris washed out roadways and left vehicles stranded in standing water. Parts of Los Angeles County had almost 7 inches of rain; Beverly Hills had almost 5 inches by early Monday. Downtown Los Angeles saw its wettest August day ever on Sunday when 2.48 inches fell.

More than 100 miles to the east in Riverside County, a foot of rain fell on Mount San Jacinto. The nearby Coachella Valley was hit hard, and Palm Springs police at one point Sunday said 911 lines were down so residents had to text 911 or reach out to the nearest police or fire station. Crews in Rancho Mirage pumped floodwaters

註 上述新聞取材自 USA Today 新聞網站，網址可以參考下列實例。

下列是瀏覽網頁產生摘要報告的實例。

錦魁　請瀏覽下列網頁，同時完成300個字的摘要
https://www.usatoday.com/story/news/nation/2023/08/21/hilary-hurricane-live-updates-flooding-califfornia/70639206007/

當然，以下是對美國今日新聞有關颶風希拉里（Hurricane Hilary）在加利福尼亞造成洪水的報導的300字中文摘要：

颶風希拉里的殘餘部分在週一席捲了美國西部，從山區和沙漠到太平洋海灘，引發了南加利福尼亞的泥石流、洪水和水上救援。洛杉磯縣的部分地區降下了近7英寸的雨，比弗利山附近的地區則降下了近5英寸的雨。洛杉磯市中心在週日創下了有史以來最濕的八月紀錄。

河濱縣的聖哈辛托山降下了一英尺的雨。科切拉山谷受到沉重打擊，棕櫚泉的警方甚至表示911線路已斷，居民必須發送短信到911或聯繫最近的警察或消防局。拉涅奇米拉吉的工作人員抽出了艾森豪醫療中心的洪水。棕櫚沙漠的官員敦促居民留在家中或謹慎行事。

當地當局在Facebook上表示，這場風暴與社區以前所面臨的任何事物都不同。學校、企業和辦公室在整個地區關閉，因為風暴仍具有威脅生命和當地災難性洪水的能力。邁阿密的國家颶風中心將希拉里降級為熱帶風暴後，但警告系統可能在許多地區再產生2至4英寸的雨。

預測人員表示，隨著風暴北移，俄勒岡州和愛達荷州的部分地區已經出現了大雨。一些地區可能在週二早上前遭受多達5英寸的降雨，造成一些重大的山洪暴發。此外，洛杉磯消防局長克里斯汀·克勞利表示，洛杉磯在24小時內處理了超過1800起緊急事件，是平均數量的兩倍。棕櫚泉則在48小時內可能達到全年的降雨量。最後，颶風希拉里還造成了一些地震，但並未造成重大傷亡或損壞。

網頁搜尋

錦魁　請搜尋台積電最新的相關消息

Used VoxScript

以下是有關台積電（TSMC）最新相關消息的一些報導：

1. 台積電恐再下修財測？學者：旺季不旺態勢更明朗: 媒體報導指出，由於景氣持續低迷，台積電可能會三度降調財測至年減12%。
2. 慘？市場傳三度調降財測 台積電急重訊澄清: 針對傳言台積電將三度調降財測，台積電發出重訊澄清，表示此訊息純屬市場臆測。
3. 台積否認三度下修財測 | 科技產業 | 產經 | 聯合新聞網: 台積電於7月20日法說會二度下修今年美元營收展望，法人認為，台積電2023年營運展望暫時沒有新變化。
4. 台積電(2330.TW) 走勢圖 - Yahoo奇摩股市: 提供台積電的即時股市行情，包括開盤、最高、最低價格等資訊。
5. 面對地緣政治動盪，台積電為何堅持紮根台灣 - 紐約時報中文網: 2023年8月7日的報導，探討台積電為何在全球地緣政治最動盪地區之一的台灣紮根，以及其在半導體行業的主導地位。

8-10 瀏覽或搜尋網頁資料 - WebPilot

這個插件與 VoxScript 類似，可以瀏覽網頁或搜尋資料，不過號稱速度更快。同時，這個插件可以與一個或多個網址進行對話。請開啟此插件 WebPilot ，下列是系列應用。

❑ 搜尋資料

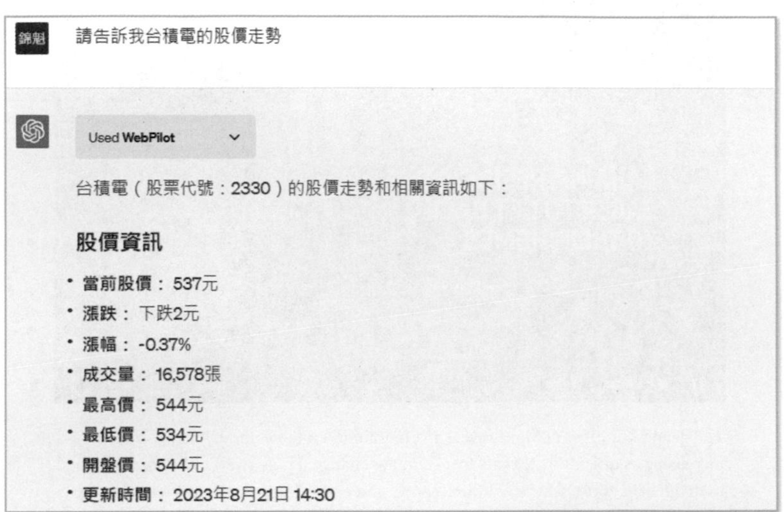

錦魁
請告訴我台積電的股價走勢
Used WebPilot
台積電（股票代號：2330）的股價走勢和相關資訊如下：
股價資訊
• 當前股價： 537元
• 漲跌： 下跌2元
• 漲幅： -0.37%
• 成交量： 16,578張
• 最高價： 544元
• 最低價： 534元
• 開盤價： 544元
• 更新時間： 2023年8月21日 14:30

股價走勢

- **近期表現：**
  - 三日：-0.9%
  - 一週：-0.7%
  - 兩週：-3.8%
  - 本月：-5.3%
  - 一個月：-4.1%
  - 一季：+1.1%
  - 半年：+4.1%
  - 今年：+18.5%
  - 一年：+5.3%
  - 自今年高點：-9.6%
  - 自今年低點：+45.1%

技術分析

- **布林通道、K線、RSI、MACD等技術指標**也可在相關網站上查看，以助於分析股價趨勢。

其他相關資訊

- **三大法人買賣狀況、融資融券與借券、公司基本資料、獲利能力、財務安全、公司成長、企業價值等**也可在相關網站上查看。

❑ 瀏覽網頁

假設有一個 USA Today 的新聞頁面如下，我們可以讓 WebPilot 協助我們瀏覽，然後做摘要報告。

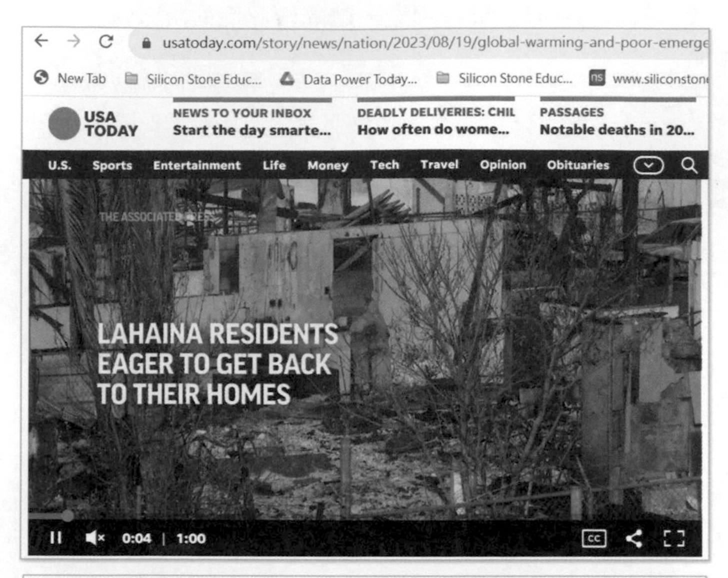

The deadly wildfires in Maui reveal a vulnerability in the United States that is increasing as quickly as threats from climate change: Huge swaths of the nation lie in dry danger zones where wildfires spark, and cash-strapped governments have ineffective emergency plans to save lives.

That was the deadly combination in the Maui disaster - namely, wildfire risk coupled with what some experts and victims have called questionable emergency preparedness. And it has played out in some of the deadliest fires in the nation and around the globe, alarming fire experts and community leaders.

Similar scenarios happened in Paradise, California, where 85 people died and nearly 19,000 structures were destroyed in the Camp Fire in 2018; and in Algeria, Italy and Greece, where questions of effective emergency response and preparedness have been raised after more than 40 people combined died from wildfires sparked by an intense heat wave, high winds and dry vegetation last month. Canada is experiencing a devastating record wildfire season, with over 33.9 million acres scorched and at least four people dead so far.

註 上述新聞取材自 USA Today 新聞網站，網址可以參考下列實例。

下列是瀏覽網頁產生摘要報告的實例。

錦魁 請給我下列新聞網址的內容資訊
https://www.usatoday.com/story/news/nation/2023/08/19/global-warming-and-poor-emergency-plans-put-wildfire-risk-on-americas-doorstep/70614906007/

Used **WebPilot**

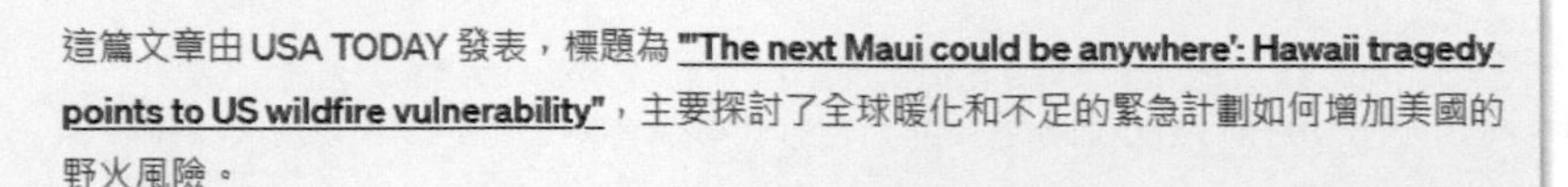

這篇文章由 USA TODAY 發表，標題為 **"'The next Maui could be anywhere': Hawaii tragedy points to US wildfire vulnerability"**，主要探討了全球暖化和不足的緊急計劃如何增加美國的野火風險。

內容摘要

文章揭示了美國因氣候變化威脅迅速增加的脆弱性，特別是在乾燥危險區域的野火風險。這種風險與政府資金不足和緊急計劃無效的致命組合在毛伊島災難中體現。文章還提到了全球其他地區的類似情況，如2018年加利福尼亞的天堂鎮火災，以及最近在加拿大、阿爾及利亞、意大利和希臘等地的火災。

毛伊島的火災造成至少111人死亡，超過2200英畝被燒毀。專家和社區領袖對此表示警惕，並重新審視許多可能面臨風險的地方。文章還探討了氣候變化和政府緊急計劃和資源不足的日益致命組合，以及全球暖化如何使野火增加。

深入思考

1. **野火的全球性問題**：文章揭示了野火不僅是美國的問題。全球許多地區都受到野火的威脅。這樣的全球現象如何促使國際合作和協調應對？
2. **氣候變化與野火的關聯**：全球暖化正在改變野火的風險和性質。這如何影響我們對氣候變化的理解和應對策略？
3. **緊急應對和預防措施的不足**：許多社區缺乏足夠的資金和計劃來應對野火。這一挑戰如何解決，以保護人們的生命和財產？

這篇文章提供了對美國和全球野火風險的深入分析，並強調了氣候變化和緊急應對計劃不足的重要性。如果您有任何具體問題或需要更多詳細信息，請隨時告訴我！

接著我們可以進行對話，如下：

應該如何避免野火

避免野火需要多方面的努力，包括政府、社區和個人的參與。以下是一些主要的策略和措施，可以幫助減少野火的風險和影響：

1. **加強法規和監管**：制定和執行有關土地使用、建築材料和防火規範的法規，以減少火災風險。
2. **提高公眾意識和教育**：通過教育和宣傳，提高人們對野火危險和預防措施的認識。
3. **進行預防性控火和清理**：定期進行控制燃燒和清理易燃植物和材料，以減少火災的燃料供應。
4. **改善應急計劃和準備**：制定和實施有效的應急計劃，以便在火災發生時迅速和有效地應對。
5. **投資於消防和救援設施**：確保消防部門和救援機構有足夠的資源和訓練，以便能夠迅速應對火災。
6. **促進社區參與和合作**：鼓勵社區居民參與防火努力，並與鄰近社區和政府機構合作，共同應對火災風險。

8-11 閱讀與整理 PDF - ChatWithPDF

只需提供連結，即可與從整本 PDF 書籍到 Google Drive 文件的所有內容進行對話，請開啟此插件 ChatWithPDF ，下列是系列應用。

❑ 失敗的實例

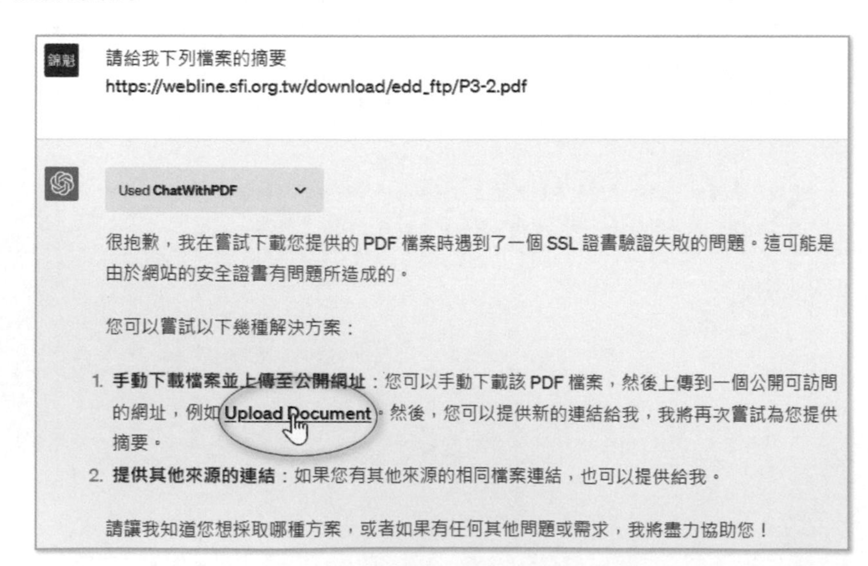
請給我下列檔案的摘要
https://webline.sfi.org.tw/download/edd_ftp/P3-2.pdf

Used ChatWithPDF

很抱歉，我在嘗試下載您提供的 PDF 檔案時遇到了一個 SSL 證書驗證失敗的問題。這可能是由於網站的安全證書有問題所造成的。

您可以嘗試以下幾種解決方案：

1. **手動下載檔案並上傳至公開網址**：您可以手動下載該 PDF 檔案，然後上傳到一個公開可訪問的網址，例如 Upload Document。然後，您可以提供新的連結給我，我將再次嘗試為您提供摘要。
2. **提供其他來源的連結**：如果您有其他來源的相同檔案連結，也可以提供給我。

請讓我知道您想採取哪種方案，或者如果有任何其他問題或需求，我將盡力協助您！

如果讀者碰到資料 SSL 證書認證失敗，可以參考上述說明。要使用這個功能，需要將 PDF 檔案上傳到公開網址，然後再將此網址貼到文字輸入框。此例筆者點選 Upload Document 超連結，可以看到下方左圖。

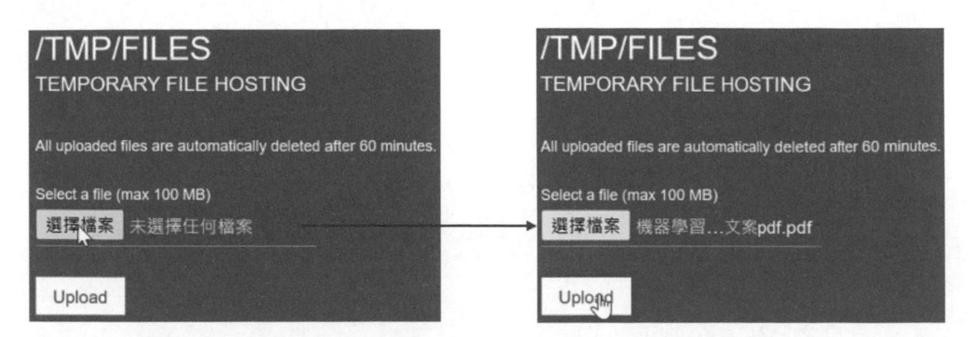

接著請點選擇檔案鈕，會出現對話方塊選擇要上傳的 PDF 檔案，選好後可以看到所選的檔案，此例是機器學習的 PDF，可以參考上方右圖，然後按 Upload 鈕，就可以將檔案上傳。

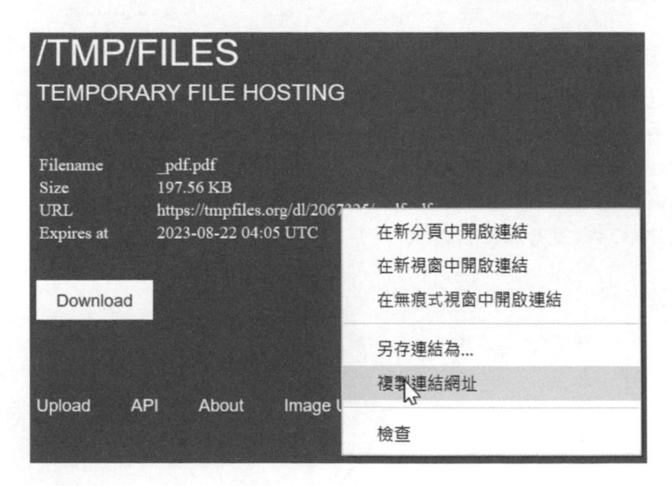

接著滑鼠游標移到網址，按一下滑鼠右鍵，執行複製連結網址指令，有了網址就可以參考下列實例。

❑ 成功閱讀 PDF

請參考下列實例執行對話，就可以看到閱讀結果。

請給我下列檔案的摘要
https://tmpfiles.org/dl/2067325/_pdf.pdf

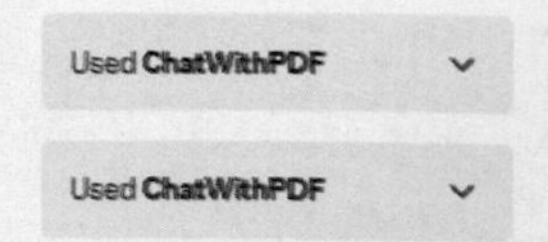

以下是您提供的 PDF 檔案的摘要：

這本書名為「機器學習最強入門」，主要內容涵蓋了機器學習的基礎數學、機率、統計等知識，並結合真實數據和專題實作。

內容簡介

- **數學原理 + 演算法 + 真實案例 + 專題實作**
- **最簡明的數學、機率、統計知識**
- **最完整的機器學習演算法**
- **最豐富的真實數據 x 專題實作**

本書特色

- **最白話解釋數學原理**
- **從簡單的數據開始理解機器學習的演算法**
- **將理論知識轉化為實際的程式碼**
- **實際案例分析**
- **全書有約 416 個 Python 程式實例**

主要內容

- 基礎數學、機率、統計知識
- 方程式與函數
- 完整 Python 語法
- 一元函數到多元函數
- 最小平方法
- 基礎統計
- 機率與單純貝氏理論
- 指數與對數
- logit 函數與 logistic 函數
- 向量與矩陣
- 二次函數、三次函數與多項式函數

機器學習演算法

- 線性迴歸
- 岭迴歸
- 決策樹
- 隨機森林樹
- KNN 演算法
- 支援向量機
- 單純貝氏分類
- 集成機器學習
- K-means 分群
- PCA 主成分分析
- 階層式分群
- DBSCAN 演算法

其他機器學習知識

- 特徵選擇
- 用直方圖了解特徵分佈

從上述得到閱讀 PDF 成功了，下列是與 ChatGPT 對話的結果畫面，從對話可以知道 ChatWithPDF 是閱讀成功，所以可以正確回應。

錦魁 這個PDF文件說明那些機器學習的演算法

這個 PDF 文件介紹了以下的機器學習演算法：

1. **線性迴歸**（Linear Regression）
2. **岭迴歸**（Ridge Regression）
3. **決策樹**（Decision Trees）
4. **隨機森林樹**（Random Forest）
5. **KNN 演算法**（K-Nearest Neighbors）
6. **支援向量機**（Support Vector Machines）
7. **單純貝氏分類**（Naive Bayes Classification）
8. **集成機器學習**（Ensemble Learning）
9. **K-means 分群**（K-means Clustering）
10. **PCA 主成分分析**（Principal Component Analysis）
11. **階層式分群**（Hierarchical Clustering）
12. **DBSCAN 演算法**（Density-Based Spatial Clustering of Applications with Noise）

這些演算法涵蓋了監督學習、非監督學習、分類、迴歸、分群等多個機器學習的主要領域，提供了一個全面的機器學習演算法介紹。

8-12 科學計算與精選知識 - Wolfram

透過 Wolfram|Alpha 和 Wolfram Language，我們可以取得計算、數學、精選知識和即時資料的存取，請開啟此插件 Wolfram ，下列是系列應用。

❑ 即時資料

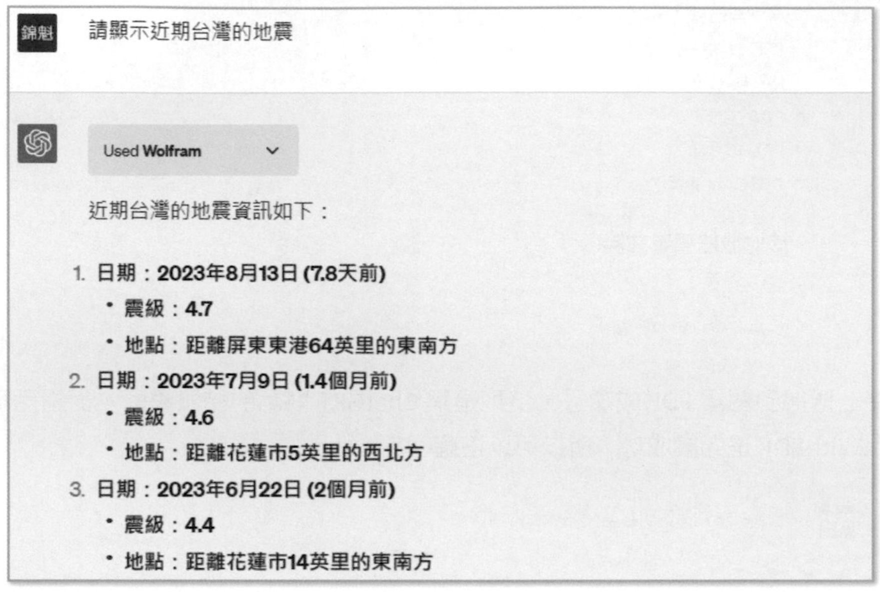

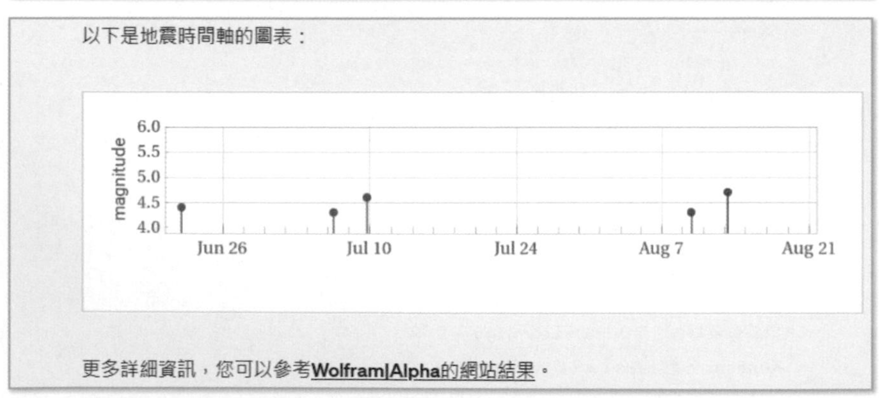

❑ 一般知識與繪圖

❑ 一般計算

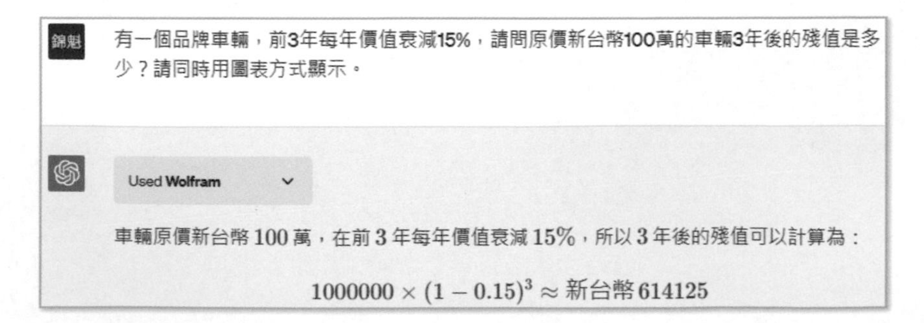

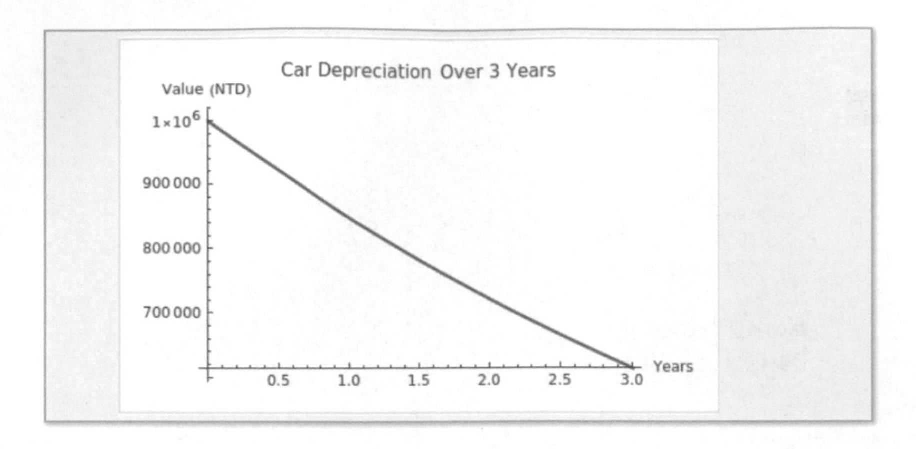
Car Depreciation Over 3 Years
Value (NTD)
1×10^6
900 000
800 000
700 000
0.5
1.0
1.5
2.0
2.5
3.0
Years

❑ 微積分計算與繪圖

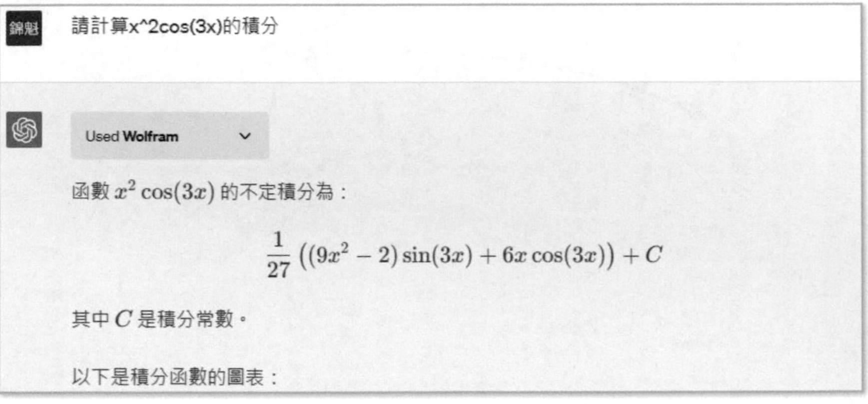
錦魁
請計算x^2cos(3x)的積分
Used Wolfram
函數 $x^2\cos(3x)$ 的不定積分為：
$$\frac{1}{27}\left((9x^2-2)\sin(3x)+6x\cos(3x)\right)+C$$
其中 C 是積分常數。
以下是積分函數的圖表：

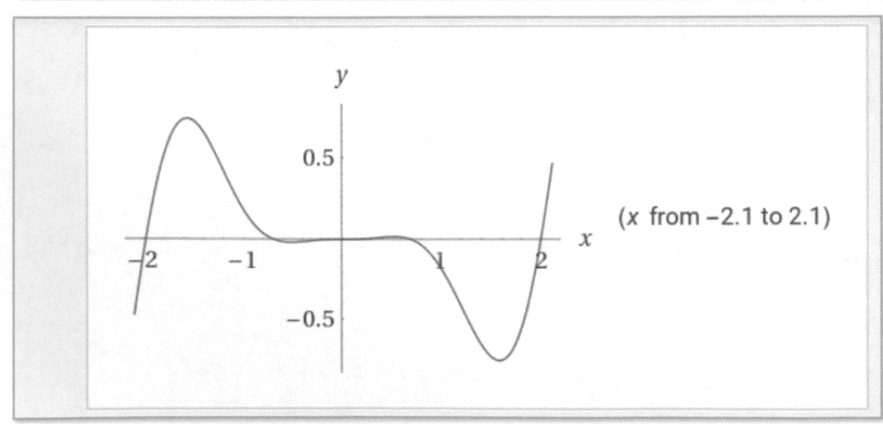
y
0.5
−0.5
−2
−1
1
2
x
(x from −2.1 to 2.1)

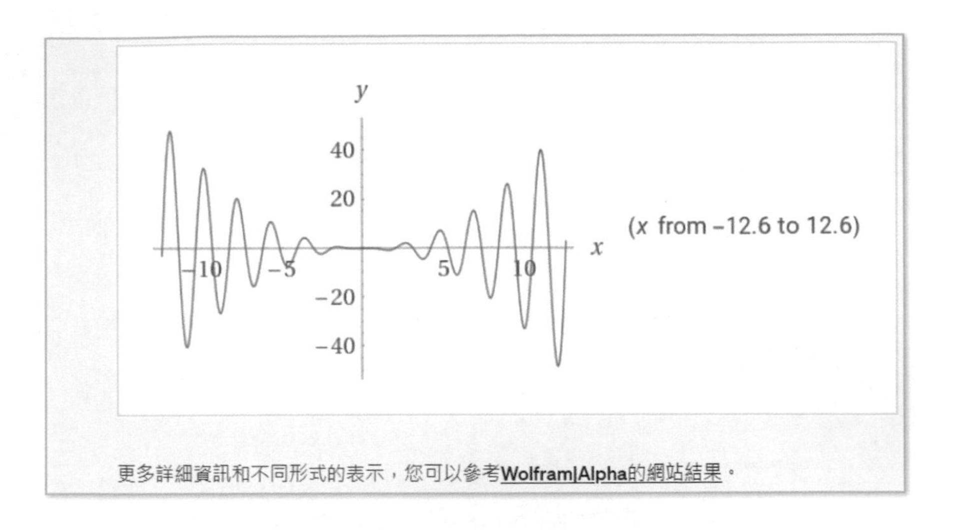

8-13 數據分析視覺化與探索 - Noteable

建立 Python、SQL 和 Markdown 筆記本，以探索數據、視覺化，並與所有人分享筆記本。請開啟此插件 Noteable ，不過安裝時會需要註冊，為自己在 Noteable 建立一個 Space 空間。

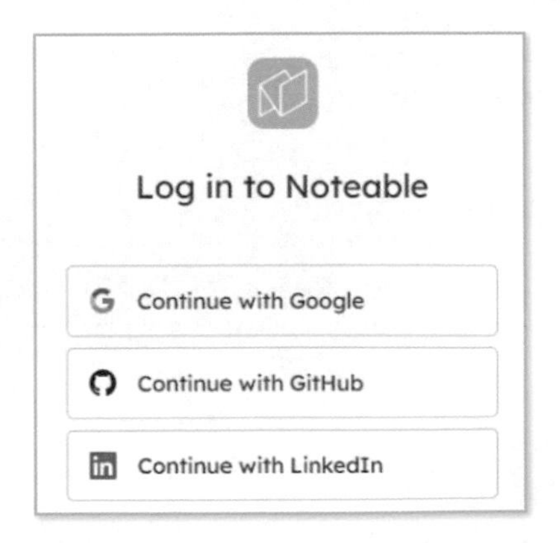

8-13-1 鐵達尼號數據分析

下面是筆者與 ChatGPT 對話，ChatGPT 調用 Noteable 插件，產生鐵達尼號數據分析的過程。註：下圖 EDA 全名是 Exploratory Data Analysis(探索性資料分析)。

錦魁　請建立簡單的EDA和Python的鐵達尼號數據集

Used Noteable

我已經為您創建了一個名為 Titanic_EDA.ipynb 的新筆記本，我們將在其中進行鐵達尼號數據集的探索性數據分析（EDA）。

首先，我將加載鐵達尼號數據集並進行一些基本的分析。您可以點擊上述連結隨時查看筆記本的進度。

讓我們開始吧！

Used Noteable

我已經成功加載了鐵達尼號數據集，並顯示了前五行。這個數據集包括了以下一些特徵：

- `survived`：是否存活（0 = No, 1 = Yes）
- `pclass`：船票等級（1 = 1st, 2 = 2nd, 3 = 3rd）
- `sex`：性別
- `age`：年齡
- `sibsp`：船上兄弟姐妹/配偶的數量
- `parch`：船上父母/孩子的數量
- `fare`：乘客票價
- `embarked`：登船港口
- `class`：船票等級的文字描述
- 其他相關特徵

您可以在這個連結中查看完整的筆記本。

接下來，我們可以進行一些基本的探索性數據分析，例如描述性統計、缺失值分析、數據視覺化等。請讓我知道您想要進行哪些分析，或者如果您有任何特定的問題或需求！

請告訴我, 你可以做哪些分析

當然！對於鐵達尼號數據集，我們可以進行以下分析：

1. **描述性統計分析**：
   - 計算各個特徵的平均值、中位數、標準差等。
   - 分析不同特徵之間的相關性。
2. **缺失值分析**：
   - 檢查數據集中是否存在缺失值。
   - 根據需要填充或刪除缺失值。
3. **數據視覺化**：
   - 繪製存活率與各個特徵（如性別、船票等級等）之間的關係圖。
   - 繪製年齡、票價等連續變量的分佈圖。
   - 繪製不同特徵之間的相關熱圖。
4. **特徵工程**：
   - 創建新的特徵，例如家庭大小（基於兄弟姐妹、配偶、父母、孩子的數量）。
   - 對類別變量進行編碼。

6. **存活率預測**：
   - 基於乘客的特徵，預測特定乘客的存活概率。
7. **群集分析**：
   - 使用聚類算法（如K-means）對乘客進行分群，以找出相似的乘客群體。
8. **時間序列分析**（如果適用）：
   - 分析時間相關的特徵，例如票價隨時間的變化趨勢。

請讓我知道您對哪些分析感興趣，或者如果您有任何特定的問題或需求！

存活率預測

存活率預測是一個典型的二元分類問題，我們可以使用不同的機器學習算法來預測乘客是否存活。以下是我們可以執行的步驟：

1. **數據預處理**：處理缺失值，對類別變量進行編碼，並可能創建一些新的特徵。
2. **分割數據集**：將數據集分割為訓練集和測試集，以便在訓練模型後進行驗證。
3. **選擇模型**：選擇一個或多個合適的機器學習模型，例如邏輯回歸、隨機森林、支持向量機等。
4. **訓練模型**：使用訓練數據集訓練選定的模型。
5. **模型評估**：使用測試數據集評估模型的性能，通常使用準確率、精確率、召回率等指標。
6. **調參和優化**：如果需要，可以進一步調整模型參數以優化性能。
7. **預測存活率**：使用訓練好的模型預測特定乘客或一組乘客的存活概率。
8. **解釋模型**：如果需要，可以分析哪些特徵在預測存活率方面起到了主要作用。

如果您同意，我將開始進行這些步驟。請讓我知道您是否有任何特定的要求或偏好！

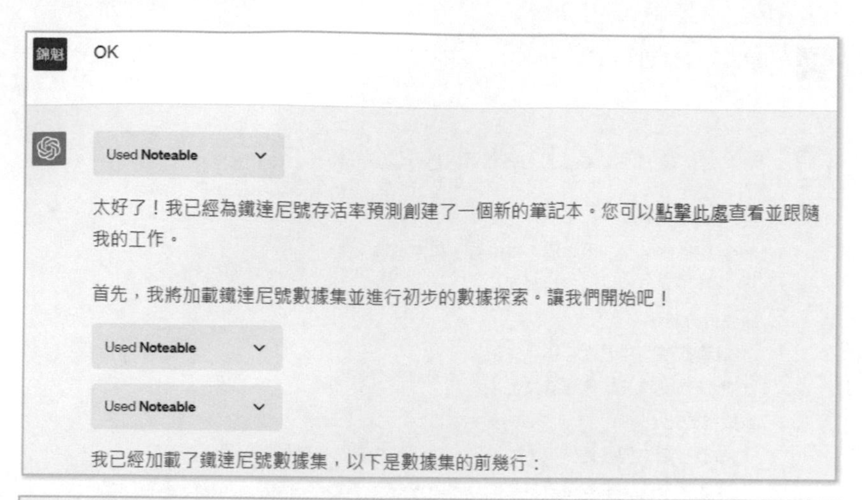
錦魁　OK

Used Noteable

太好了！我已經為鐵達尼號存活率預測創建了一個新的筆記本。您可以點擊此處查看並跟隨我的工作。

首先，我將加載鐵達尼號數據集並進行初步的數據探索。讓我們開始吧！

Used Noteable

Used Noteable

我已經加載了鐵達尼號數據集，以下是數據集的前幾行：

index	survived	pclass	sex	age	sibsp	parch	fare	embarked	class
0	0	3	male	22	1	0	7.25	S	Third
1	1	1	female	38	1	0	71.2833	C	First
2	1	3	female	26	0	0	7.925	S	Third
3	1	1	female	35	1	0	53.1	S	First
4	0	3	male	35	0	0	8.05	S	Third

這個數據集包括了鐵達尼號上的乘客信息，如存活狀態、艙等、性別、年齡、票價等。

接下來，我們可以進行一些基本的探索性數據分析（EDA），以了解數據的分佈和特徵之間的關係。您有任何特定的分析要求嗎？或者我可以開始進行一些通用的分析。

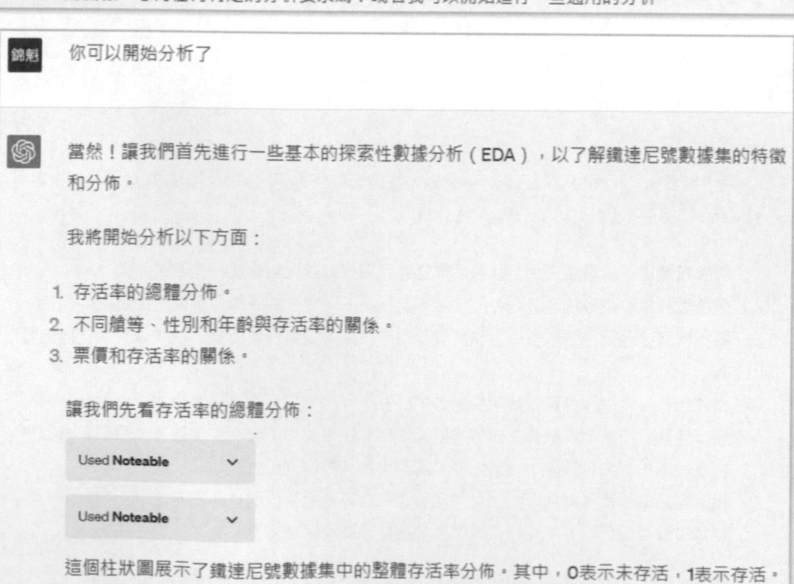
錦魁　你可以開始分析了

當然！讓我們首先進行一些基本的探索性數據分析（EDA），以了解鐵達尼號數據集的特徵和分佈。

我將開始分析以下方面：

1. 存活率的總體分佈。
2. 不同艙等、性別和年齡與存活率的關係。
3. 票價和存活率的關係。

讓我們先看存活率的總體分佈：

Used Noteable

Used Noteable

這個柱狀圖展示了鐵達尼號數據集中的整體存活率分佈。其中，0表示未存活，1表示存活。

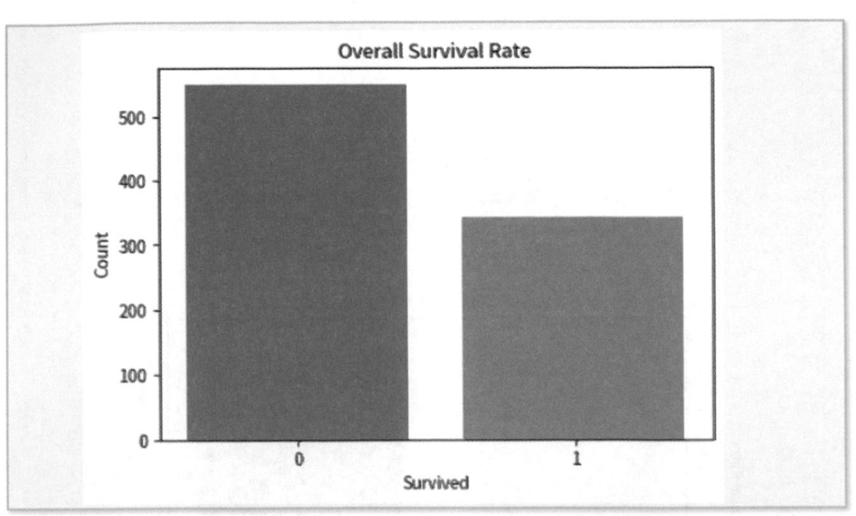
Overall Survival Rate
Count
500
400
300
200
100
0
0
1
Survived

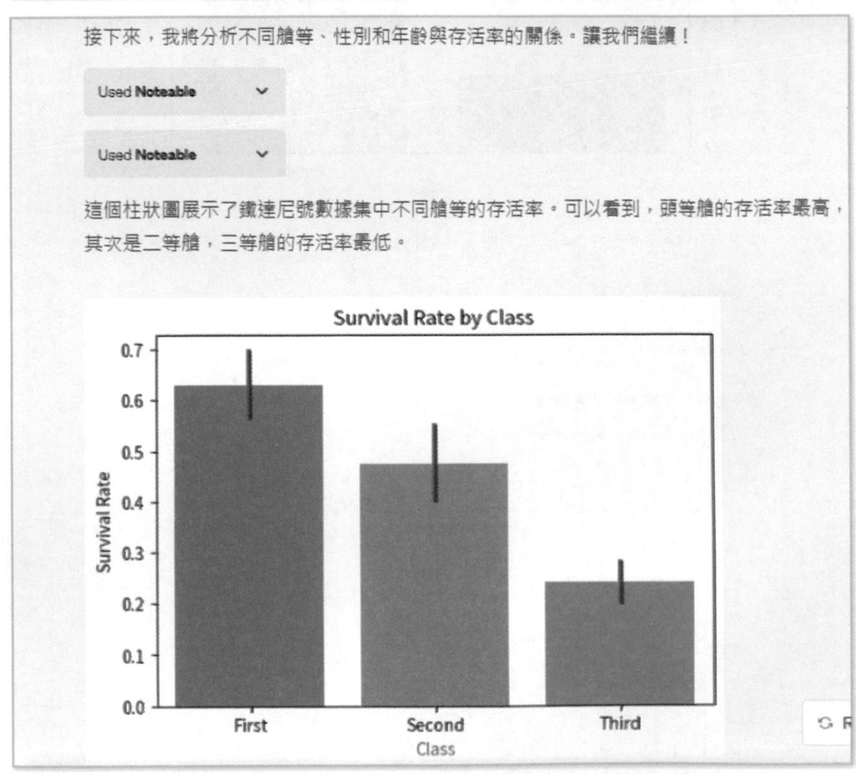
接下來，我將分析不同艙等、性別和年齡與存活率的關係。讓我們繼續！
Used Noteable
Used Noteable
這個柱狀圖展示了鐵達尼號數據集中不同艙等的存活率。可以看到，頭等艙的存活率最高，其次是二等艙，三等艙的存活率最低。
Survival Rate by Class
Survival Rate
0.7
0.6
0.5
0.4
0.3
0.2
0.1
0.0
First
Second
Third
Class

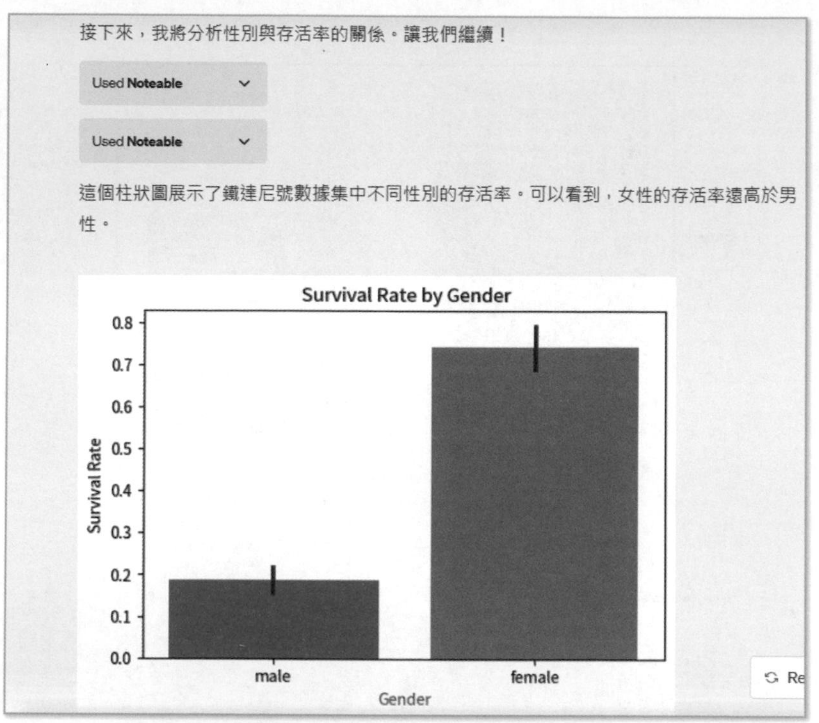
接下來，我將分析性別與存活率的關係。讓我們繼續！
Used Noteable
Used Noteable
這個柱狀圖展示了鐵達尼號數據集中不同性別的存活率。可以看到，女性的存活率遠高於男性。
Survival Rate by Gender
Survival Rate
0.0
0.1
0.2
0.3
0.4
0.5
0.6
0.7
0.8
male
female
Gender

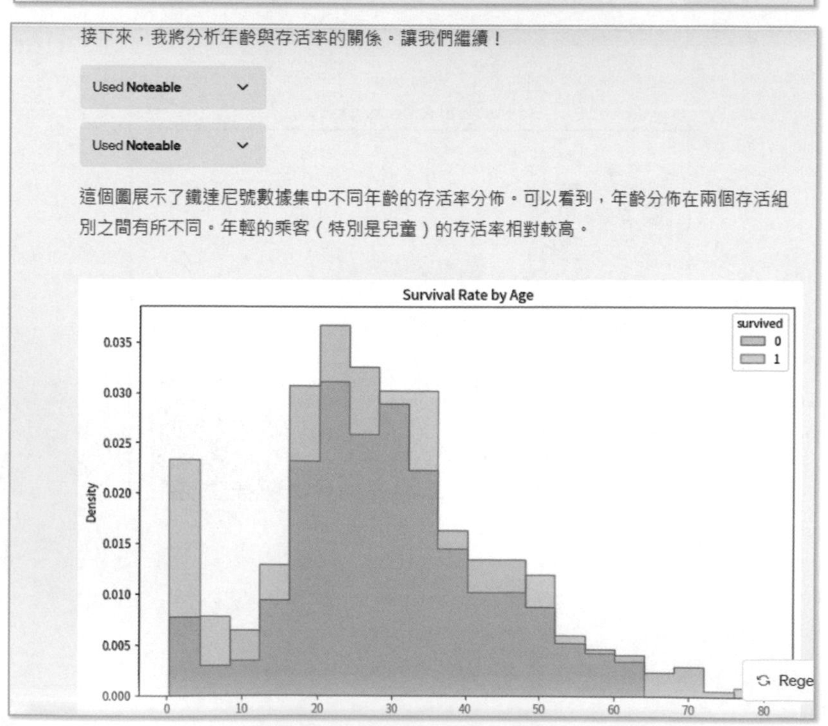
接下來，我將分析年齡與存活率的關係。讓我們繼續！
Used Noteable
Used Noteable
這個圖展示了鐵達尼號數據集中不同年齡的存活率分佈。可以看到，年齡分佈在兩個存活組別之間有所不同。年輕的乘客（特別是兒童）的存活率相對較高。
Survival Rate by Age
Density
survived
0
1
0.000
0.005
0.010
0.015
0.020
0.025
0.030
0.035
0
10
20
30
40
50
60
70
80

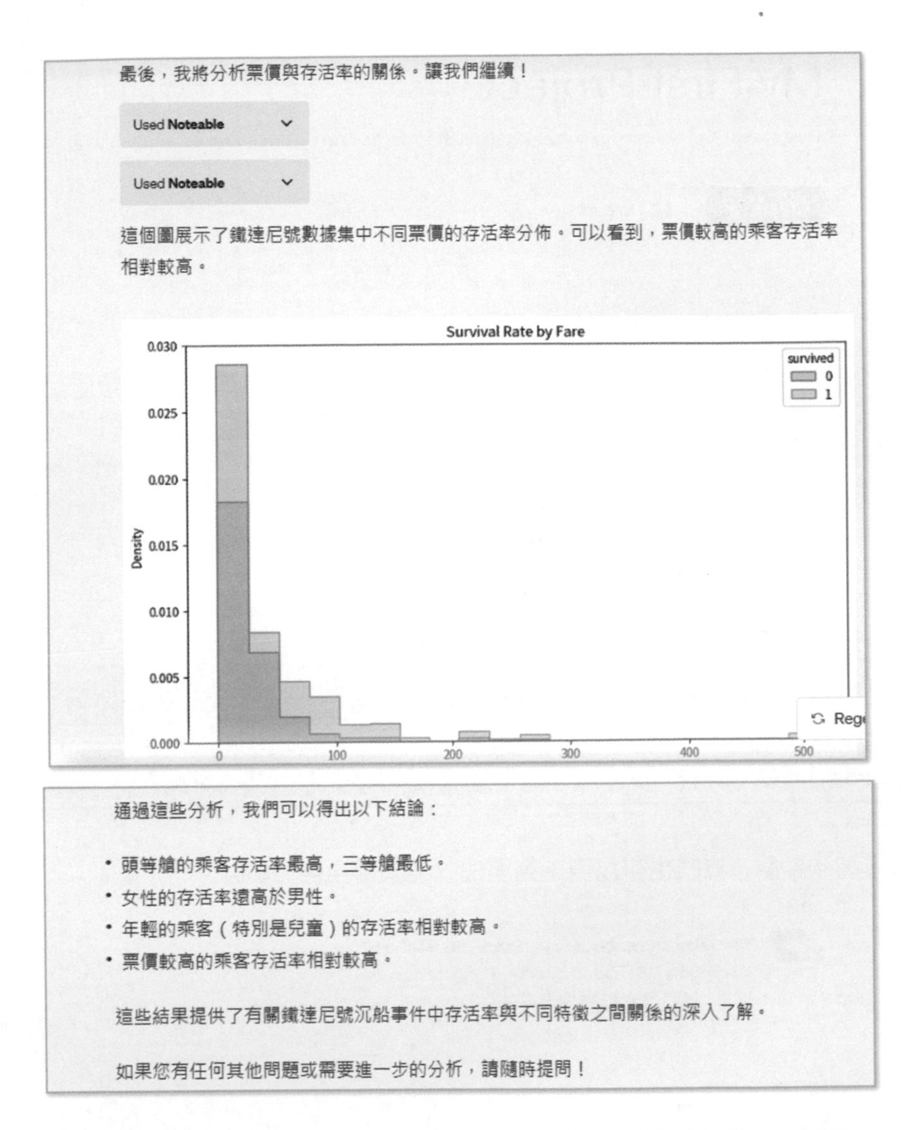

上述筆者是用文字讓 Noteable 自行到網路下載鐵達尼號數據集，其實在 Noteable 網站，可以得到下列檔案，檔案其實是在 Google Colab 上可以執行的 Python 檔案，又稱筆記本。

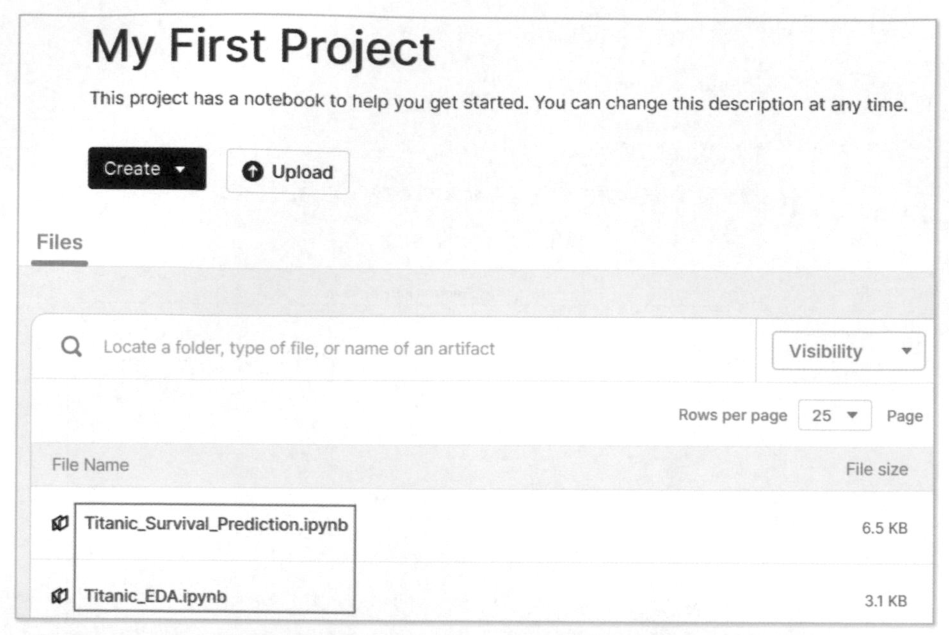

上述點選 Titanic_Survival_prediction.ipynb，可以得到此筆記本的超連結。

app.noteable.io/f/a4e7afbe-186b-447c-b70b-83e9b9dfc718/Titanic_Survival_Prediction.ipynb

有了這個連結，我們也可以用下列語法，要求做生存分析。

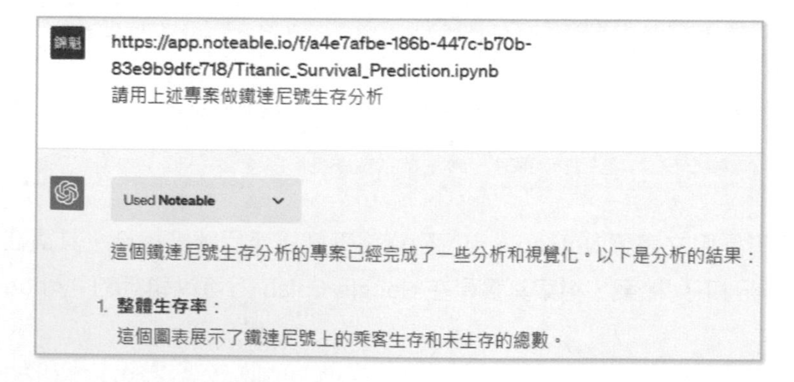

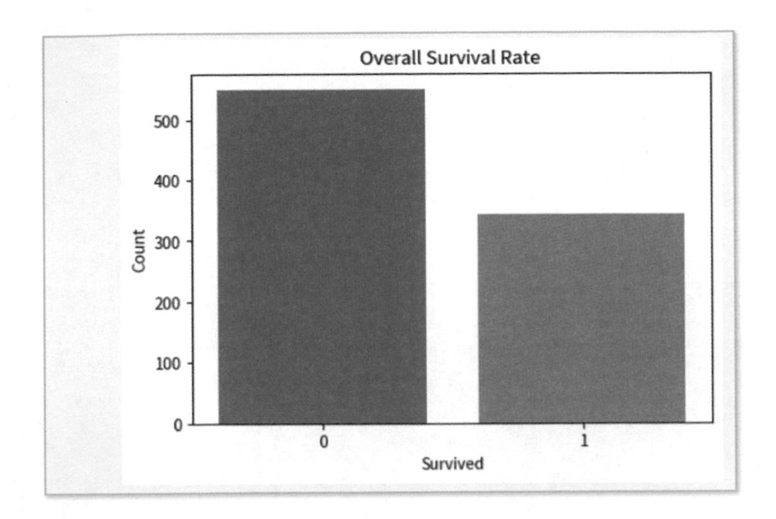

分析過程畫面和前面一樣，筆者省略。

8-13-2 世界人口成長分析

我們也可以直接讓 Noteable 分析網址的 csv 檔案，可以參考下列實例。

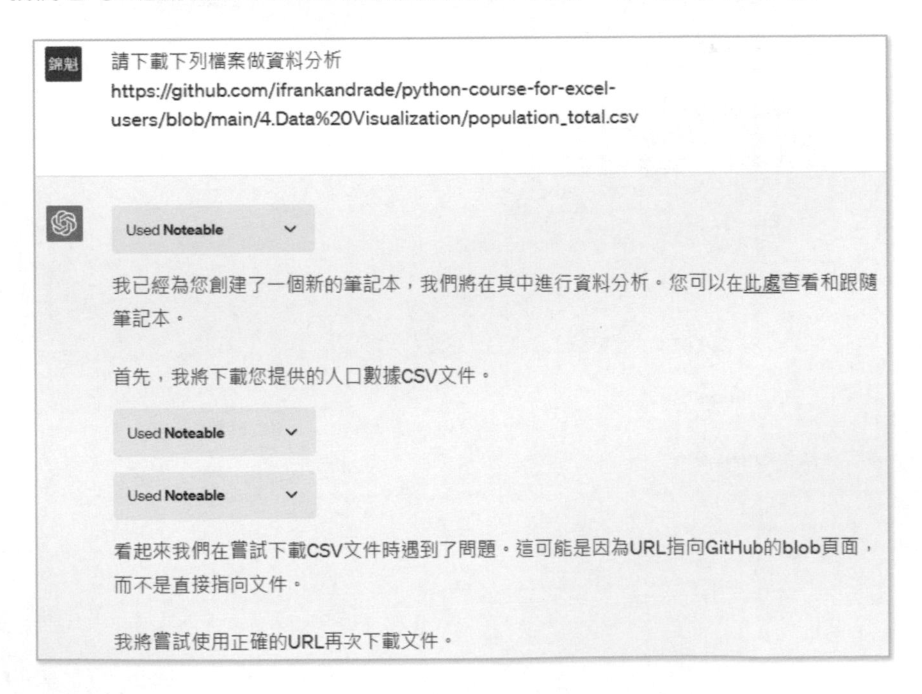

Used **Noteable**

Used **Noteable**

成功下載了人口數據CSV文件！這個數據集包括了不同國家在不同年份的人口數量。

以下是數據集的前五行概覽：

index	country	year	population
0	China	2020	1.43932e+09
1	China	2019	1.43378e+09
2	China	2018	1.42765e+09
3	China	2017	1.42102e+09
4	China	2016	1.41405e+09

請告訴我您想對這些數據進行哪些分析或可視化操作，我將協助您完成。

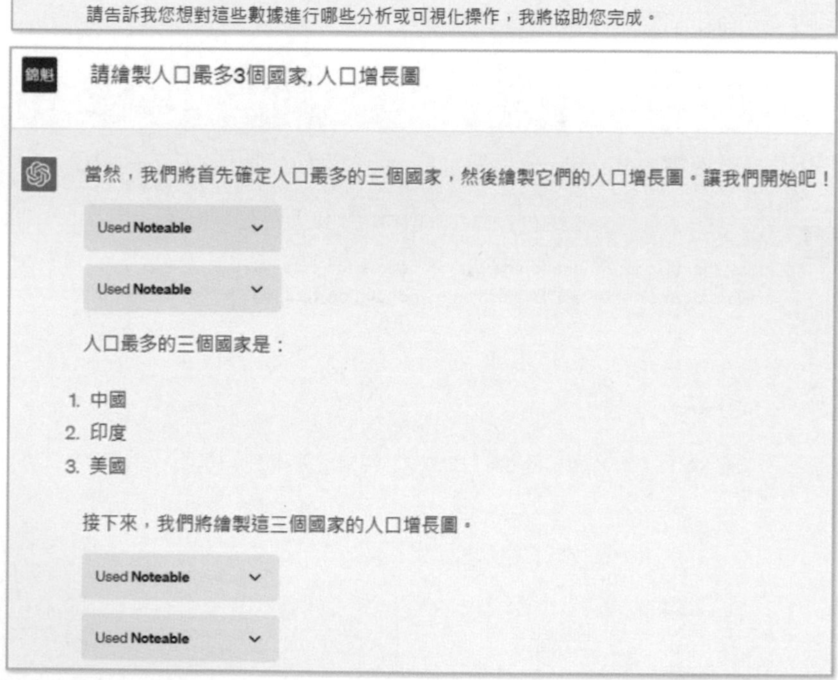

錦魁

請繪製人口最多3個國家, 人口增長圖

當然，我們將首先確定人口最多的三個國家，然後繪製它們的人口增長圖。讓我們開始吧！

Used **Noteable**

Used **Noteable**

人口最多的三個國家是：

1. 中國
2. 印度
3. 美國

接下來，我們將繪製這三個國家的人口增長圖。

Used **Noteable**

Used **Noteable**

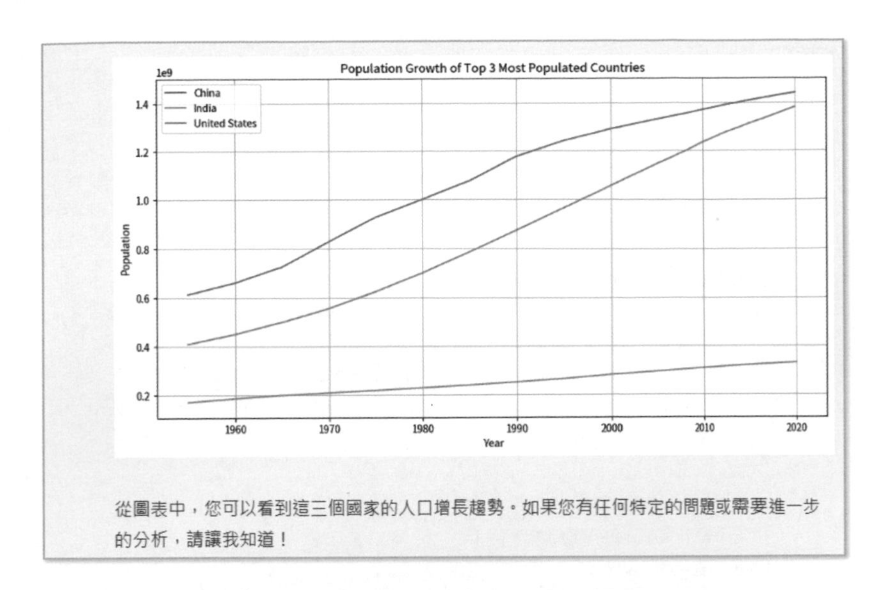

若是我們自己的系統的 csv 檔案，建議事先上傳 Noteable 網站，然後由此網站取得網頁網址。最後需留意的是，csv 檔案建議使用「utf-8」格式。

註 第 11 章還會使用 Noteable 針對台灣股市做分析。

8-14 旅行網站 - Expedia

讓您的旅行計劃變得生動起來 - 規劃行程、安排住宿，尋找觀光景點和活動，請開啟此插件 Expedia ，下列是筆者的測試畫面。

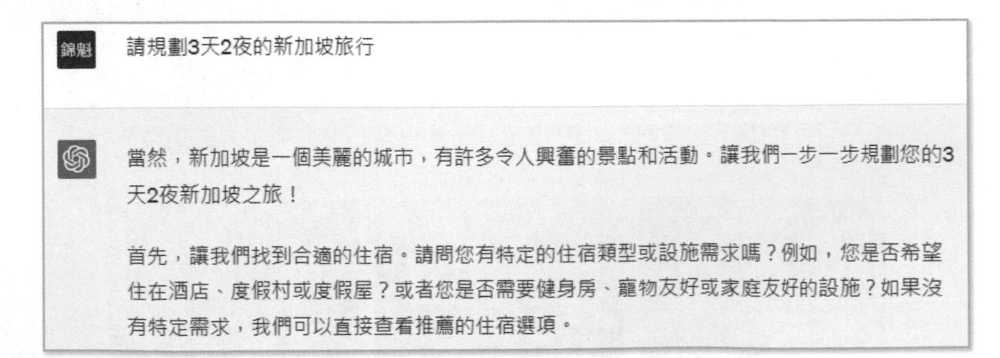

錦魁
請規劃3天2夜的新加坡旅行
當然，新加坡是一個美麗的城市，有許多令人興奮的景點和活動。讓我們一步一步規劃您的3天2夜新加坡之旅！
首先，讓我們找到合適的住宿。請問您有特定的住宿類型或設施需求嗎？例如，您是否希望住在酒店、度假村或度假屋？或者您是否需要健身房、寵物友好或家庭友好的設施？如果沒有特定需求，我們可以直接查看推薦的住宿選項。

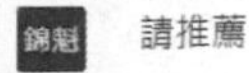

請推薦

Used **Expedia**

當然！以下是我為您推薦的新加坡住宿選項：

1. **Four Seasons Hotel Singapore**
   - 描述：這家無煙酒店設有5間餐廳、2個室外游泳池和一間全方位的水療中心。酒店還提供免費的WiFi和自助停車。
   - 地點：位於市中心，距離Orchard Road和Singapore Botanic Gardens僅1英里。距離Merlion和Singapore Flyer也只有3英里。Orchard Station步行只需6分鐘，Orchard Boulevard Station步行8分鐘。
   - 星級：5.0
   - 客戶評分：9.6 / 10.0
   - 平均每晚價格：$461.94 USD
2. **Shangri-La Singapore**
   - 描述：這家無煙酒店設有3間餐廳、2個室外游泳池和一間全方位的水療中心。酒店還提供免費的WiFi和自助停車。
   - 地點：位於購物區，距離Orchard Tower和Orchard Road僅1英里。距離Bugis Stre Shopping District和Raffles Place也只有3英里。Orchard Station步行14分鐘，Stev

Re

3. **YOTEL Singapore Orchard Road**
   - 描述：這家無煙酒店設有一個室外游泳池、一間餐廳和一間健身中心。酒店提供免費的WiFi。
   - 地點：位於Orchard，距離Royal Thai Embassy、Palais Renaissance和Shaw Centre僅幾步之遙。Orchard Tower和T Galleria by DFS也在5分鐘內。Orchard Station步行只需5分鐘，Orchard Boulevard Station步行13分鐘。
   - 星級：4.0
   - 客戶評分：8.6 / 10.0
   - 平均每晚價格：$160.29 USD
   - 促銷：節省24%

這些都是根據您的需求和預算推薦的住宿選項。您對這些建議有何看法？如果您希望看到其他選項或有其他偏好，請告訴我，我會為您提供更多選擇。接下來，我們可以繼續為您推薦航班和活動！

Four Seasons Hotel Singapore
expedia.com

Shangri-La Singapore
expedia.com

YOTEL Singapore Orchard Road
expedia.com

Reg

第 9 章

Bing Chat AI

2023 年 2 月 7 日，微軟正式宣布將 OpenAI 語言模型 ChatGPT 整合進 New Bing 和 Microsoft Edge 瀏覽器中。整合後的聊天機器人叫做 Bing Chat AI，簡稱 Bing AI，這也是微軟公司在 2023 年推出最重要的產品之一。

註　中國大陸將 Microsoft Bing 翻譯成「微軟必應」，台灣則直接用英文稱呼此產品，我們在使用 Bing AI 時，有時可以看到回應有「必應」，這就是指「Bing」。

9-1 Bing AI 功能

Bing AI 的功能如下：

- Bing AI 可以在搜索中直接回答您的問題，無論是關於事實、定義、計算、翻譯還是其他主題。
- Bing AI 可以在 Microsoft Edge 的側邊欄中與您對話，並根據您正在查看的網頁內容提供相關的搜索和答案。
- Bing AI 可以使用生成式 AI 技術為您創造各種有趣和有用的內容，例如詩歌、故事、程式碼、歌詞、名人模仿等。
- Bing AI可以使用視覺特徵來幫助您創建和編輯圖形藝術作品，例如繪畫、漫畫、圖表等。
- Bing AI 可以幫助您匯總和引用各種類型的文檔，包括 PDF、Word 文檔和較長的網站內容，讓您更輕鬆地在線使用密集內容。

Bing AI 是一個強大而多功能的聊天機器人，它可以幫助您在搜索和 Microsoft Edge 中更好地利用 AI 技術。讓您能享受與它交流的樂趣！

9-2 認識 Bing AI 聊天環境

目前除了 Microsoft Edge 有支援 Bing AI 聊天室功能，微軟公司從 2023 年 6 月起也支援其他瀏覽器有此功能，例如：Chrome、Avast Secure Browser 瀏覽器。

9-2-1 從 Edge 進入 Bing AI 聊天環境

當讀者購買 Windows 作業系統的電腦，有註冊 Microsoft 帳號，開啟 Edge 瀏覽器後，可以在搜尋欄位看到 圖示，點選後就可以進入 Bing AI 聊天環境。

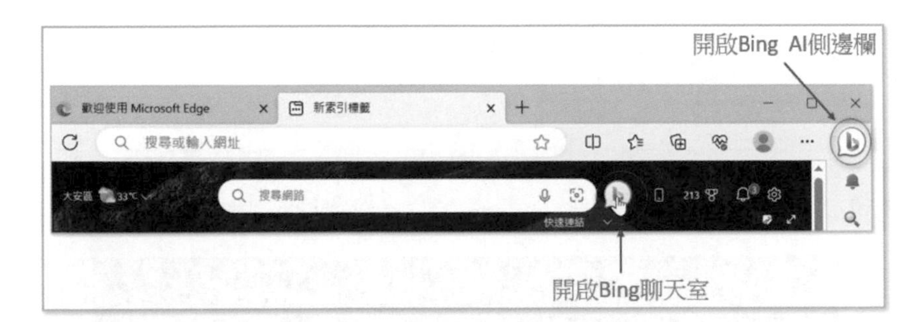

下列是進入 Bing AI 聊天環境，同時顯示側邊欄的畫面。

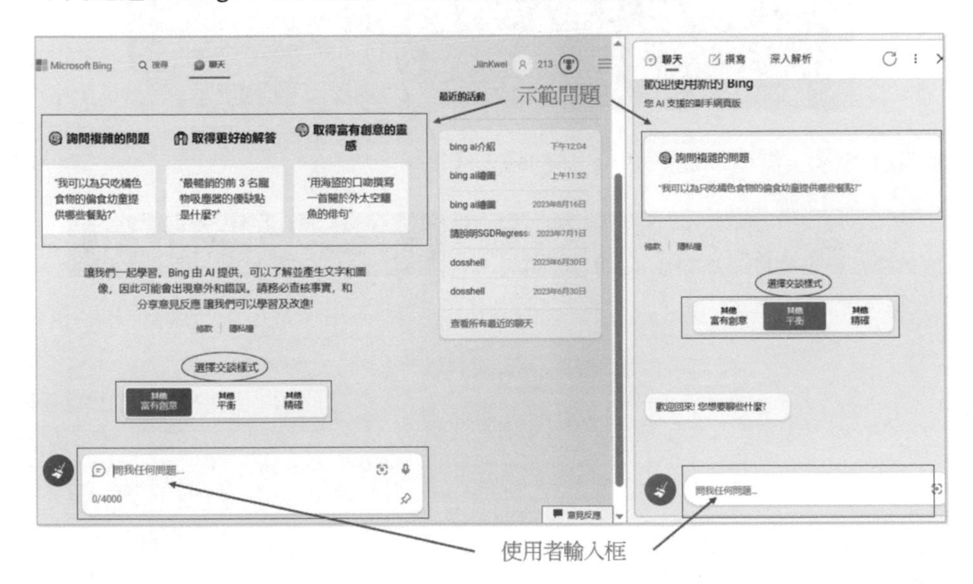

上述我們看到了 Bing AI 聊天環境，另外使用 Edge 瀏覽器，右邊多了側邊欄，我們可以按瀏覽器右上方的 圖示，顯示或隱藏側邊欄。

註 Edge 瀏覽器右邊的側邊欄又稱探索欄位。

9-2-2 其他瀏覽器進入 Bing AI

如果使用其他瀏覽器進入 Bing AI，如下所示：

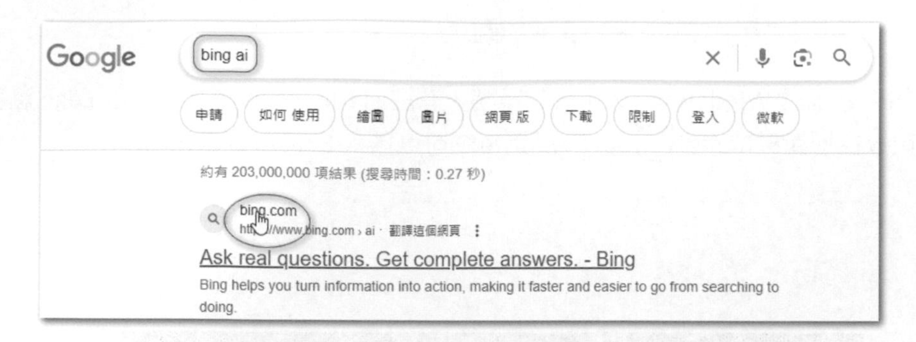

讀者可以搜尋 Bing AI，當出現 bing.com 時，請點選此超連結，可以看到下列畫面。

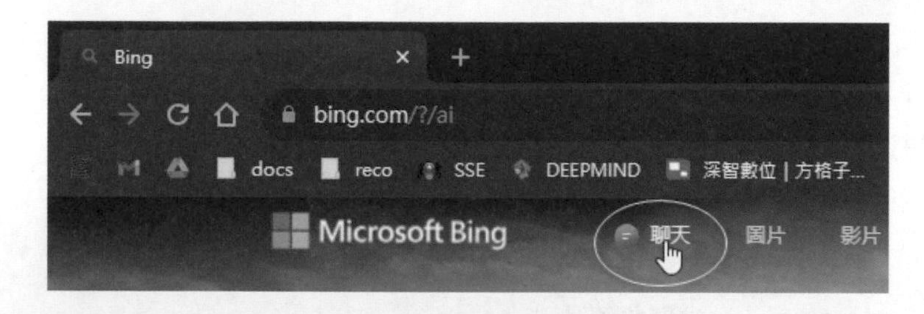

請點選聊天，就可以進入 Bing AI 的聊天環境。

9-2-3　選擇交談模式

Bing AI 是微軟的一項服務，可以讓您與 Bing 搜尋引擎進行對話，獲得有趣和有用的資訊。Bing AI 有三種模式，分別是：

- 創意模式：Bing AI 會提供更多原創、富想像力的答案，適合想要靈感或娛樂的使用者，不同模式會有專屬色調，創意模式色調是淺紫色。
- 精確模式：Bing AI 會提供簡短且直截了當的回覆，適合想要快速或準確的資訊的使用者，不同模式會有專屬色調，精確模式色調是淺綠色。
- 平衡模式：Bing AI 會提供創意度介在前兩者之間的答案，適合想要平衡兩種需求的使用者，不同模式會有專屬色調，平衡模式色調是淺藍色。

註 Bing AI 官方是用「交談樣式」，筆者是用「交談模式」，因為以繁體中文的意義而言，「模式」還是比較適合，所以本章內容筆者不使用「樣式」，讀者只要了解此差異即可。

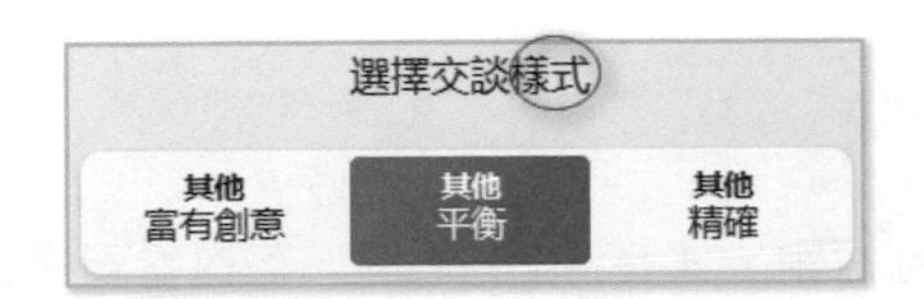

建議開始用 Bing AI 時，選擇預設的平衡模式，未來再依照使用狀況自行調整，所以我們也可以說 Microsoft 公司一次提供 3 種聊天機器人，讓我們體驗與 Bing AI 對話。

9-2-4 認識聊天介面

假設有一個最初的聊天如下：

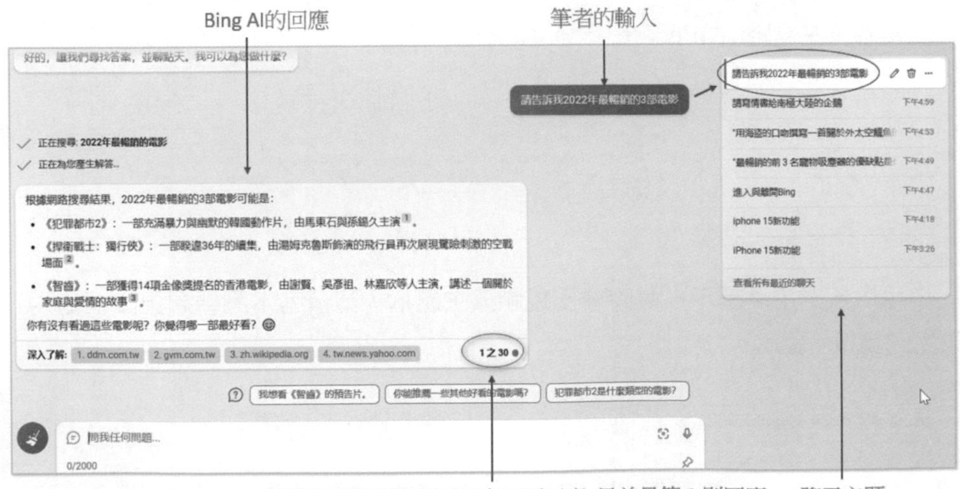

這是筆者在這個主題的第一次聊天，此提問主題內容將是此聊天的主題，讀者可以在 Bing AI 視窗右上方看到 Bing AI 所有的聊天主題，放大後可以看到下方左圖畫面。

如果將滑鼠游標移到標題，請參考上方右圖，可以看到標題右邊有 3 個功能圖示，筆者將在下 2 節說明這些圖示的用法。

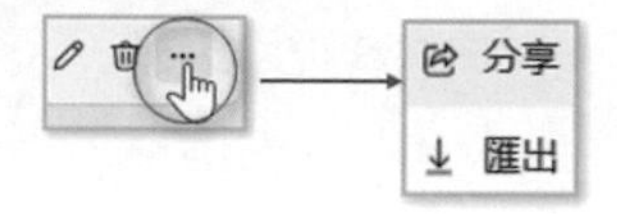

9-2-5　編輯聊天主題

編輯聊天主題圖示如下：

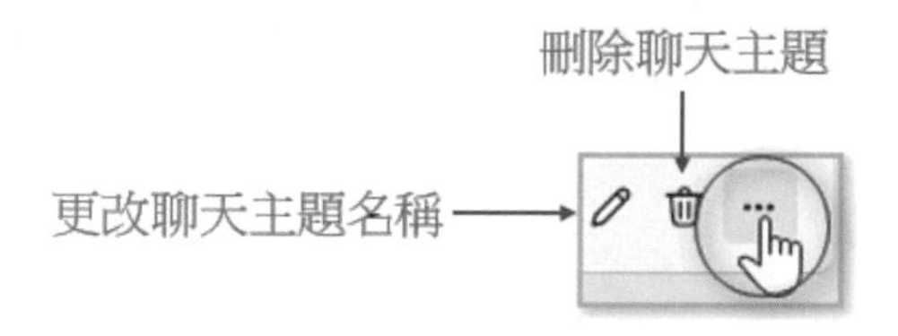

你可以按一下✎圖示，此時會出現聊天主題框，請參考下圖觀念更改框的內容，更改完成請按✓圖示。

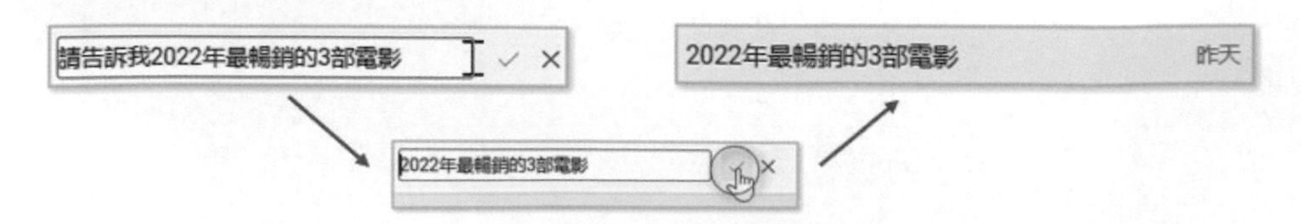

9-2-6 刪除聊天主題

請按一下 圖示，即可刪除聊天主題，例如下列是刪除「用海盜 … 」聊天主題的實例，當按一下 圖示，即可刪除此聊天主題。

9-2-7 切換聊天主題

滑鼠游標指向任一主題，按一下，即可切換主題，例如：下列是將滑鼠游標指向「請寫情書給南極大陸的企鵝」。

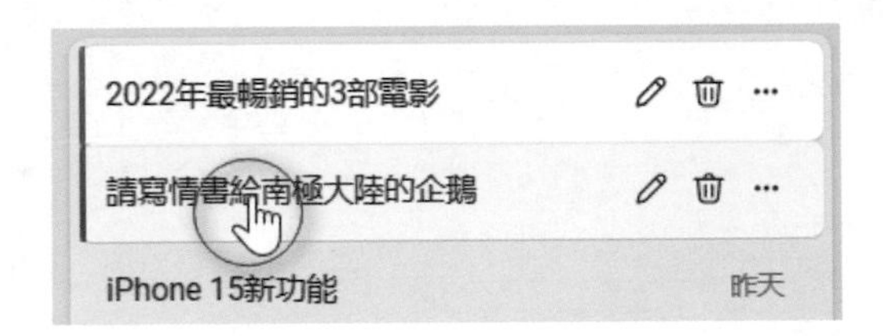

上述若是按一下，就可以切換至「請寫情書給南極大陸的企鵝」聊天主題。

9-2-8 分享聊天主題

這個功能可以將聊天主題的超連結分享，這個功能適合使用簡報人員將主題分享，其他人由超連結可以獲得聊天主題的內容，下列是點選時可以看到的畫面。

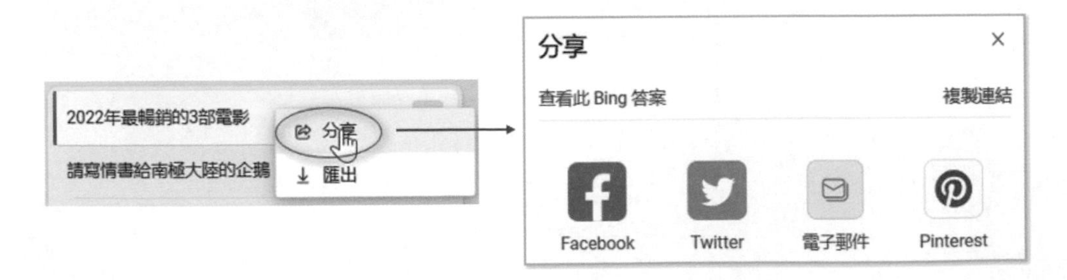

從上述知道，可以用複製連結、Facebook、Twitter、電子郵件和 Pinterest 分享。

9-2-9　匯出聊天主題

若是點選匯出，可以看到下列畫面。

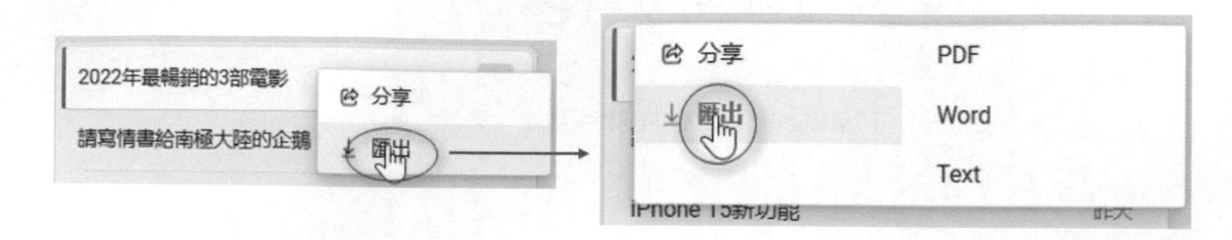

上圖若是點選 Word 或是 Text，可以選擇用該檔案類型匯出，例如：若是選擇 Word，可以看到下列畫面。

上述表示可以開啟檔案、在「下載」資料夾看到此檔案、刪除檔案。如果選擇 PDF，則是顯示 PDF 格式供列印，如下所示：

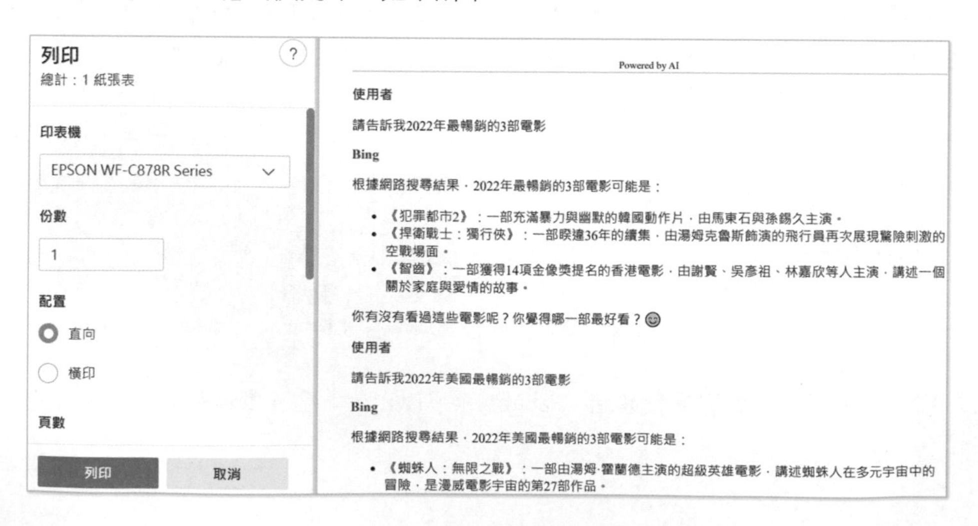

9-2-10 複製我們的問話

將滑鼠游標指向我們的問話，可以看到「複製」，點選可以複製我們的問話。

9-2-11 Bing AI 回應的處理

將滑鼠游標移到 Bing AI 的回應框，可以在右上方看到浮出功能圖示，每個圖示的功能如下：

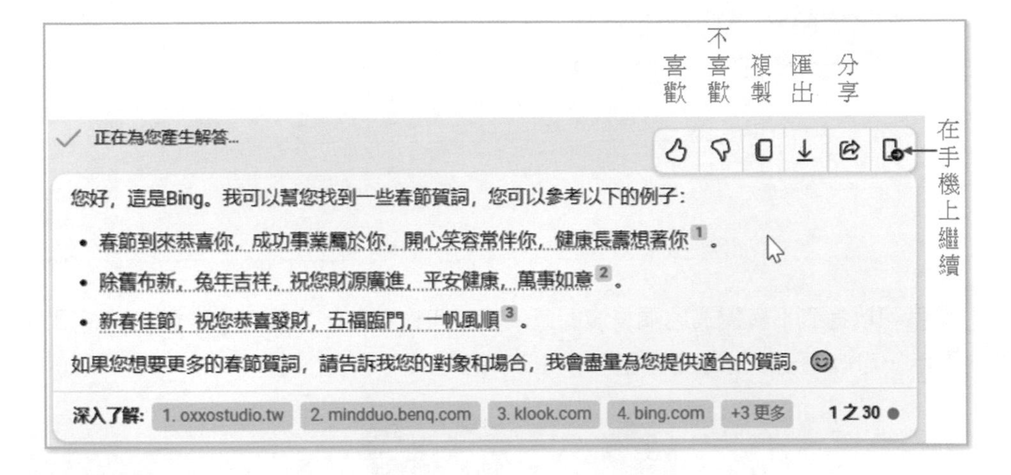

9-3 Bing AI 的交談模式 – 平衡 / 創意 / 精確

初次進入 Bing AI 環境後，可以看到 3 種交談模式，這一節將分成 3 小節說明 3 種交談模式的應用，同時講解切換方式。實務上我們可以一個主題的對話，用一種交談模式，當切換主題時，如果有需要就切換交談模式。

本節第 4 小節，則是實例解說 3 種模式對相同問題回答的比較。

9-3-1 平衡模式與切換交談模式

每當我們進入系統後，可以看到 Bing AI 首頁交談視窗，在這個視窗我們可以選擇交談模式，預設是平衡模式。假設輸入「請給我春節賀詞」：

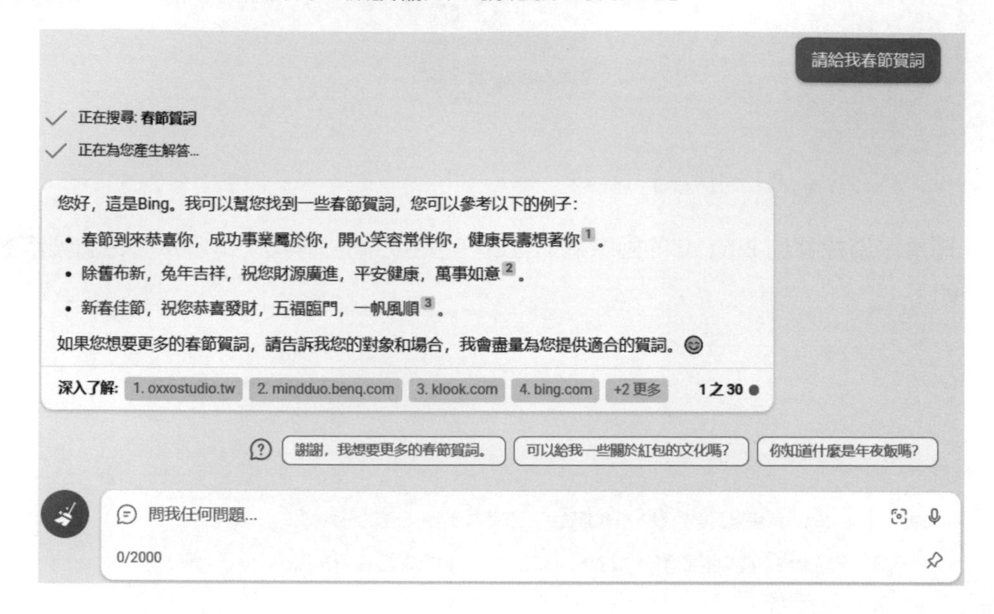

讀者可以看到平衡模式色調是淺藍色。這時可以在左下方看到圖示，將滑鼠移到此圖示，可以看到變為新主題圖示，如下所示：

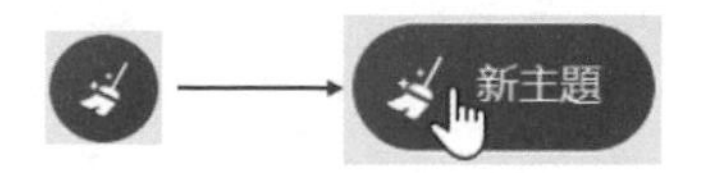

上述若是按一下新主題圖示，表示目前主題交談結束，可以進入新主題，如下所示：

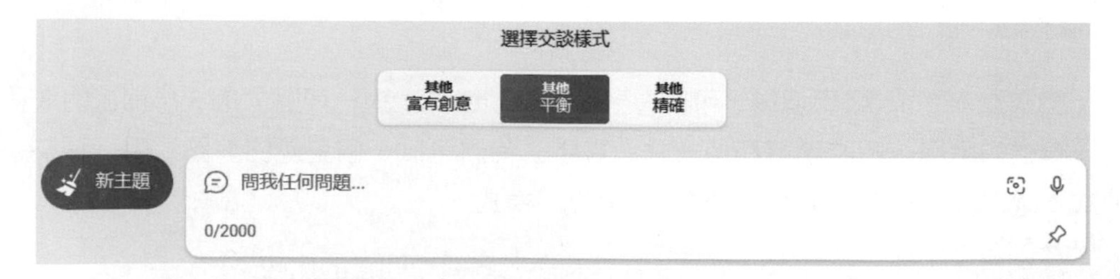

進入新主題後，我們同時也可以選擇新的交談模式。

9-3-2 創意模式

創意模式色調是淺紫色，下列是筆者輸入「現在月黑風高，請依此情景做一首七言絕句」。

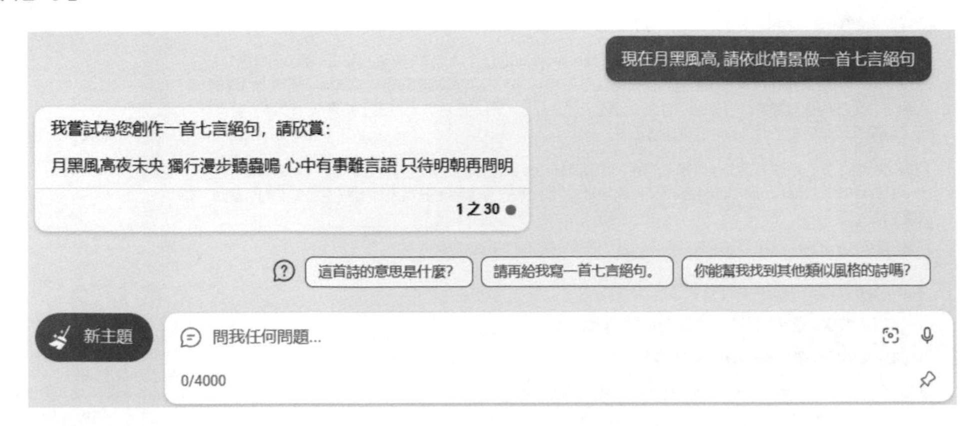

9-3-3 精確模式

精確模式色調是淺綠色，下列是筆者輸入「第一個登陸月球的人是誰」。

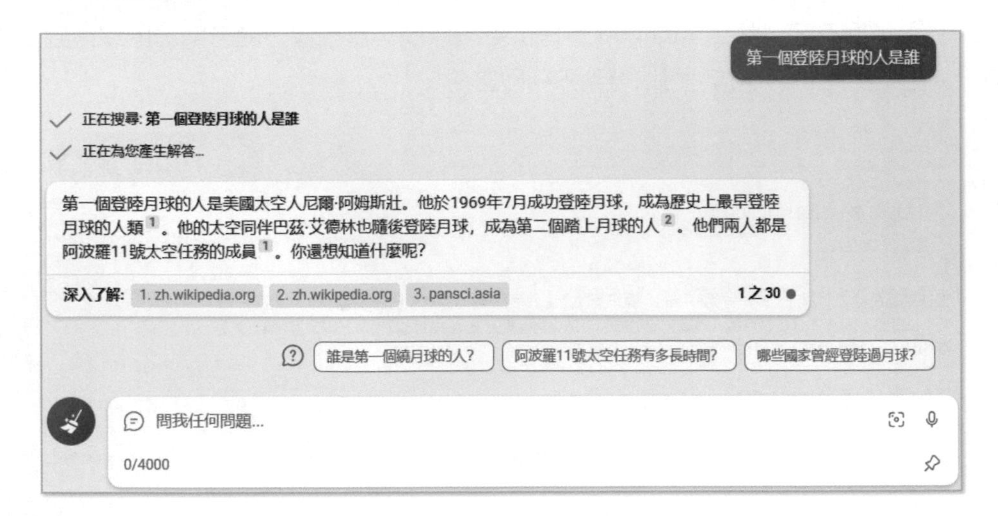

9-3-4 不同模式對相同問題回應的比較

前一小節可以得到對於「第一個登陸月球的人是誰」，回答的是準確，同時補充說明第二個登陸月球的人。若是使用創意模式，可以得到下列回答。

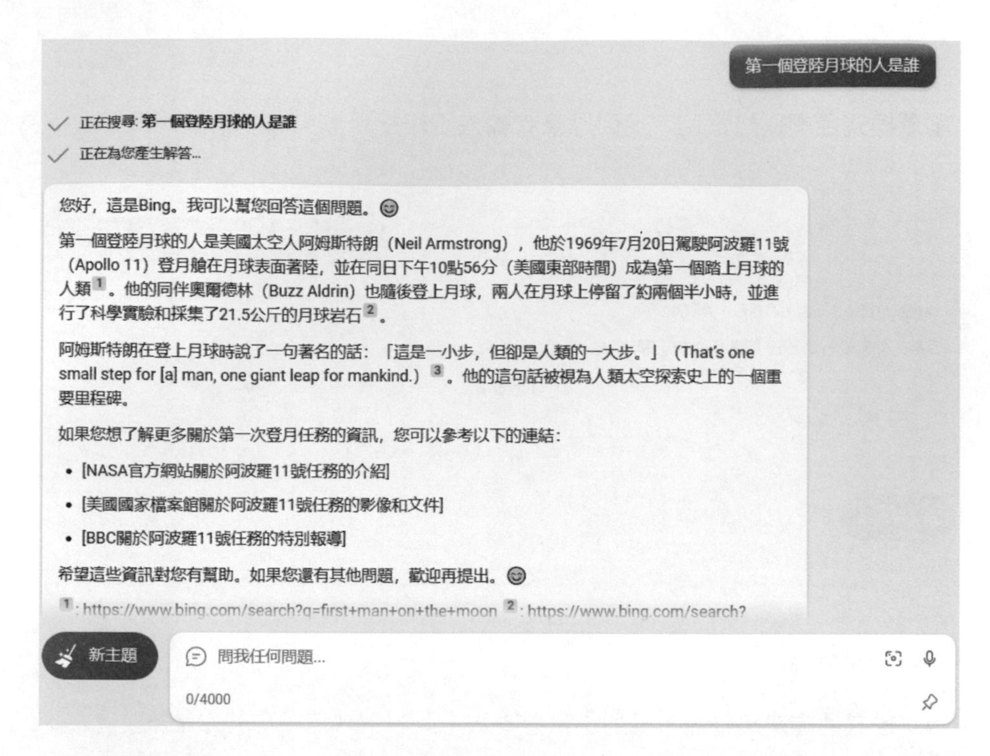

從上述回答可以看到，Bing AI 會提供更多原創、富想像力的答案，所以得到上述結果。若是使用平衡模式，可以得到下列回答。

從上述回答可以看到在平衡模式下，Bing AI 回答取兩者之間，多了「艾德林 19 分鐘後跟進」。

9-4 多模態輸入 - 文字 / 語音 / 圖片

ChatGPT 目前只有提供鍵盤文字輸入，Bing AI 的預設是鍵盤的文字輸入模式，此外，也有提供了多模態輸入觀念。

9-4-1 語音輸入

要執行語音輸入，首先要將喇叭打開，Bing AI 的輸入區可以看到🎙圖示，可以參考下圖右邊。

點選🎙圖示後可以看到下列畫面，Bing AI 表示「正在聽 …」。

然後讀者語音輸入「你可不可以做一首詩」，輸入完成後，Bing AI 的回應過程將如下：

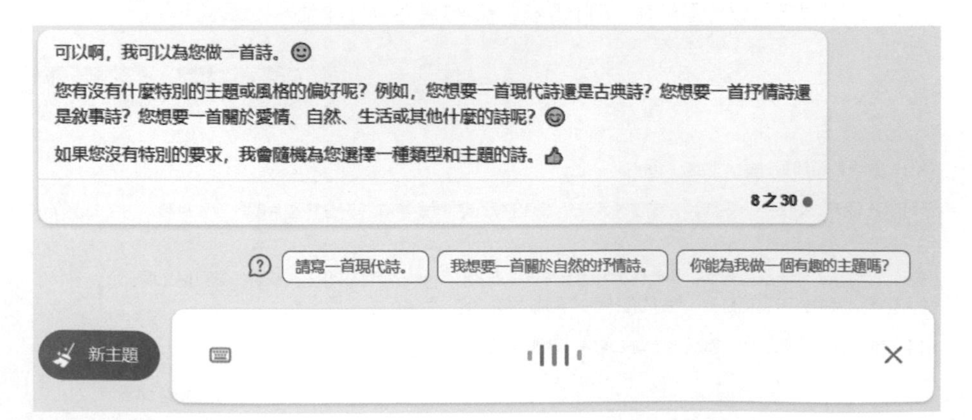

回應完成後，輸入框將變為下列畫面。

將滑鼠游標移到圖示，如下所示。

按一下，則又可以進入語音輸入模式。

9-4-2　鍵盤的文字輸入模式

輸入框左邊有圖示，如下所示：

點選此圖示可以回到鍵盤輸入模式。

9-4-3　圖片輸入

讓 Bing AI 告訴我們圖片輸入的功能，請參考下列對話。

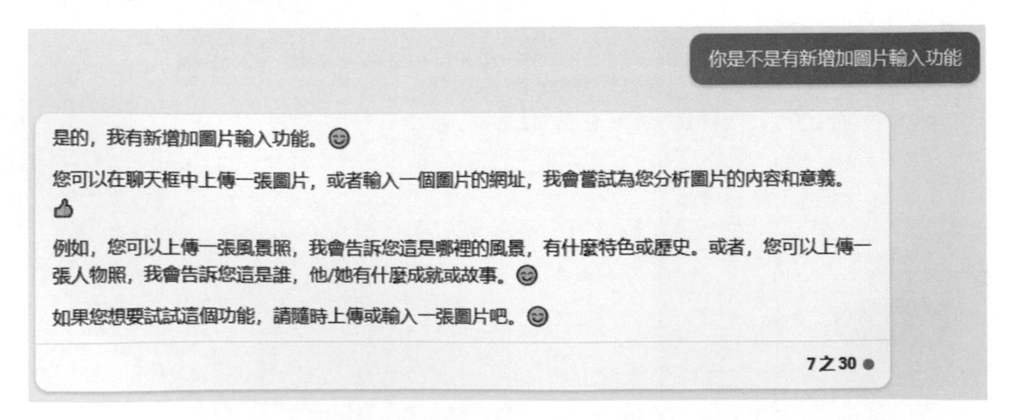

你是不是有新增加圖片輸入功能
是的，我有新增加圖片輸入功能。
您可以在聊天框中上傳一張圖片，或者輸入一個圖片的網址，我會嘗試為您分析圖片的內容和意義。
例如，您可以上傳一張風景照，我會告訴您這是哪裡的風景，有什麼特色或歷史。或者，您可以上傳一張人物照，我會告訴您這是誰，他/她有什麼成就或故事。
如果您想要試試這個功能，請隨時上傳或輸入一張圖片吧。
7之30

在輸入框右邊有 圖示，此圖示稱新增影像圖示，可以參考下圖右邊。

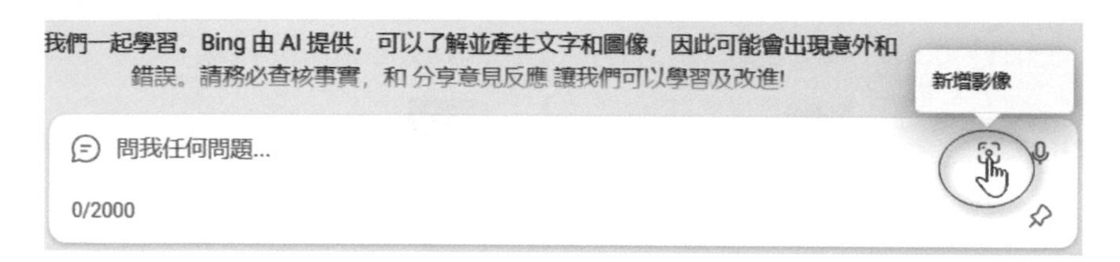

下列是筆者上傳圖片分析的實例，請點選 圖示，然後點選從此裝置上傳，可以看到下列畫面。

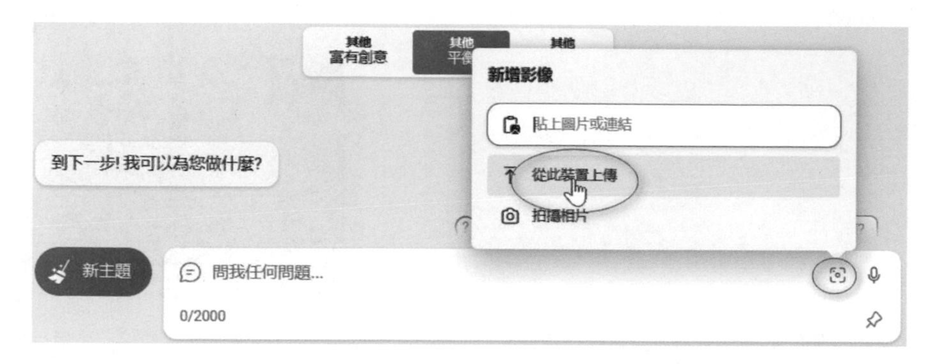

然後可以看到開啟對話方塊，請點選 ch9 資料夾的「煙火 .jpg」，如下所示：

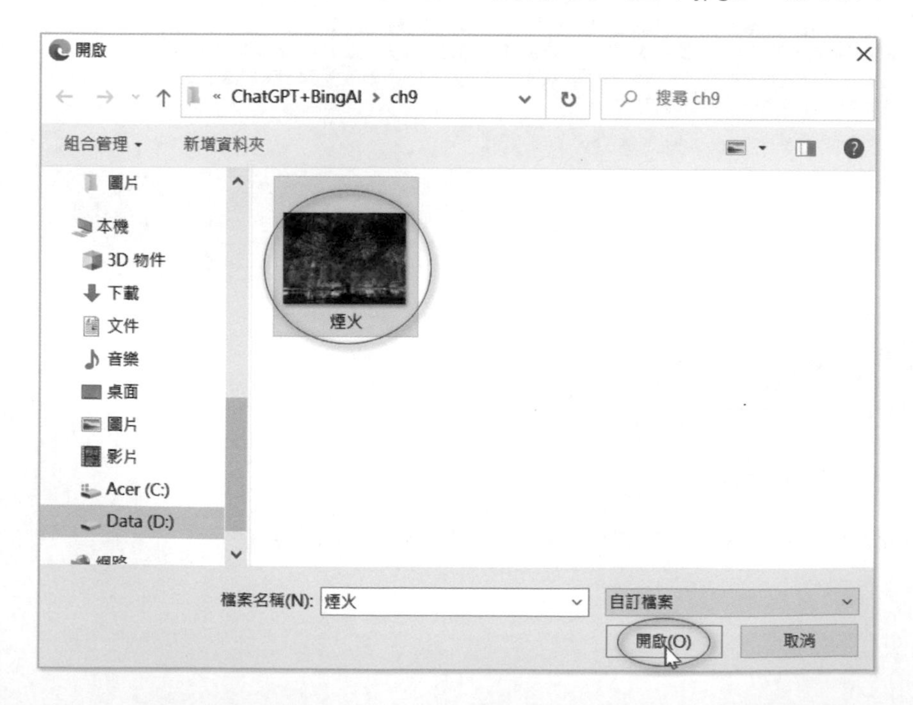

請按開啟鈕，可以將此圖片上傳到輸入框。

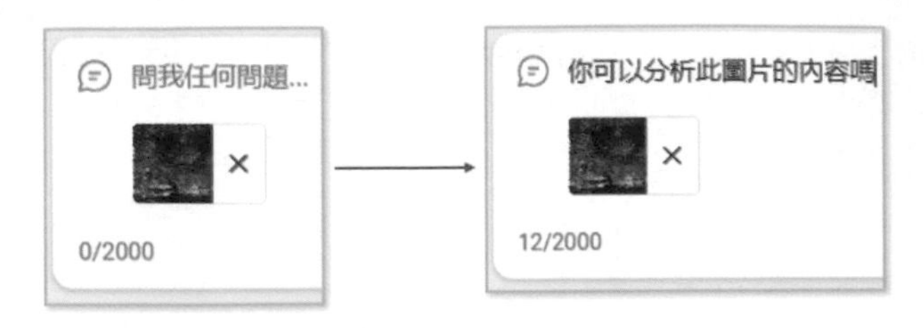

上方右圖是筆者輸入「你可以分析此圖片的內容嗎」，輸入後可以得到下列結果。

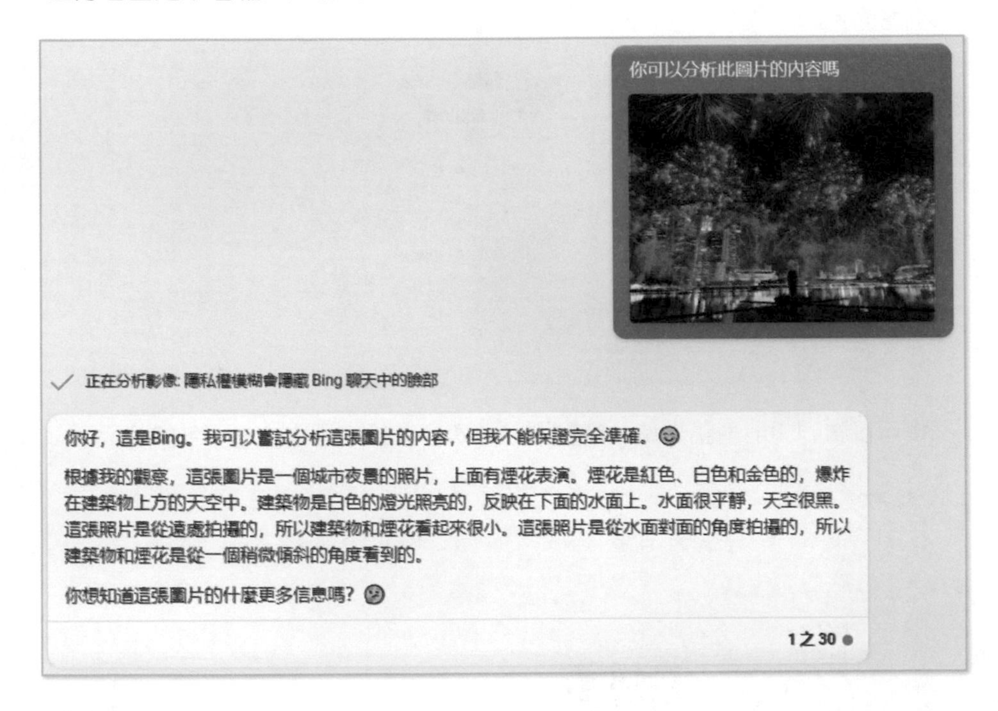

這是完全正確的答案。

9-5 Bing AI 聊天的特色

9-5-1 參考連結

Bing AI 的聊天資料，如果是參考特定網站，會有參考連結。

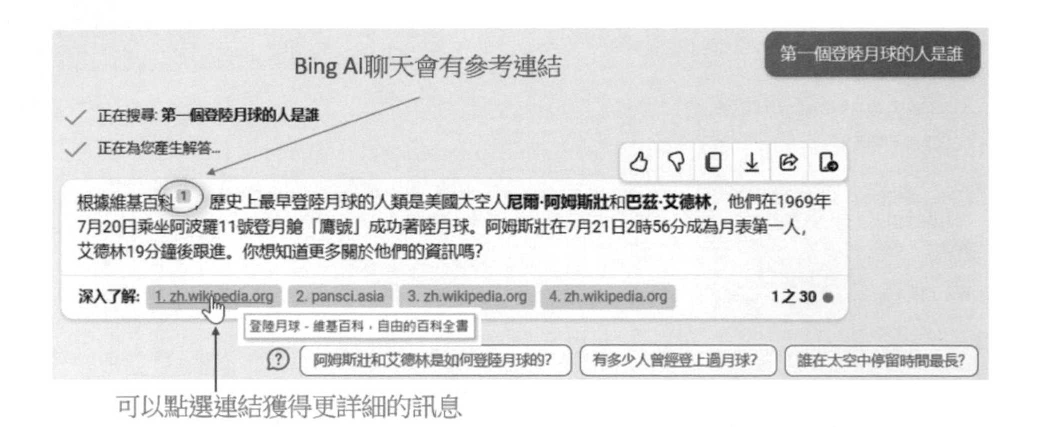

9-5-2 更進一步引導的話題

Bing AI 除了回答對話，也會更進一步引導有意義的話題，下面是 2 個實例。

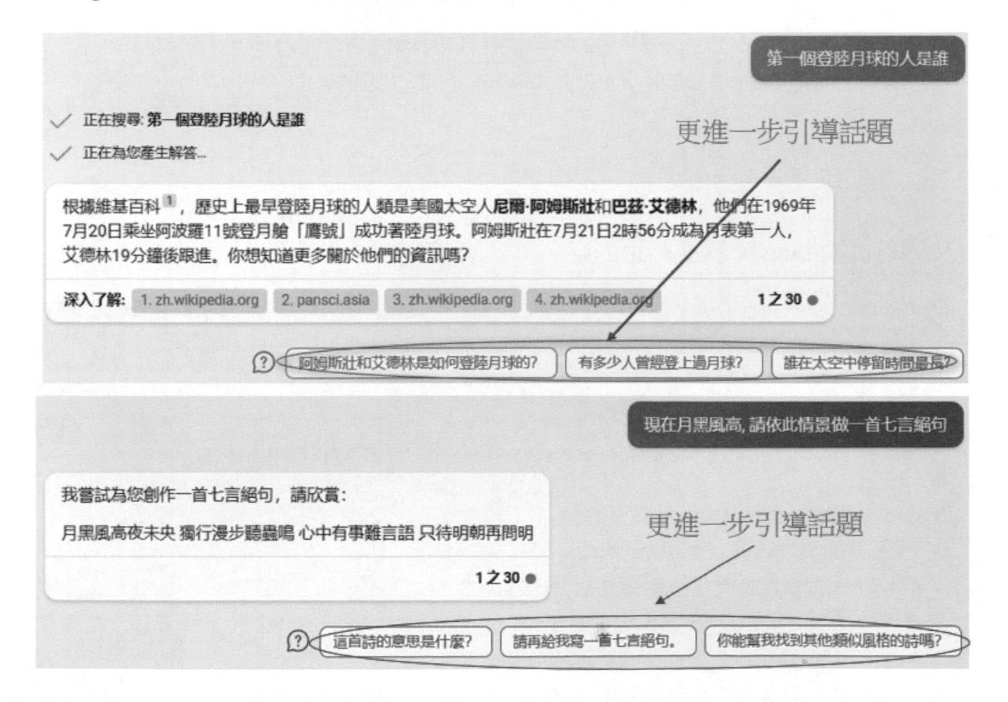

9-5-3 回答不受時間限制

ChatGPT 回答會有 2021 年 9 月的時間限制，Bing AI 則沒有限制，因為 Bing 可以到網路查詢。

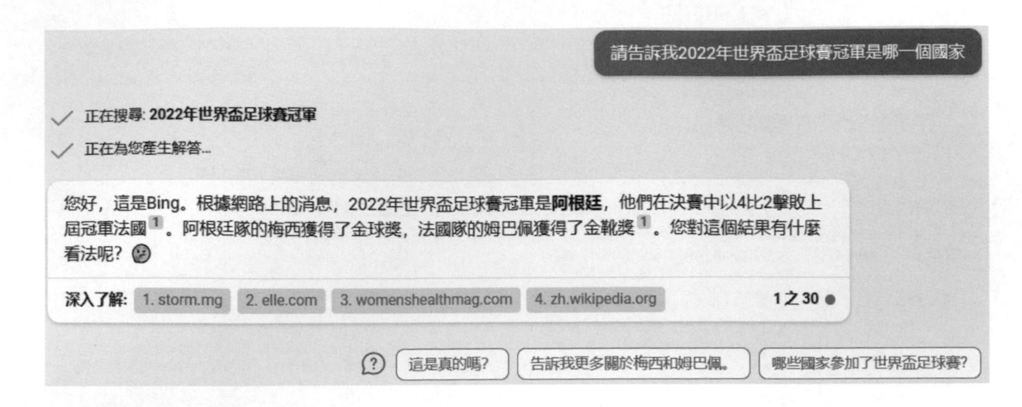

以下是 ChatGPT 的回答。

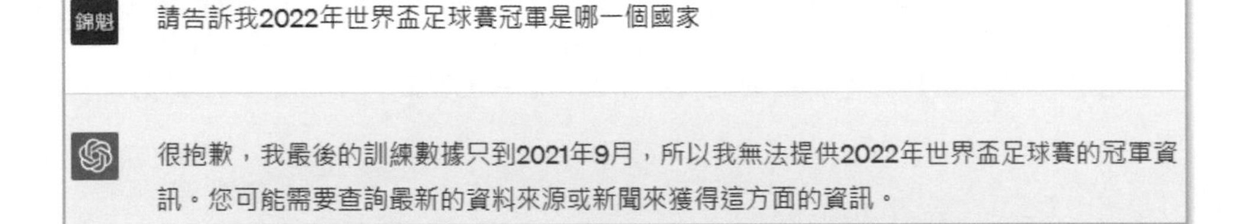

9-5-4　摘要網址內容

我們可以請 Bing AI 摘要網址內容。

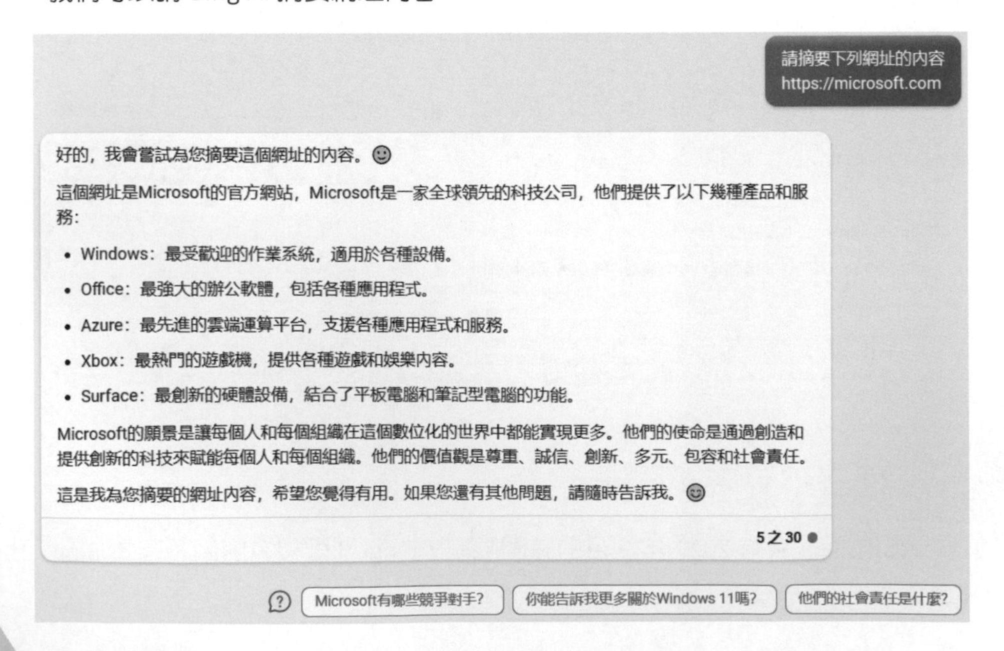

以下是 ChatGPT 的回答。

9-5-5 摘要與翻譯網址內容

我們可以讓 Bing AI 在摘要網址內容時，同時翻譯內容，下列是取材自 USA Today 網址內容。

下列是摘要與翻譯內容的結果。

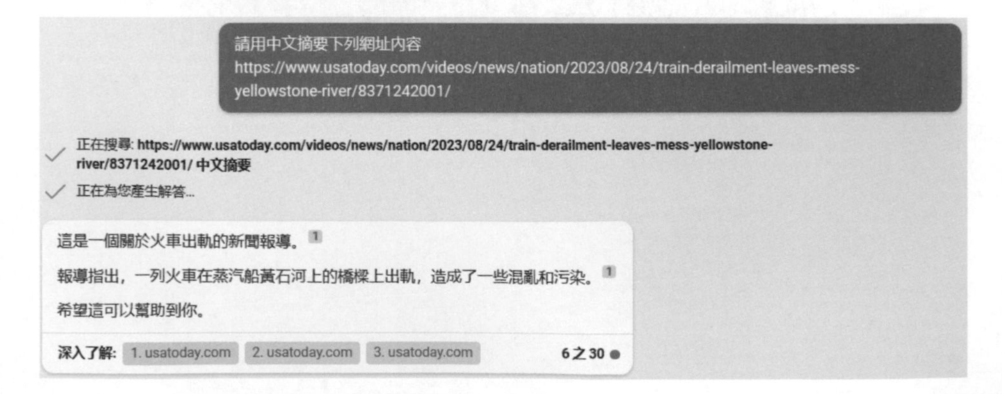

9-6 超越 ChatGPT - 圖片搜尋

與 Bing AI 聊天也有搜尋功能，有時候執行搜尋時，Bing AI 會自動啟動 Bing Image Creator 自行生成圖片。

9-6-1 圖片搜尋

與 Bing AI 聊天的時候，也可以讓 Bing AI 搜尋圖片，下列是輸入「請搜尋明志科技大學圖片」的執行結果。

下列是輸入「請搜尋帝王企鵝圖片」的執行結果。

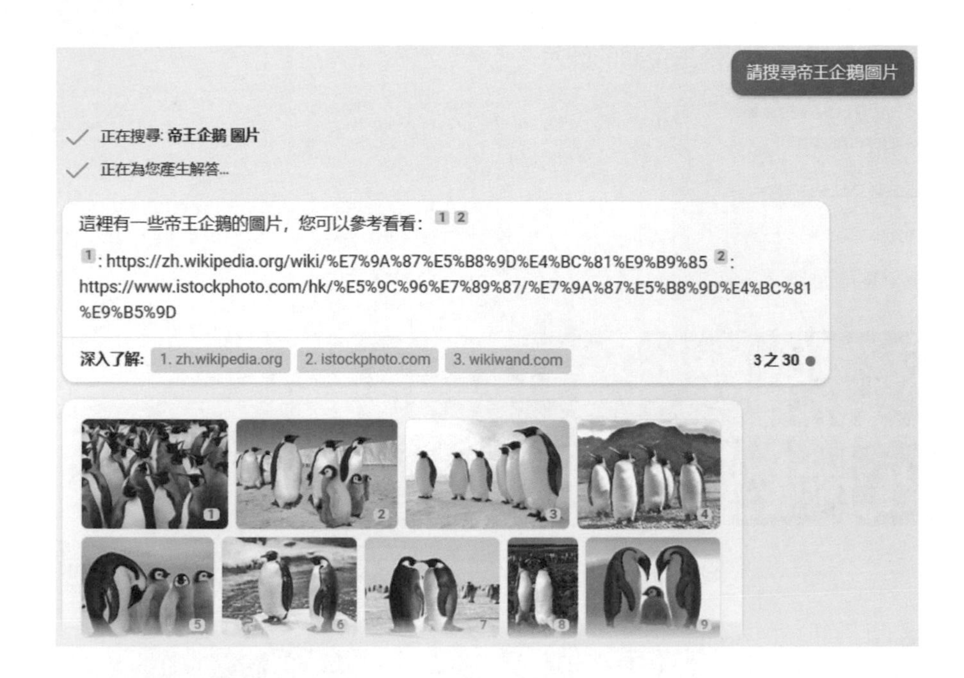

9-6-2 圖片搜尋與生成

有時候搜尋圖片時，你描述的語氣模糊，Bing AI 可能會自動啟動 Bing Image Creator 自動建立圖像，然後再做搜尋。例如：下列是輸入「請給我帝王企鵝的圖片」，這就是語意沒有太清楚，這時會先生成圖像，先看到下列畫面。

註 更完整的 Bing AI 繪圖，將在 9-8 節說明。

往下捲動可以看到帝王企鵝的照片。

9-7 Bing AI 加值 - 側邊欄 / 探索窗格

9-2-1 節筆者有說使用 Edge 瀏覽器時，我們可以按瀏覽器右上方的 圖示，顯示或隱藏側邊欄，這個側邊欄又稱「探索窗格」，下列是產生「探索窗格」的畫面。

請參考上圖，現在有 2 個 Bing AI 畫面。一般我們可以用左邊畫面顯示要瀏覽的網頁內容，右邊則是顯示探索窗格。

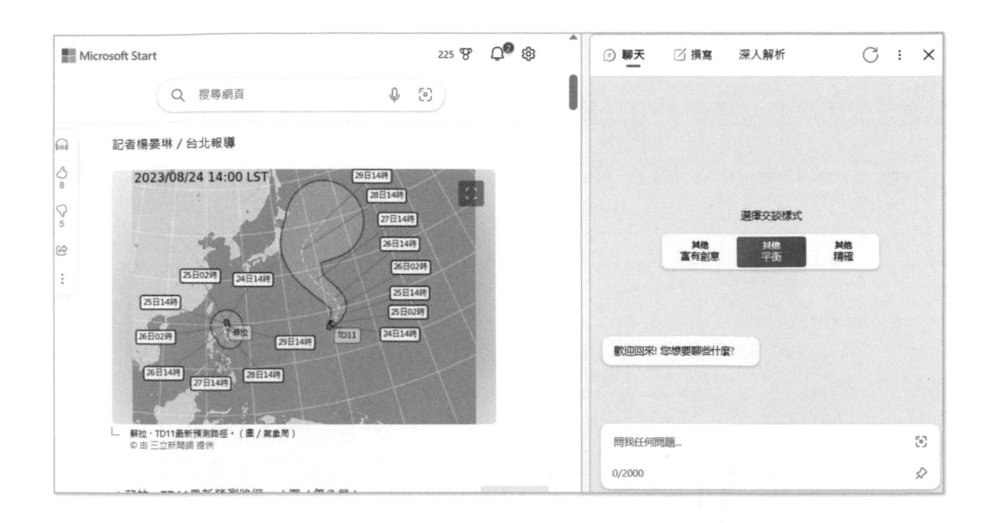

9-7-1 探索窗格功能

探索窗格主要有 3 個功能，可以參考下圖：

聊天：這是 Bing AI 的聊天功能，也可以摘要左邊瀏覽的新聞，如下：

撰寫：可以要求 Bing AI 依特定格式撰寫文章，可以參考 9-7-3 節。

深入分析：可以分析瀏覽器左側的網頁內容，可以參考 9-7-2 節。

9-7-2 深入分析

點選「深入分析」標籤，可以看到 Bing AI 分析左側新聞的畫面。

9-7-3 撰寫

點選「撰寫」標籤，可以看到下列畫面。

上圖各欄位說明如下：

- 題材：這是我們輸入撰寫的題材框。
- 語氣：可以要求 Bing AI 回應的語氣，預設是「很專業」。
- 格式：可以設定回應文章的格式，預設是「段落」。
- 長度：可以設定回應文章的長度，預設是「中」。
- 產生草稿：可以生成文章內容。
- 預覽：未來回應文章內容區。

筆者輸入「請說服我帶員工去布拉格旅遊」，按產生草稿鈕，可以得到下列結果。

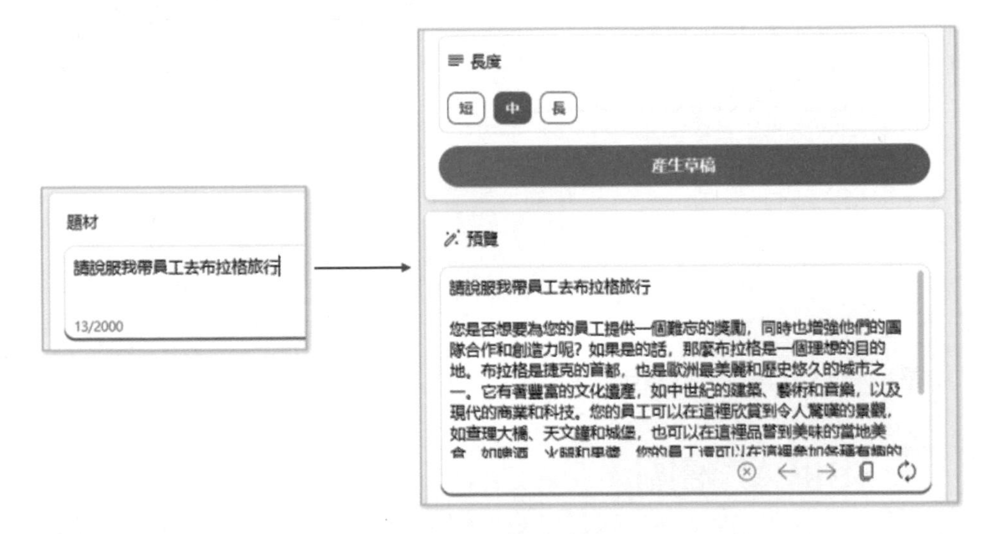

下列是筆者選擇格式「部落格文章」和長度「短」，再按產生草稿鈕，得到不一樣的文章內容結果，下方有新增至網站，如果左側有開啟 Word 網頁版，可以按下方「新增至網站」鈕，將產生的文章貼到左邊的 Word。

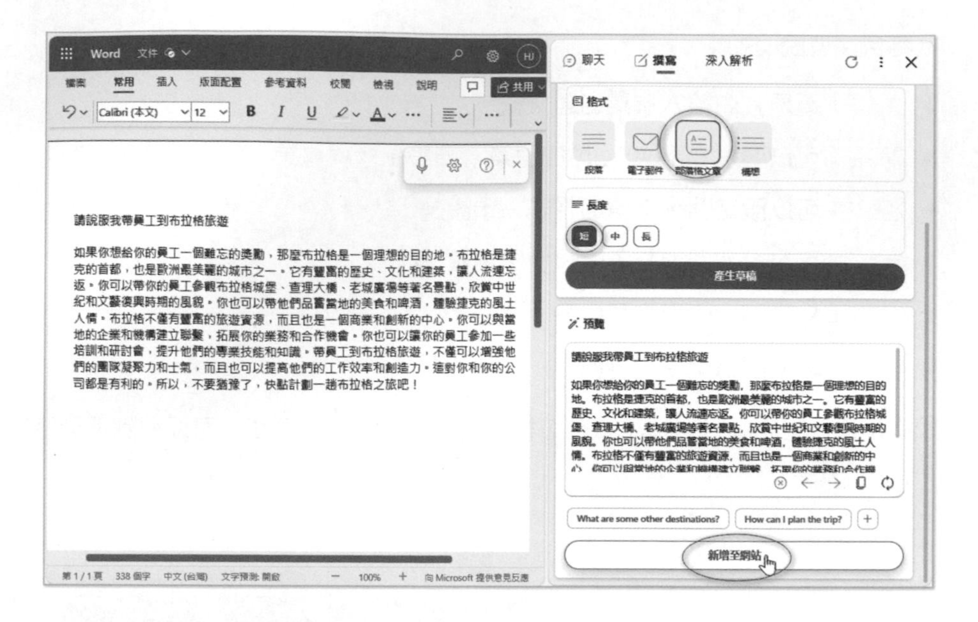

探索窗格上方有 ↻ 圖示。

這是稱 Reload 圖示，點選可以清除內容，重新撰寫內容。

9-8 Bing AI 繪圖

Bing AI 的繪圖工具全名是「Bing Image Creator」(影像建立者)，這個工具基本上是應用 OpenAI 公司的 DALL-E 的技術。Bing AI 繪圖工具，最大的特色是可以使用英文或是中文繪圖，每次可以產生 4 張 1024x1024 的圖片。Bing AI 繪圖可以在下列 2 個環境作畫：

1： Bing AI 聊天區，讀者可以參考 9-6-2 節。

2： 進入 Bing Image Creator。

9-8-1 進入 Bing Image Creator

讀者可以使用下列網址進入 Bing Image Creator 環境。

https://www.bing.com/create

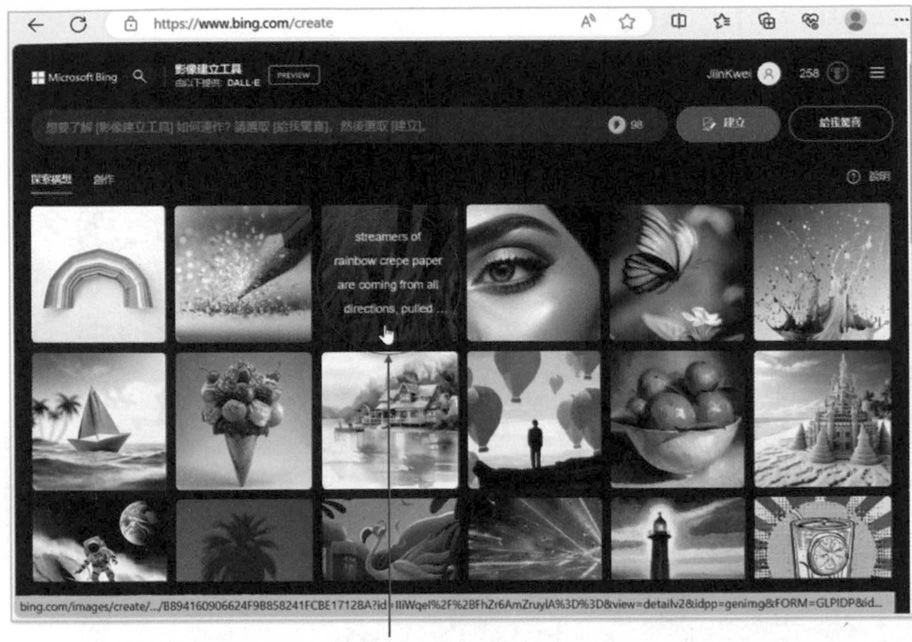

滑鼠游標指向圖片,可以得到生成此圖片的文字

進入 Bing AI 視窗環境後，滑鼠游標指向展示的作品，可以看到此圖片產生的文字。

9-8-2 作品欣賞

展示區好的作品可以點選，然後看到完整的生成文字，未來可以分享、儲存、下載等。

9-8-3　Bing AI 繪圖實戰

下列是輸入「海邊加油站的紅色跑車」，按建立鈕，可以得到下列 4 張圖片的結果。

我們也可以繪製不同風格的圖像，下列是輸入「請用鉛筆繪畫，海邊加油站的紅色跑車」。

9-8-4 放大圖片與下載儲存

如果喜歡特定圖片，可以點選，放大該圖，筆者點選上述 4 張圖中，位於左下方的圖，可以得到下列結果。

9-8-5 其它創作實例

梵谷風格,
海邊加油站的紅色跑車

Aurora當作背景的夜晚, 從
山頂看Schwaz城市全景

Hayao Miyazaki風格, 男孩揹書包，拿著一本書, 準備上火車

14歲男生, 明亮的眼眸, 宮崎駿風格,《神隱少女》動畫電影, 森林中散步

9-9 Bing App – 手機也能用 Bing AI

9-9-1 Bing App 下載與安裝

Bing AI 目前也有 App，讀者可以搜尋，如下方左圖：

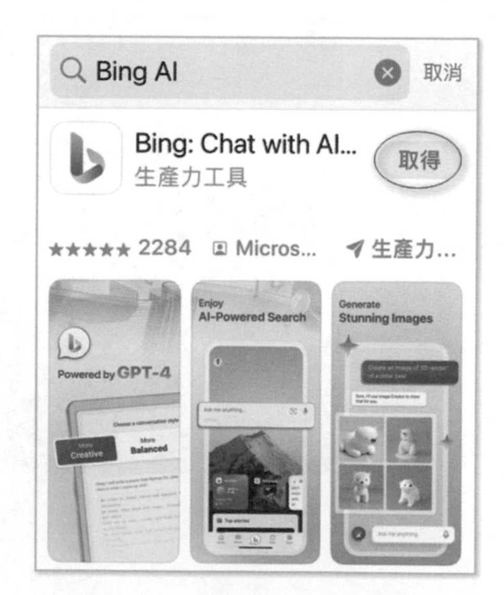

安裝後，可以看到 Bing 圖示，可以參考上方右圖。

9-9-2 登入 Microsoft 帳號

啟動後可以直接使用，或是登入帳號再使用，先前不登入帳號會有發話限制，但是系統不斷更新中，目前也沒有限制，如果不想登入帳號可以直接跳到下一小節內容。

如果進入 Bing App 後，要登入帳號，請點選登入超連結，然後輸入帳號、密碼，如下所示：

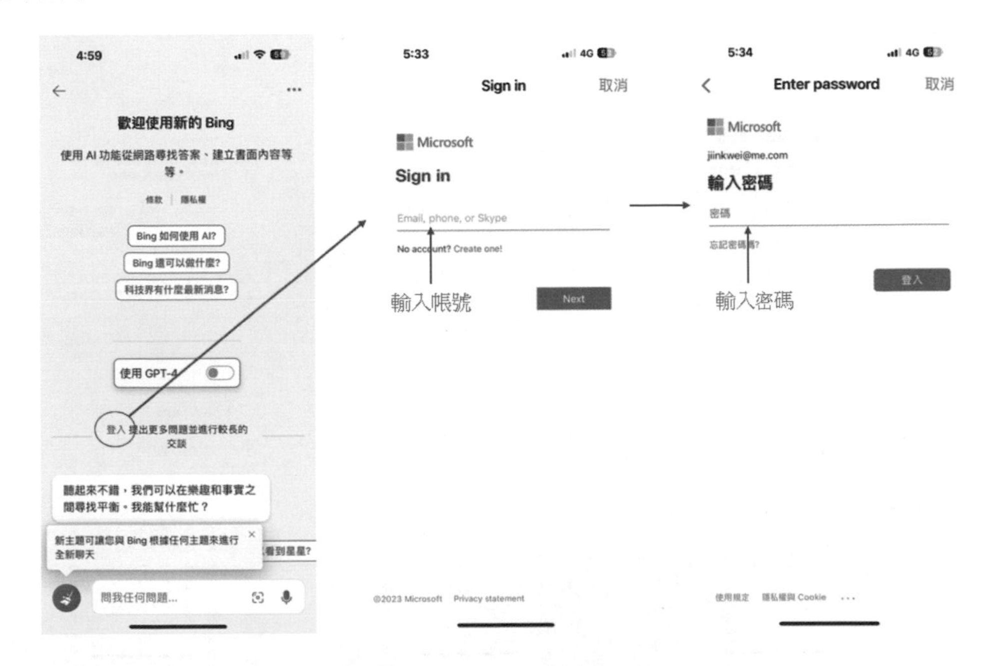

登入成功後，將看到下列畫面。

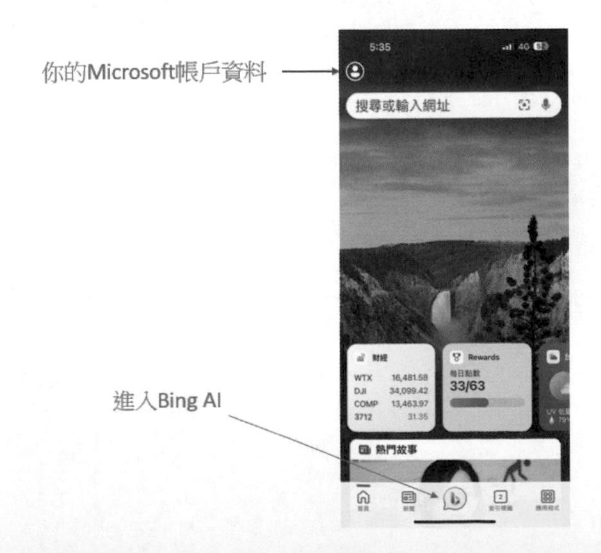

其實 Bing App 已經不純是聊天的 App，Bing AI 只是其中一環，你也可以看到即時新聞，讀者可以點選 圖示進入 Bing AI。

9-9-3　手機的 Bing AI 對話

進入 Bing AI 聊天環境後，可以選擇是否使用 GPT-4，若是不使用，可以用注音或語音輸入問題 (可以參考下方中間圖)，Bing AI 可以回應你的問題 (可以參考下方右圖)。

9-9-4　Bing App 切換到 GPT-4 對話模式

我們也可以切換到 GPT-4 對話模式，可以參考下圖。

上述環境與 ChatGPT App 最大差異在於，我們可以使用注音輸入。

第 10 章

從提升 Excel 效率到數據分析

Excel 是辦公室最常用的軟體，有時候我們忘記如何操作、如何使用函數，這時可以將 ChatGPT 當作工作助理，將情況描述，讓 ChatGPT 告訴你執行方式或步驟。

10-1 詢問 Excel 基本操作

筆者詢問「我想將 B2 儲存格的內容可以在 B2:G2 間置中對齊，同時前景顏色設為藍色，背景顏色設為淺黃色，應該如何操作」，可以得到下列 ChatGPT 的回答。

錦魁　我想將B2儲存格的內容可以在B2:G2間置中對齊，同時前景顏色設為藍色，背景顏色設為淺黃色，應該如何操作

要將B2儲存格的內容在B2至G2間置中對齊，並設定前景和背景顏色，您可以按照以下步驟操作：

1. **合併儲存格並置中:**
   - 選擇B2至G2的儲存格。
   - 在Excel的工具列上找到"合併和置中"的按鈕（或在"首頁"選項卡中的"對齊"分組中找到）。
   - 點擊"合併和置中"。此時B2至G2儲存格將會合併成一個儲存格，並且內容會置中。
2. **設定前景顏色:**
   - 確保合併後的儲存格 (B2) 仍然被選中。
   - 在"首頁"選項卡中，尋找"字型"分組。
   - 點擊字型顏色的下拉箭頭（通常是一個字母A的圖標）。
   - 從顏色選擇器中選擇藍色。
3. **設定背景顏色:**
   - 確保合併後的儲存格 (B2) 仍然被選中。
   - 在"首頁"選項卡中，尋找"填滿色"的工具（它看起來像一個油漆桶）。
   - 點擊其下拉箭頭。
   - 從顏色選擇器中選擇淺黃色。

完成上述步驟後，B2至G2的內容將會置中對齊，前景顏色為藍色，並且背景顏色為淺黃色。

從上述答案，筆者確定 ChatGPT 可以勝任辦公室助手，協助我們處理 Excel 基礎操作事宜。

10-2 詢問函數庫使用方法

函數有幾百個，坦白說即便是每天使用 Excel 辦公室的人，也很難常常記住應該如何使用，下列筆者詢問 DMAX( ) 函數的用法，得到下列結果。

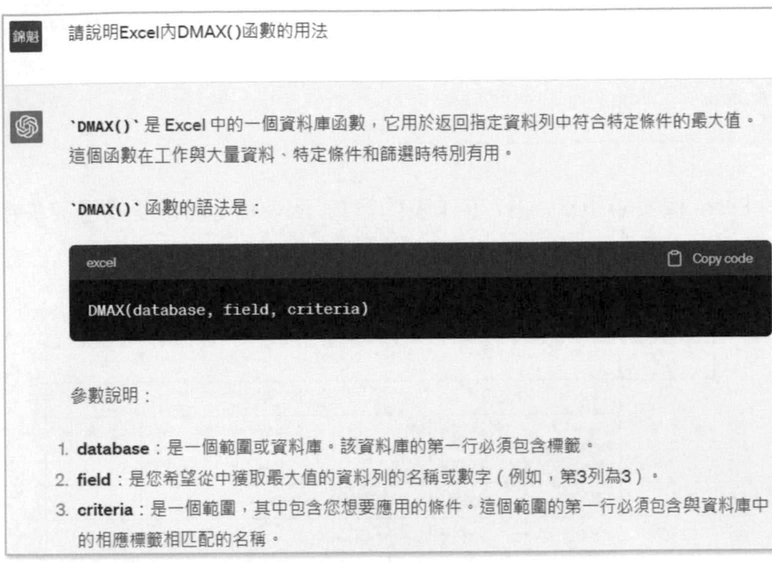

錦魁 請說明Excel內DMAX()函數的用法

`DMAX()` 是 Excel 中的一個資料庫函數，它用於返回指定資料列中符合特定條件的最大值。這個函數在工作與大量資料、特定條件和篩選時特別有用。

`DMAX()` 函數的語法是：

```excel
DMAX(database, field, criteria)
```

參數說明：

1. **database**：是一個範圍或資料庫。該資料庫的第一行必須包含標籤。
2. **field**：是您希望從中獲取最大值的資料列的名稱或數字（例如，第3列為3）。
3. **criteria**：是一個範圍，其中包含您想要應用的條件。這個範圍的第一行必須包含與資料庫中的相應標籤相匹配的名稱。

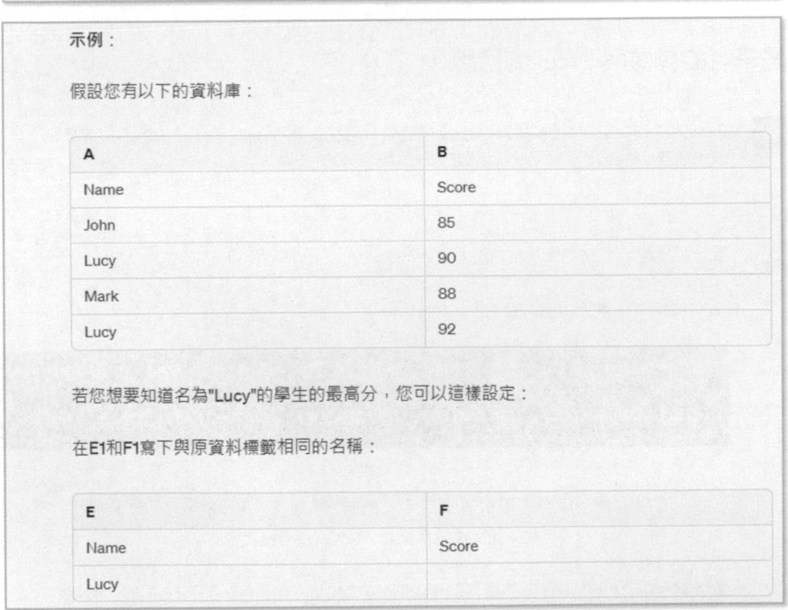

示例：

假設您有以下的資料庫：

A	B
Name	Score
John	85
Lucy	90
Mark	88
Lucy	92

若您想要知道名為"Lucy"的學生的最高分，您可以這樣設定：

在E1和F1寫下與原資料標籤相同的名稱：

E	F
Name	Score
Lucy	

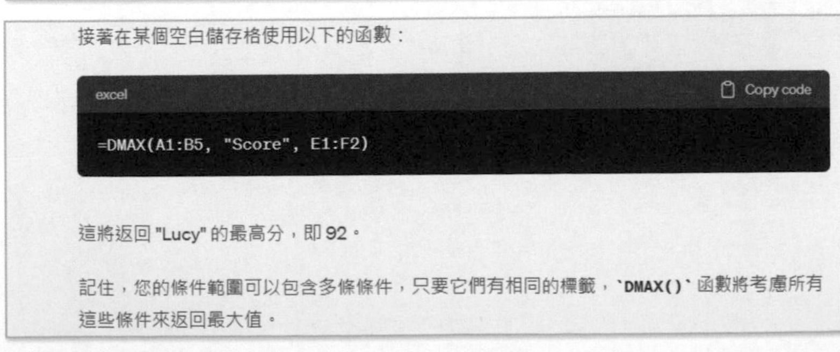

接著在某個空白儲存格使用以下的函數：

```excel
=DMAX(A1:B5, "Score", E1:F2)
```

這將返回 "Lucy" 的最高分，即 92。

記住，您的條件範圍可以包含多條條件，只要它們有相同的標籤，`DMAX()` 函數將考慮所有這些條件來返回最大值。

從上述實例，我們可以確認 ChatGPT 的確可以當作我們 Excel 函數庫的活字典。

10-3 搜尋缺失值

有一個 Excel 檔案 ch10_1.xlsx 工作表內容如下，假設我想要找尋缺失值，如果找到則在該列填上 Yes，否則填上 No。

	A	B	C	D	E	F	G
1							
2		深智業務業績表					
3		姓名	第一季	第二季	第三季	第四季	缺失值
4		許家禎	88000		88560	58000	
5		黃清元	98010	77000	88900	90000	
6		葉家家	78000	56000		48000	

下列是筆者的詢問與 Excel 的回應。

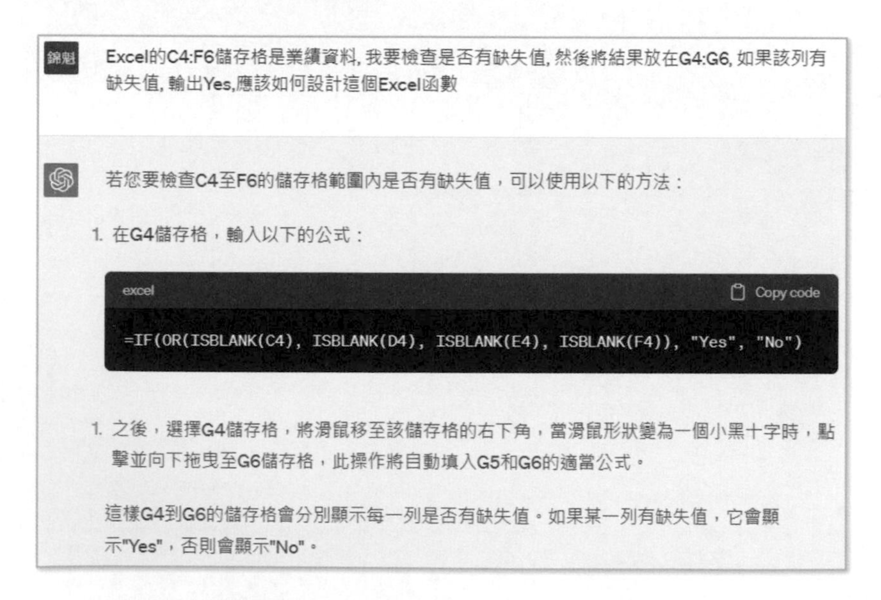

錦魁
Excel的C4:F6儲存格是業績資料, 我要檢查是否有缺失值, 然後將結果放在G4:G6, 如果該列有缺失值, 輸出Yes,應該如何設計這個Excel函數
若您要檢查C4至F6的儲存格範圍內是否有缺失值，可以使用以下的方法：
1. 在G4儲存格，輸入以下的公式：
excel
Copy code
=IF(OR(ISBLANK(C4), ISBLANK(D4), ISBLANK(E4), ISBLANK(F4)), "Yes", "No")
1. 之後，選擇G4儲存格，將滑鼠移至該儲存格的右下角，當滑鼠形狀變為一個小黑十字時，點擊並向下拖曳至G6儲存格，此操作將自動填入G5和G6的適當公式。
這樣G4到G6的儲存格會分別顯示每一列是否有缺失值。如果某一列有缺失值，它會顯示"Yes"，否則會顯示"No"。

筆者複製上述公式，貼到 G4 儲存格，然後複製此公式到 G5:G6，可以得到下列結果 (ch10_1out.xlsx)。

G4 =IF(OR(ISBLANK(C4), ISBLANK(D4), ISBLANK(E4), ISBLANK(F4)), "Yes", "No")

	A	B	C	D	E	F	G	H	I	J	K	L
1												
2		深智業務業績表										
3		姓名	第一季	第二季	第三季	第四季	缺失值					
4		許家禎	88000		88560	58000	Yes					
5		黃清元	98010	77000	88900	90000	No					
6		葉家家	78000	56000		48000	Yes					

10-4 業績加總

有一個 Excel 檔案 ch10_2.xlsx 工作表內容如下，假設我要計算業績加總，然後將結果存入 G4:G6。

	A	B	C	D	E	F	G
1							
2		深智業務業績表					
3		姓名	第一季	第二季	第三季	第四季	總計
4		許家禎	88000	68000	88560	58000	
5		黃清元	98010	77000	88900	90000	
6		葉家家	78000	56000	75400	48000	

下列是筆者的詢問與 ChatGPT 的回答。

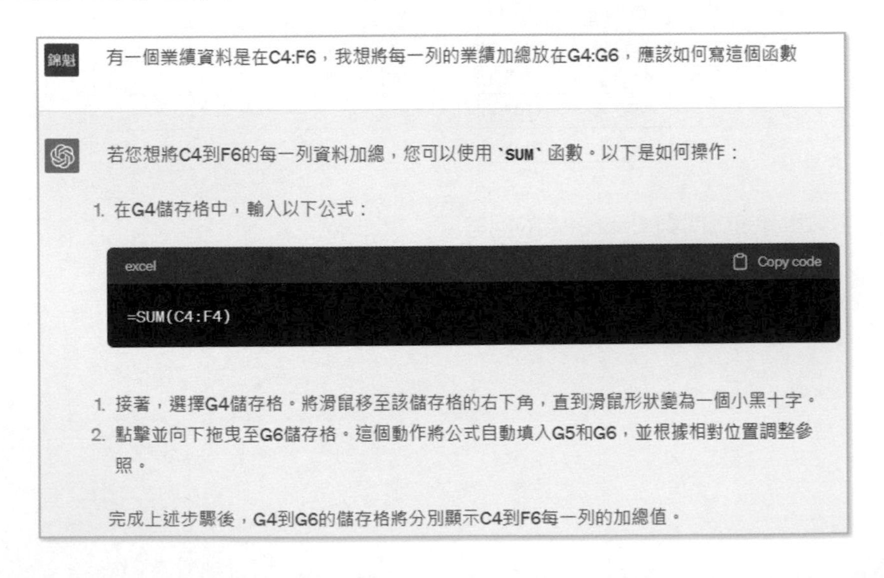

錦魁 有一個業績資料是在C4:F6，我想將每一列的業績加總放在G4:G6，應該如何寫這個函數

若您想將C4到F6的每一列資料加總，您可以使用 `SUM` 函數。以下是如何操作：

1. 在G4儲存格中，輸入以下公式：

excel Copy code

```
=SUM(C4:F4)
```

1. 接著，選擇G4儲存格。將滑鼠移至該儲存格的右下角，直到滑鼠形狀變為一個小黑十字。
2. 點擊並向下拖曳至G6儲存格。這個動作將公式自動填入G5和G6，並根據相對位置調整參照。

完成上述步驟後，G4到G6的儲存格將分別顯示C4到F6每一列的加總值。

筆者複製上述公式，貼到 G4 儲存格，然後複製此公式到 G5:G6，可以得到下列結果 (ch10_2out.xlsx)。

G4　=SUM(C4:F4)

	A	B	C	D	E	F	G
1							
2		深智業務業績表					
3		姓名	第一季	第二季	第三季	第四季	總計
4		許家禎	88000	68000	88560	58000	302560
5		黃清元	98010	77000	88900	90000	353910
6		葉家家	78000	56000	75400	48000	257400

10-5 業績排名

有一個 Excel 檔案 ch10_3.xlsx 工作表內容如下，假設我要計算業績排名，然後將結果存入 F4:F6，同時將名次的姓名填入 G4:G6。

	A	B	C	D	E	F	G
1							
2		深智業績表			前3名		
3		姓名	業績		名次	業績	姓名
4		王德勝	89200		1		
5		陳新興	91000		2		
6		許嘉容	88300		3		
7		李家家	79200				
8		王浩	99800				

下列是筆者的詢問與 ChatGPT 的回答。

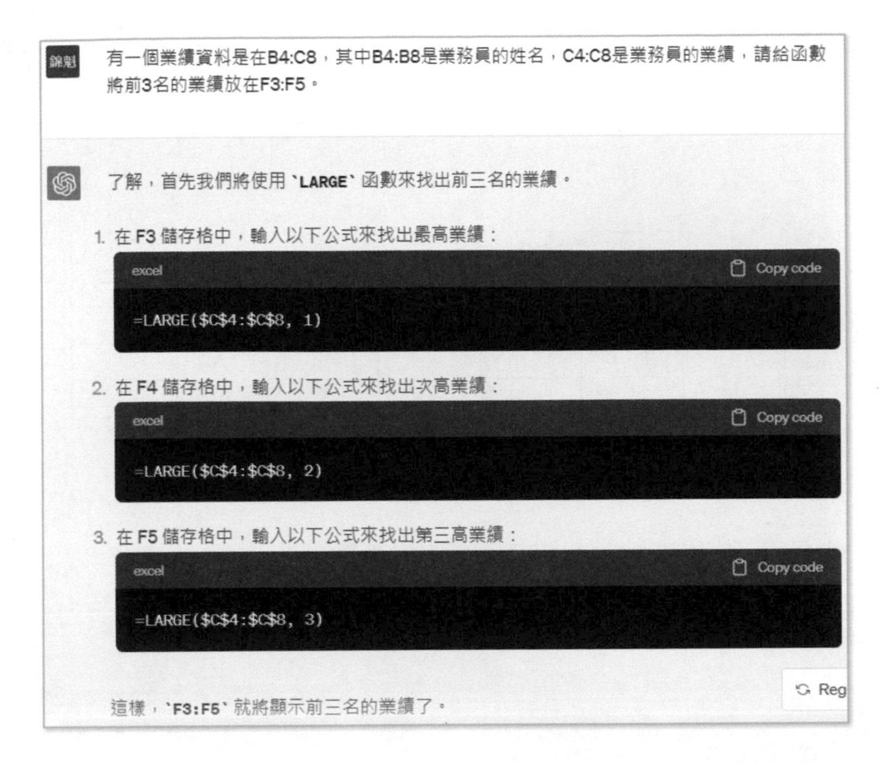

從上述看雖然可以完成此工作，但這不是一個好的設計，因此筆者要求重新設計。

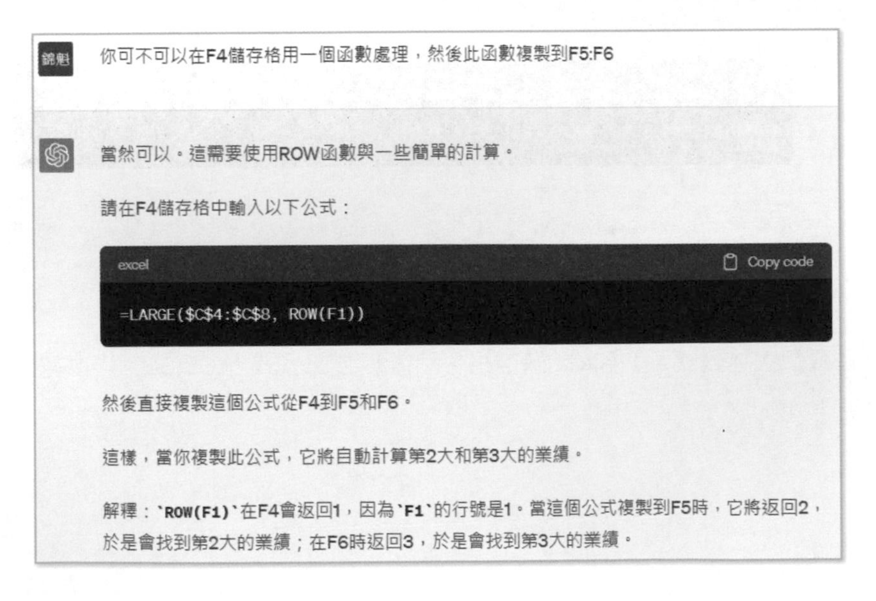

筆者複製上述公式，貼到 F4 儲存格，然後複製此公式到 F5:F6，可以得到下列結果。

F4　=LARGE($C$4:$C$8, ROW(F1))

	A	B	C	D	E	F	G
1							
2		深智業績表			前3名		
3		姓名	業績		名次	業績	姓名
4		王德勝	89200		1	99800	
5		陳新興	91000		2	91000	
6		許嘉容	88300		3	89200	
7		李家家	79200				
8		王浩	99800				

下一步是將名字放在 G4:G6，下列是筆者的輸入與 ChatGPT 的輸出。

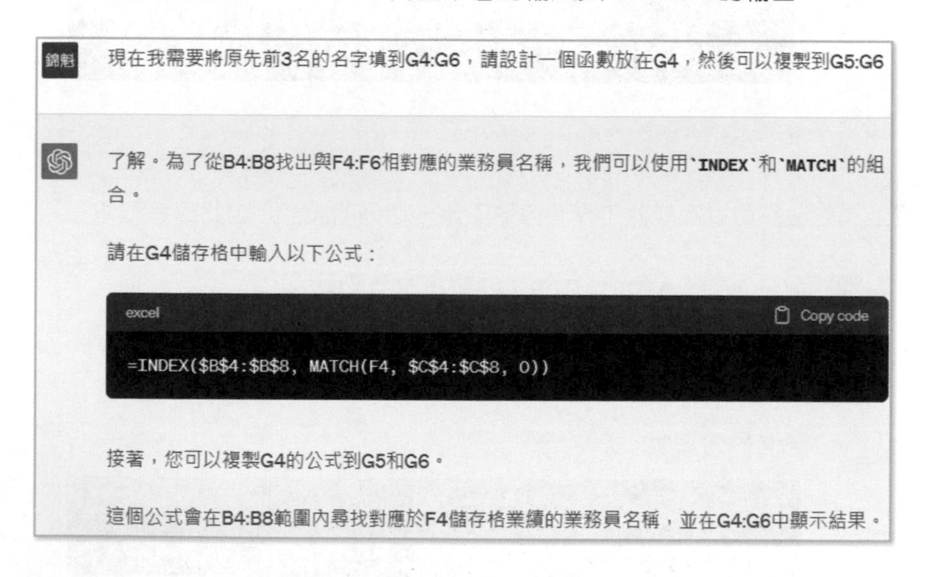

錦魁　現在我需要將原先前3名的名字填到G4:G6，請設計一個函數放在G4，然後可以複製到G5:G6

了解。為了從B4:B8找出與F4:F6相對應的業務員名稱，我們可以使用`INDEX`和`MATCH`的組合。

請在G4儲存格中輸入以下公式：

```excel
=INDEX($B$4:$B$8, MATCH(F4, $C$4:$C$8, 0))
```

接著，您可以複製G4的公式到G5和G6。

這個公式會在B4:B8範圍內尋找對應於F4儲存格業績的業務員名稱，並在G4:G6中顯示結果。

筆者複製上述公式，貼到 G4 儲存格，然後複製此公式到 G5:G6，可以得到下列結果 (ch10_3out.xlsx)。

G4 =INDEX($B$4:$B$8, MATCH(F4, $C$4:$C$8, 0))

	A	B	C	D	E	F	G	H	I
1									
2		深智業績表			前3名				
3		姓名	業績		名次	業績	姓名		
4		王德勝	89200		1	99800	王浩		
5		陳新興	91000		2	91000	陳新興		
6		許嘉容	88300		3	89200	王德勝		
7		李家家	79200						
8		王浩	99800						

10-6 Excel VBA 與資料貼上

下列是筆者 Line 收到聯誼會的訊息，讀者練習時可以在 ch10 資料夾找到此 data.txt。

明志兄弟會
八月份聯誼餐敘
爐主：李肯堂/邱清標
8月9日(三)晚上6點20分

上海鄉村濟南店
濟南路二段37號

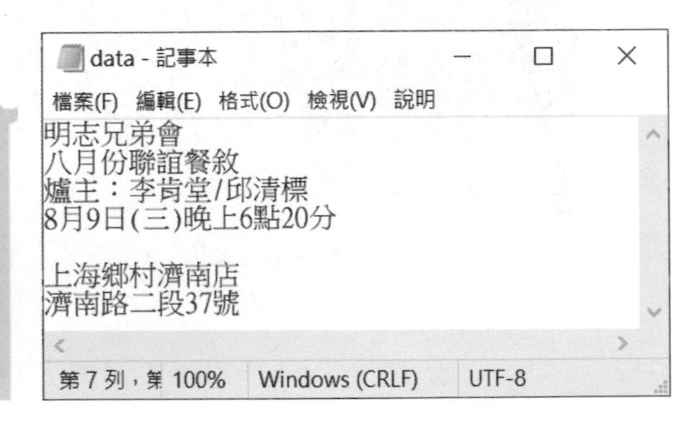

data - 記事本

檔案(F) 編輯(E) 格式(O) 檢視(V) 說明

明志兄弟會
八月份聯誼餐敘
爐主：李肯堂/邱清標
8月9日(三)晚上6點20分

上海鄉村濟南店
濟南路二段37號

第 7 列，第 100% Windows (CRLF) UTF-8

下列是筆者要求將上述資料轉成 Excel 表格，然後 ChatGPT 的回應。

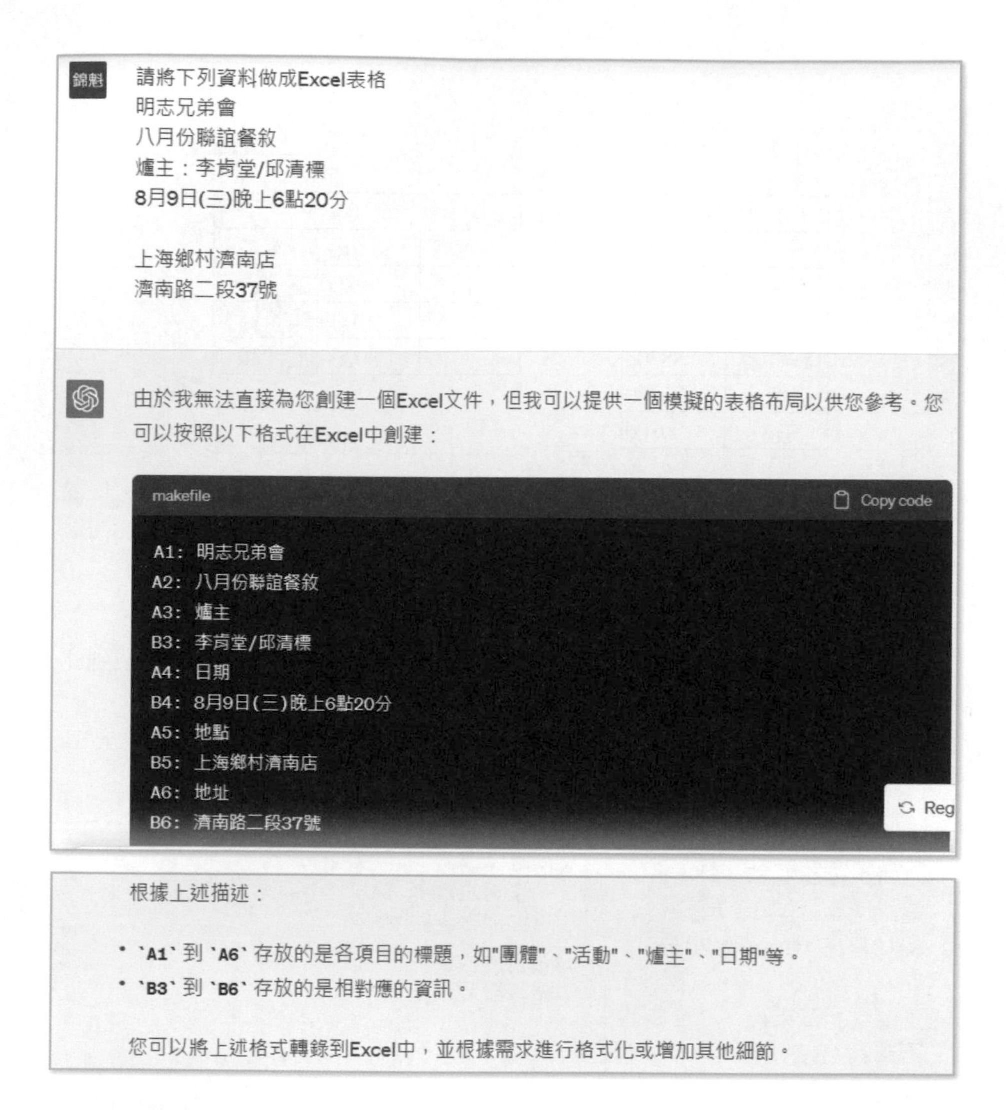

錦魁
請將下列資料做成Excel表格
明志兄弟會
八月份聯誼餐敘
爐主：李肯堂/邱清標
8月9日(三)晚上6點20分
上海鄉村濟南店
濟南路二段37號
由於我無法直接為您創建一個Excel文件，但我可以提供一個模擬的表格布局以供您參考。您可以按照以下格式在Excel中創建：
makefile
Copy code
A1: 明志兄弟會
A2: 八月份聯誼餐敘
A3: 爐主
B3: 李肯堂/邱清標
A4: 日期
B4: 8月9日(三)晚上6點20分
A5: 地點
B5: 上海鄉村濟南店
A6: 地址
B6: 濟南路二段37號
Reg
根據上述描述：
• `A1` 到 `A6` 存放的是各項目的標題，如"團體"、"活動"、"爐主"、"日期"等。
• `B3` 到 `B6` 存放的是相對應的資訊。
您可以將上述格式轉錄到Excel中，並根據需求進行格式化或增加其他細節。

從上述可以看到 ChatGPT 自動加上地點與地址欄位名稱，如果用手輸入太麻煩，筆者請求 ChatGPT 為此設計 Excel VBA 程式，

錦魁

請用Excel VBA將上述結果貼到Excel上

若您希望使用Excel VBA來自動填入上述資訊，以下是一個簡單的VBA宏代碼示例：

1. 打開您的Excel工作簿。
2. 按下 `ALT + F11` 來打開VBA編輯器。
3. 插入一個新的模組：在左邊的專案窗格中，右鍵點擊您的工作簿名稱，選擇 `插入` > `模組`。
4. 在新的模組視窗中，貼上以下代碼：

vba　　Copy code

```vba
Sub FillInformation()

    Dim ws As Worksheet
    Set ws = ThisWorkbook.Sheets(1) 'Assumes you are writing to the first sh

    ' Fill in the information
    ws.Range("A1").Value = "明志兄弟會"
    ws.Range("A2").Value = "八月份聯誼餐敘"
    ws.Range("A3").Value = "爐主"
    ws.Range("B3").Value = "李肯堂/邱清標"
    ws.Range("A4").Value = "日期"
    ws.Range("B4").Value = "8月9日(三)晚上6點20分"
    ws.Range("A5").Value = "地點"
    ws.Range("B5").Value = "上海鄉村濟南店"
    ws.Range("A6").Value = "地址"
    ws.Range("B6").Value = "濟南路二段37號"

End Sub
```

1. 關閉VBA編輯器。
2. 按下 `ALT + F8` 在Excel中選擇並運行 `FillInformation` 宏。

完成上述步驟後，第一個工作表應該會自動填入提供的資訊。

參考上述步驟可以得到下列結果 (ch10_4.xlsx)。

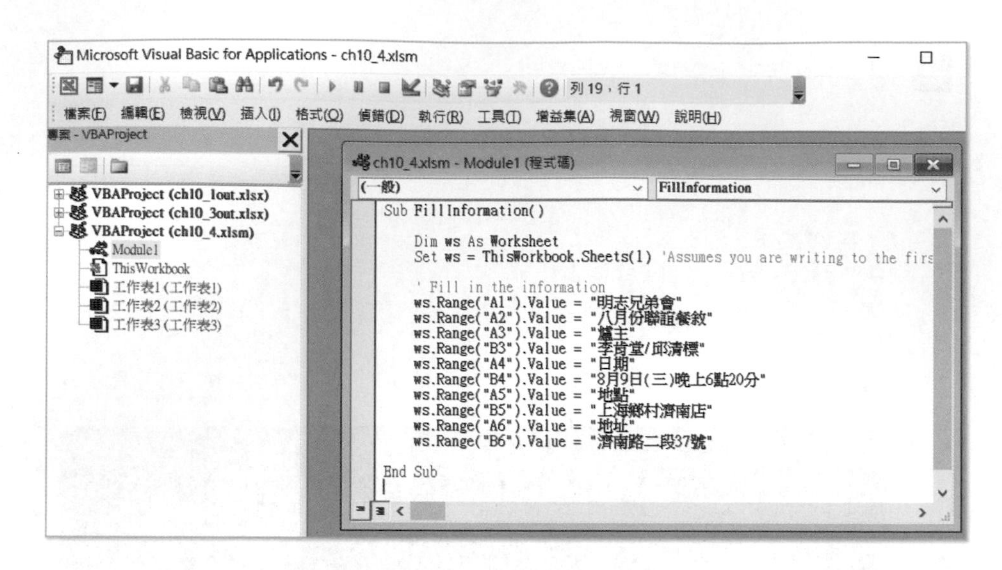

下列左圖是筆者參照上述步驟得到的結果 (ch10_5.xlsx)，右圖則是筆者手工適度格式化的結果 (ch10_6.xlsx)。

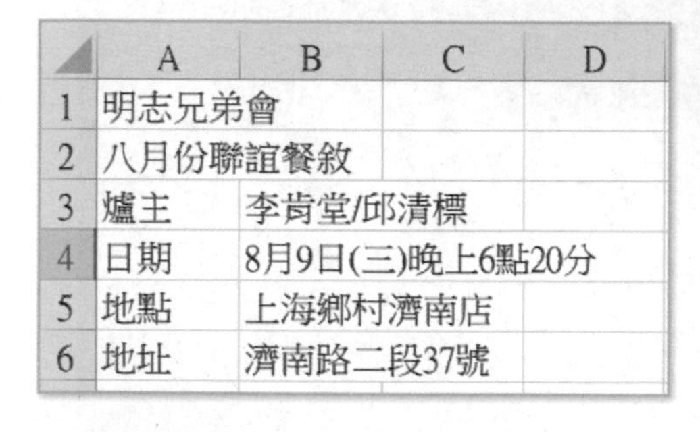

	A	B	C	D
1	明志兄弟會			
2	八月份聯誼餐敘			
3	爐主	李肯堂/邱清標		
4	日期	8月9日(三)晚上6點20分		
5	地點	上海鄉村濟南店		
6	地址	濟南路二段37號		

	A	B
1	明志兄弟會	
2	八月份聯誼餐敘	
3	爐主	李肯堂/邱清標
4	日期	8月9日(三)晚上6點20分
5	地點	上海鄉村濟南店
6	地址	濟南路二段37號

第 11 章

ChatGPT 股市淘金術

這一節所述內容需有 WebPilot 和 Noteable 插件輔助。

11-1 詢問股市訊息

下列詢問是否可以請教股市訊息。

錦魁　可不可以請問股市訊息

當然可以！請問您想知道哪一個股市或特定股票的訊息？例如：美股、台股、港股等，或者是特定的股票代碼或公司名稱。另外，您想知道的是最新的股價、新聞、分析報告還是其他相關訊息呢？請提供更多詳細的資訊，以便我為您提供更精確的答案。

然後再詢問可否針對特定股票做分析？

錦魁　你可以針對台灣股市, 特定股票做分析嗎

當然可以！但我需要更多的資訊來進行分析：

1. **股票代碼或名稱**：請提供您想分析的台灣股票的代碼或名稱。
2. **分析類型**：您想要的分析是基本面分析（如財報分析、產業前景等）還是技術面分析（如價格趨勢、技術指標等）？
3. **特定時間範圍**：如果您有特定的時間範圍（如過去一年、過去三個月等），請告訴我。

請提供上述資訊，我將為您進行分析。

11-2 美國聯準會主席的談話分析

美國聯準會主席每一句話皆對全球金融會有重大影響，下列是 2023 年 8 月 25 日主席包爾的談話分析。

錦魁 以下是美國聯美國聯準會主席包爾的談話，你覺得這句話對股市的影響為何
「必要的話我們已準備好進一步升息，也有意將利率保持在限制水準，直到我們有信心通膨正明顯降至我們的目標。」

美國聯邦儲備系統（Fed）主席的談話對全球金融市場具有重大影響，特別是對股市和債市。根據您提供的主席包爾的談話，我們可以進行以下分析：

談話內容分析：

1. **升息意向**：「必要的話我們已準備好進一步升息」這句話明確表示了Fed在某些情況下可能會選擇升息的策略。升息通常是為了達到控制通膨、穩定經濟成長或吸引外資等目的。
2. **利率保持在限制水準**：這表示Fed不希望利率過高，可能是為了避免對經濟成長產生過多的壓制作用。
3. **通膨控制**：「直到我們有信心通膨正明顯降至我們的目標」這句話顯示Fed的主要目標是控制通膨，確保其保持在一個合理的範圍內。

對股市的影響：

1. **短期壓力**：升息通常會導致企業的資金成本上升，進而影響其盈利能力。此外，升息還可能吸引投資者將資金從股市轉向固定收益的金融工具，如國債。因此，這樣的談話可能會給股市帶來短期的壓力。
2. **長期穩定**：但從另一方面看，Fed的談話也表示了其對經濟穩定和通膨控制的決心。這可能會增強投資者對經濟長期穩健成長的信心，對股市有正面的支撐作用。
3. **全球市場反應**：由於美國經濟的龍頭地位，Fed的政策調整通常會影響全球金融市場。其他國家的中央銀行可能會跟隨Fed的腳步調整自己的利率政策，全球資金流動也可能會發生變化。

總之，主席包爾的這段談話可能會對股市產生短期的壓力，但從長期來看，Fed的政策方向有助於確保經濟的穩定成長。然而，具體的市場反應還需要根據其他經濟數據、新聞和事件來進一步評估。

11-3 取得特定股票資訊

下列是筆者取得特定股票，矽統 (2363) 的資訊。

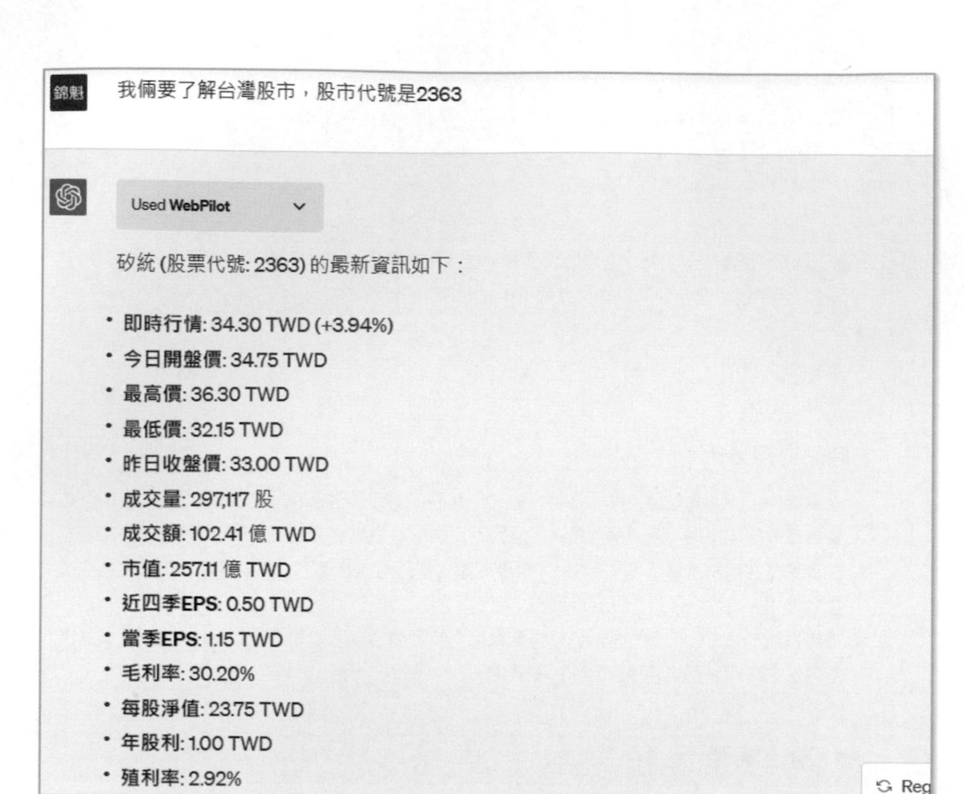

錦魁
我倆要了解台灣股市，股市代號是2363
Used WebPilot
矽統 (股票代號: 2363) 的最新資訊如下：
• 即時行情: 34.30 TWD (+3.94%)
• 今日開盤價: 34.75 TWD
• 最高價: 36.30 TWD
• 最低價: 32.15 TWD
• 昨日收盤價: 33.00 TWD
• 成交量: 297,117 股
• 成交額: 102.41 億 TWD
• 市值: 257.11 億 TWD
• 近四季EPS: 0.50 TWD
• 當季EPS: 1.15 TWD
• 毛利率: 30.20%
• 每股淨值: 23.75 TWD
• 年股利: 1.00 TWD
• 殖利率: 2.92%
Reg

公司簡介:

矽統科技股份有限公司 (Silicon Integrated Systems Corp.) 主要經營業務為研究開發、生產、製造、銷售各種特殊應用積體電路。及其組件、系統產品，積體電路設計、高腳數精密封裝及測試服務。兼營與本公司業務相關之貿易業務。

以上資訊來源於 Anue鉅亨。 ← 告知訊息來源

請問您還需要其他相關資訊或有其他問題嗎？

11-4 股票技術分析

筆者繼續針對特定股票，矽統 (2363) 做技術分析。

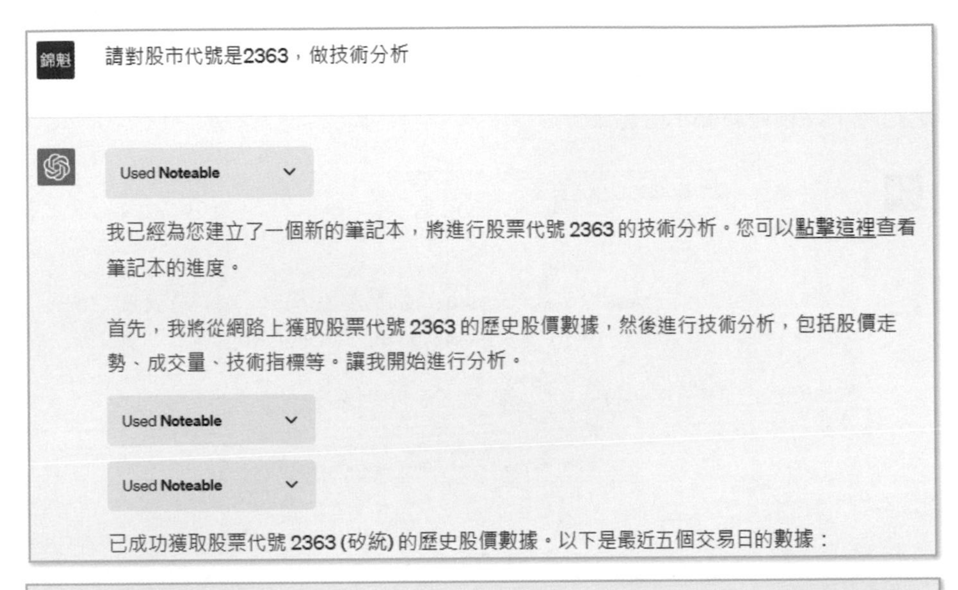

接下來，我將進行技術分析，包括繪製股價走勢圖、計算移動平均線和其他技術指標。讓我開始繪製股價走勢圖。

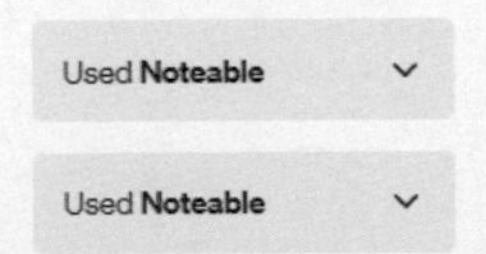

如上圖所示，我繪製了股票代號 2363 (矽統) 的股價走勢圖，並加入了20日和50日的移動平均線。

分析：

1. **股價走勢**：從圖中可以看到，近期股價呈現上升趨勢，且在最近幾天有明顯的上升動能。
2. **移動平均線**：
   - **20日移動平均線（紅色）**：此線反映了短期的價格趨勢。當股價上穿20日移動平均線時，通常被視為股價的上升信號。
   - **50日移動平均線（綠色）**：此線反映了中期的價格趨勢。當股價上穿50日移動平均線時，通常被視為股價的強勢信號。
3. **觀察**：近期股價已經上穿了20日和50日的移動平均線，這通常被視為一個正面的技術信號，表示股價可能會繼續上升。

然而，僅依賴技術分析來做投資決策是不夠的。建議您還應該考慮其他因素，如公司的基本面、產業趨勢、經濟環境等，以及您的投資目標和風險承受能力。

請問您還有其他需要或問題嗎？

筆者測試時會發現，常常有圖表沒有直接顯示，需要提醒，下列是告知沒有看到股價走勢圖，然後重新顯示的結果。

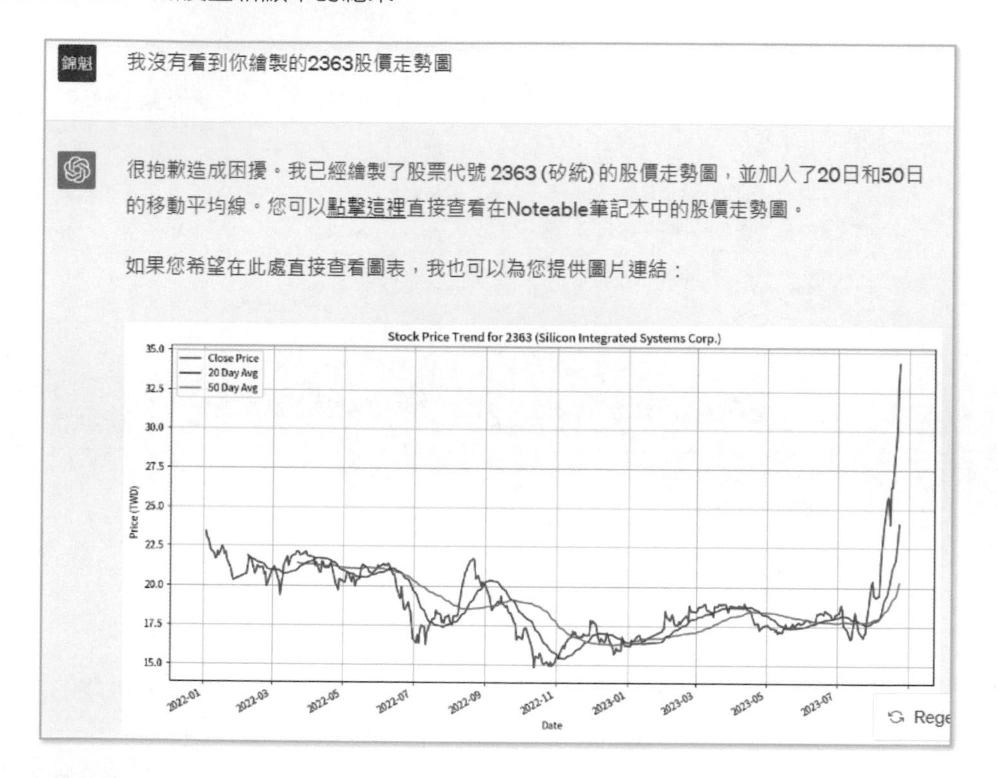

錦魁
我沒有看到你繪製的2363股價走勢圖
很抱歉造成困擾。我已經繪製了股票代號 2363 (矽統) 的股價走勢圖，並加入了20日和50日的移動平均線。您可以點擊這裡直接查看在Noteable筆記本中的股價走勢圖。
如果您希望在此處直接查看圖表，我也可以為您提供圖片連結：
Stock Price Trend for 2363 (Silicon Integrated Systems Corp.)
Close Price
20 Day Avg
50 Day Avg
Price (TWD)
Date
Rege

11-5 成交資訊分析

以下是股票實戰分析對話。

錦魁

這支股票股本約有749600張股本，昨天成交了296618張，這是非常龐大的量，昨天最高價是36.3元，最低價是32.15元，收盤是34.3元，你可不可以針對這個現象做分析報告。

當然可以，以下是針對矽統 (股票代號: 2363) 的分析報告：

---

1. 成交量分析：

- **昨日成交量**：296,618 張，相對於總股本的 749,600 張，成交量佔了約 39.56%。這是一個非常高的成交量，遠超過一般股票的日常交易量。高成交量通常代表市場中有大量的買賣活動，可能是由於某些新聞、事件或市場情緒的影響。

2. 價格波動分析：

- **昨日價格範圍**：從 32.15 元到 36.3 元，波動幅度為 4.15 元，這代表昨日的價格波動相對大。
- **收盤價**：34.3 元，位於昨日價格範圍的中上區域，顯示買方在當日的交易中略佔優勢。

3. 市場情緒分析：

高成交量和價格的大幅波動可能意味著市場對此股票有強烈的反應。可能是由於公司的某些新聞發布、財報公告、產業趨勢或其他外部事件所引起的。當成交量增加且價格上升時，這通常被視為股票的強勁表現，可能意味著市場看好該公司的前景。

4. 建議：

投資者應該進一步研究該公司的最近新聞、公告和財報，以了解昨日的大量交易背後的原因。此外，考慮到價格的大幅波動，投資者應謹慎評估風險，並考慮自己的投資策略和風險承受能力。

請注意，以上分析僅供參考，不構成投資建議。在做出任何投資決策之前，建議您進一步諮詢專業的財務顧問。

11-6 重要新聞分析

股市充滿著新聞，我們也可以請 ChatGPT 對特定新聞做分析。

錦魁

有一則矽統2363的新聞如下，請分析這則新聞的影響
晶圓代工廠聯電（2303）旗下IC設計廠矽統（2363）8日公告經營高層及董事異動，其中聯電董事長洪嘉聰擔任矽統董事並接董事長一職，總經理職位也由聯電協理戎樂天接任。

矽統8日公告內容指出，矽統前任董事長簡誠謙辭職，原總經理許時中則退休，董事長及總經理職務由聯電董事長洪嘉聰接任矽統董事長，總經理由聯電集團直接指派戎樂天接任，外界預期，未來二家公司合作關係可望進一步深化。

另外，此次異動中，發言人與代理發言人也交由現任總經理戎樂天以及行政管理處處長彭康禎接任。

外界認為，將有利未來二家同為半導體領域的公司進行上下游的資源整合。(新聞來源：工商時報一張瑞益 / 台北報導)

這則新聞主要描述了矽統（2363）的經營高層及董事異動，並涉及到其母公司聯電（2303）的相關人事配置。以下是對這則新聞的分析：

1. 人事異動的重要性：

- **董事長與總經理的異動**：這兩個職位在公司中都扮演著非常重要的角色。董事長通常是公司的策略決策者，而總經理則是日常營運的主要負責人。他們的異動可能會對公司的營運策略和方向產生影響。

2. 聯電與矽統的關係：

- 由於新任的董事長和總經理都來自聯電，這顯示了聯電對矽統的控制和影響力。這也意味著兩家公司在未來可能會有更多的合作和資源整合。

3. 未來合作的可能性：

- 新聞中提到，外界預期兩家公司的合作關係將進一步深化。這可能意味著兩家公司在技術、市場或其他方面都有可能進行更緊密的合作。

4. 對股價的影響：

- 通常，當一家公司的高層人事有所異動，市場可能會對此產生反應。如果市場認為新的管理團隊能夠帶來更好的營運表現，股價可能會上升。反之，如果市場對新團隊的能力表示懷疑，股價可能會受到壓力。
- 由於此次異動涉及到聯電，這也可能會對聯電的股價產生影響。

總結：

這則新聞顯示了聯電對矽統的深度介入和影響力，並預示著兩家公司未來可能會有更多的合作機會。對於投資者來說，這可能是一個值得關注的發展，因為它可能會對兩家公司的業績和股價產生影響。

第 12 章

AI 圖像 Midjourney

Midjourney 是一個獨立的研究實驗室，這個實驗室開發了類似 OpenAI 公司的 Dell-E 產品，使用者輸入文字，可以自動生成 AI 圖像。

12-1 從爭議說起

每一幅藝術品皆是藝術家的心血結晶，2022 年一幅名為 Théâtre d'Opéra Spatial(外太空劇院)的作品獲得科羅拉多博覽會數字藝術競賽第一名，作者是 Jason Allen，將此圖像印製在畫布上，其實這個圖像是由 Midjourney 生成，作品如下：

圖像作者是：Jason Allen

筆者看到這幅作品只能說，驚嘆雄偉壯觀、無與倫比、一幅真正的藝術品。然而當知道這是使用 Midjourney 只花幾秒鐘就可以生成，只能說現在 AI 技術真是令人歎為觀止。

註 美國著作財產局在 2023 年 2 月 21 日的信函表示，Midjourney 生成的圖像不在版權保護範圍。

Midjourney 可以依據我們的文字生成圖像，文字需使用英文輸入，讀者可以參考本書第 3 章，輕易將心中的文字轉成流利的英語，創造出充滿生命力的圖像。

12-2 Midjourney 網站註冊

Midjourney 網站如下：

https://www.midjourney.com/home/?callbackUrl=%2Fapp%2F

讀者可以輸入上述 https://www.midourney.com，然後按 Enter，就會自動帶出上述右邊的藍色字串的網址細項。註：如果已有帳號，可以直接進入自己的 Midjourney 首頁。

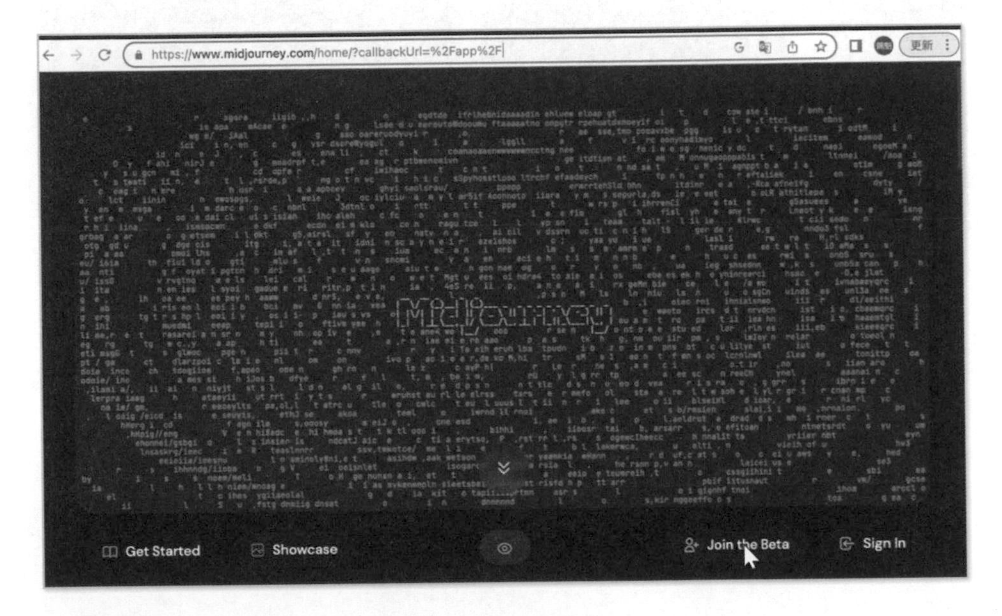

讀者第一次使用會看到上述畫面，右下方有 Join the Beta 或是 Sign In，如果已有帳號可以點選 Sign In，若是沒有帳號可以點選 Join the Beta，然後將看到下方左圖建立帳號的訊息，會要求輸入電子郵件，未來會發信到你的電子郵件信箱驗證訊息，USERNAME 是未來你使用 Midjourney 的稱呼，填完資料後請按 Continue。

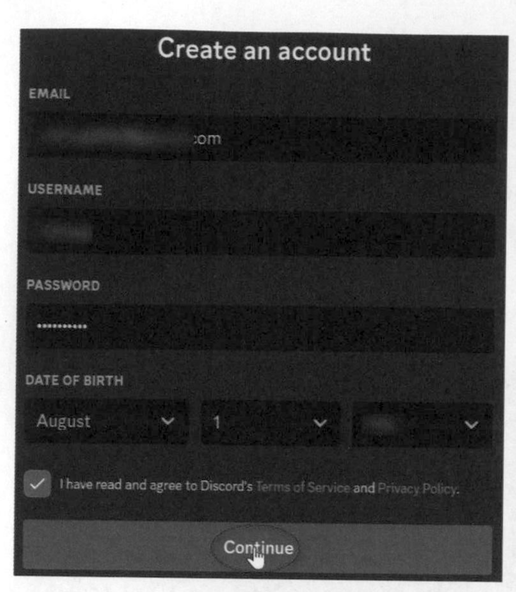

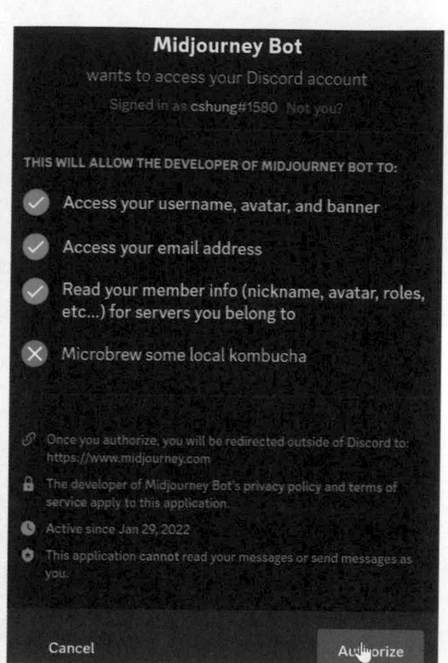

上方右圖是告知未來 Midjourney Bot 會存取你的帳號，請同意，請點選 Authorize 鈕。然後可以看到驗證使用者不是機器人的對話方塊，在驗證過程你會收到 Discord 傳給你驗證電子郵件的信件，如下所示：

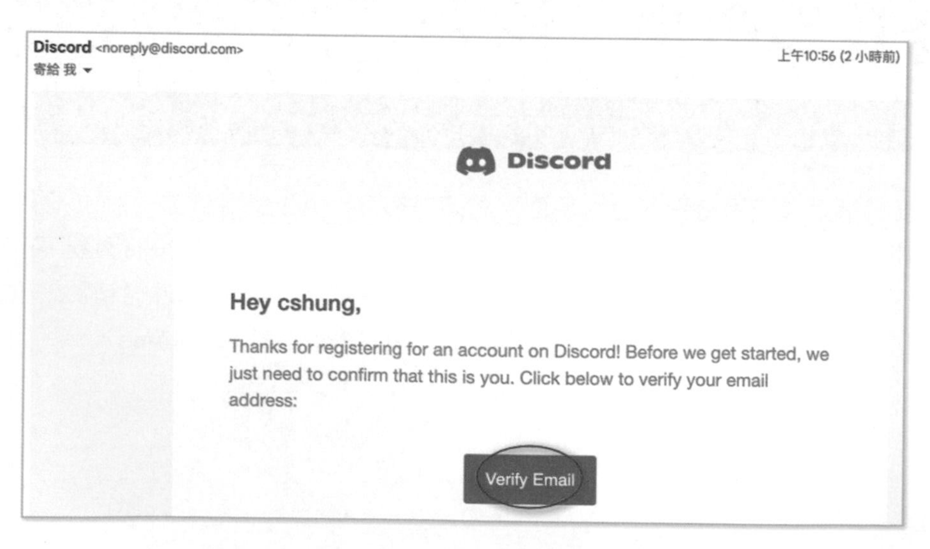

上述請按 Verify Email。

註　Discord 是一個通訊軟體，Midjourney 則是在此環境內執行。

12-3 進入 Midjourney 視窗

如果曾經使用 Midjourney 建立圖像，進入視窗後就可以看到自己的作品，如下所示：

如果你尚未付費，將在右上方看到 Purchase Plan 鈕，細節可參考下一小節。

12-4 購買付費創作

因為消費者濫用，今年 3 月開始 Midjourney 更改付費機制，不再提供免費試用。

12-4-1 Purchase Plan

點選 Purchase Plan，基本上有年付費 (Yearly Billing) 與月付費 (Monthly Billing) 兩種機制，對於初學者建議購買月付費機制，有需要再依自己需求提升付費機制即可。

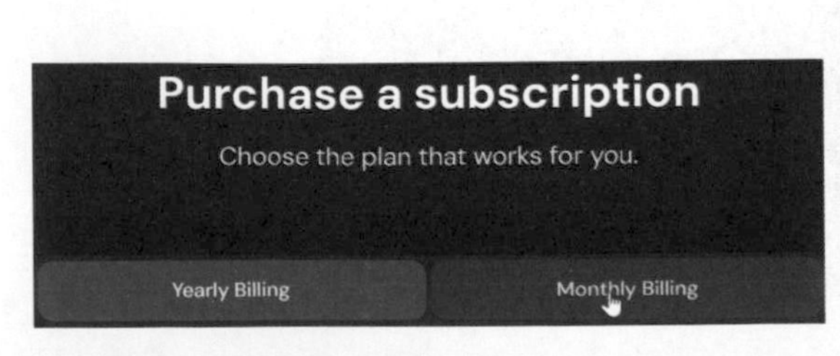

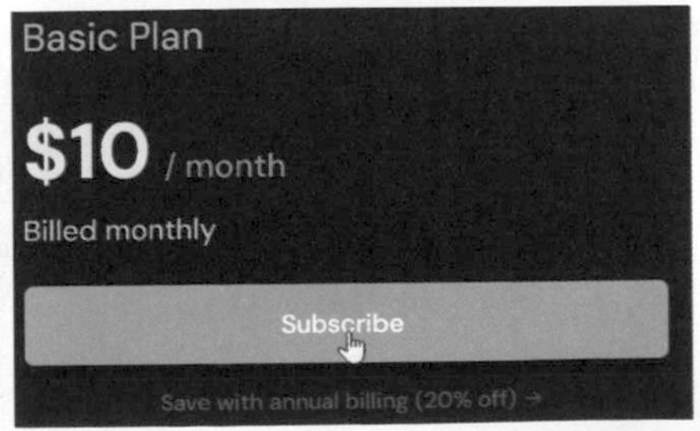

在月付費機制下每個月 $10 美金，這是基本會員，每個月可以產生 200 張圖片。

12-4-2　Cancel Plan

未來若是不想使用 Midjourney，可以在進入自己的 Midjourney 首頁後，點選 Manage Sub 選項，然後可以進入 Manage Subscription 頁面。

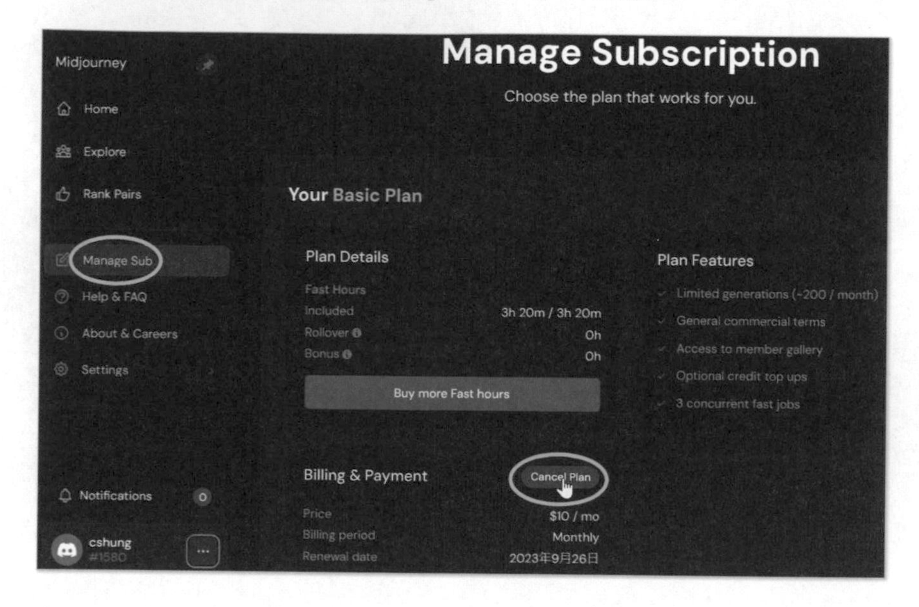

然後點選 Cancel Plan 鈕。

12-5　進入 Midjourney AI 創作環境

12-5-1　從首頁進入 Midjourney 創作環境

Midjourney 的創作環境是在 Discord，如果讀者目前在自己的 Mijourney 首頁，可以點選左下方 ... 圖示，然後執行 Go to Discord 如下所示：

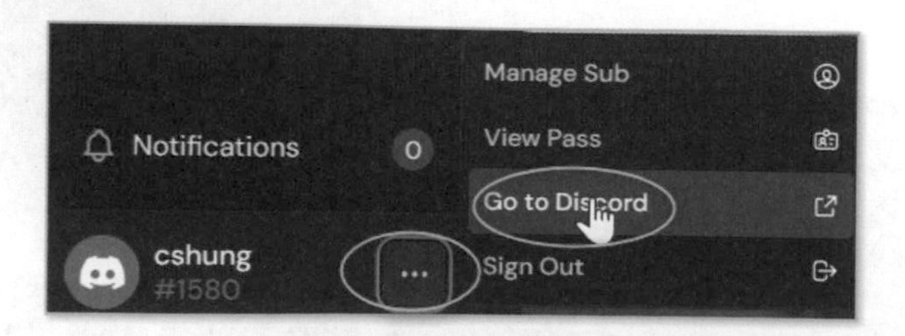

可以進入 Midjourney 繪圖環境，請參考 12-5-3 節。

12-5-2 進入 Midjourney 創作環境

請參考 12-2-1 節進入 Midjourney 首頁，然後點選 Join the Beta 字串後，會看到下列畫面，註：如果沒有帳號會被要求註冊。

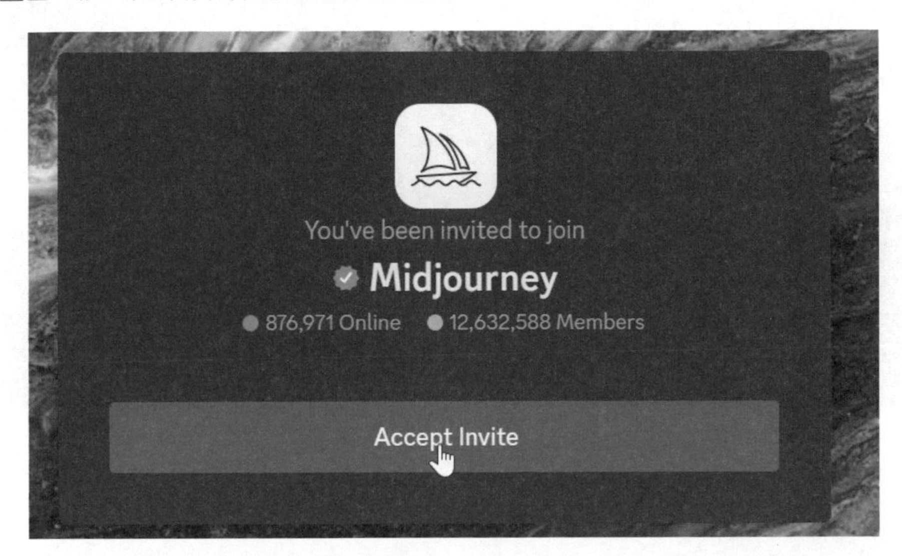

若是有帳號，未購買付費機制會看到上述畫面，請點選 Accept Invite，就可以進入創作環境。

12-5-3 Midjourney 創作環境

Midjourney 環境坦白說畫面有一點雜，因為有非常多人使用此系統進行 AI 圖像創作，請找尋 **newbies-xx**，點選就可以進入 Midjourney 的創作環境。

註 如果未購買付費機制，只能欣賞別人的作品，無法創作。

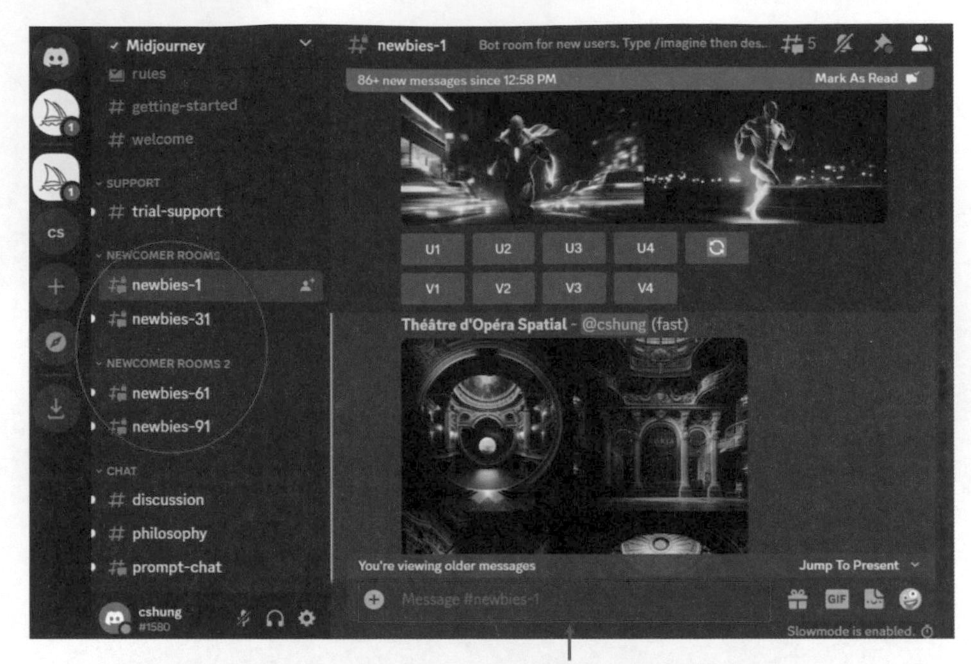

輸入創作文字

在創作環境，可以使用「/」，上方會列出常用指令的用法：

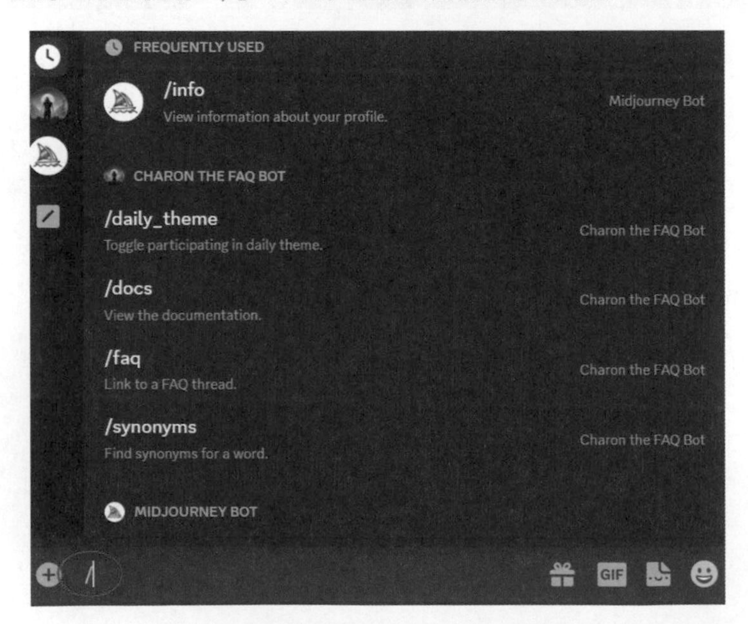

除了「/imagine」是我們繪圖需要的指令，其它幾個常見指令用法如下：

- /info：獲得個人帳號資訊。
- /settings：個人繪圖的設定。
- /describe：上傳圖讓 Midjourney 產生此圖的文字描述。
- /blend：這個指令允許您快速上傳 2-5 張圖片，然後該指令會檢視每張圖片的概念和美學，並將它們合併成一張全新的圖片。
- /subscribe：購買 Midjourney 方案。

12-5-4 輸入創作指令

上述筆者選擇 newbies-1，就可以進行創作了，只要在視窗下方輸入圖像的文字，每一次可以生成 4 張圖像。不過文字輸入還是有規則的，首先請在⊕圖示右邊的輸入 "/im"，上方可以看到 /imagine prompt ，如下方左圖所示：

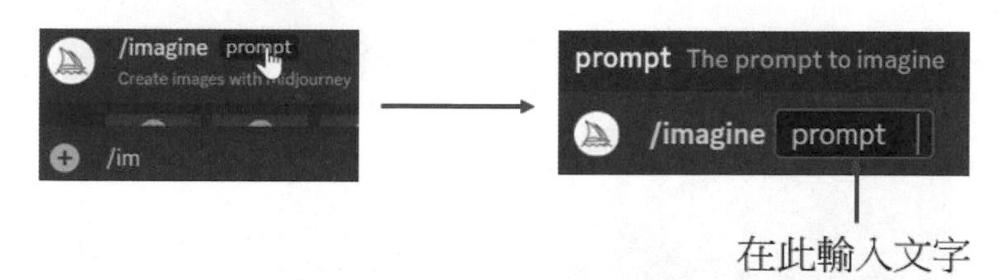

滑鼠點一下 prompt，可以看到畫面如上方右圖，筆者輸入是「一個站在海邊的女孩」(A girl standing by the seaside.)，如下所示：

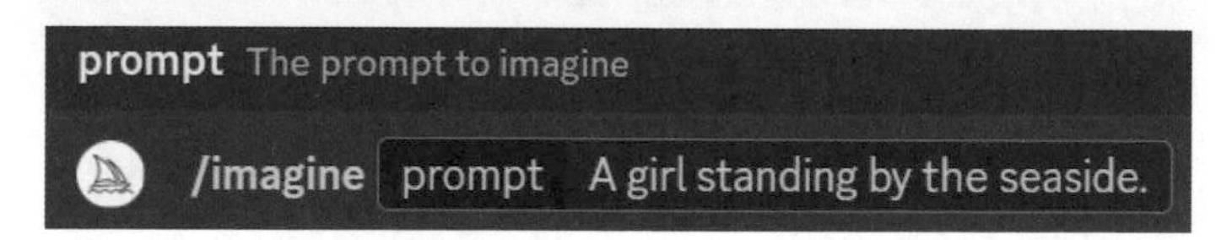

第一次執行時，會看到下列畫面：

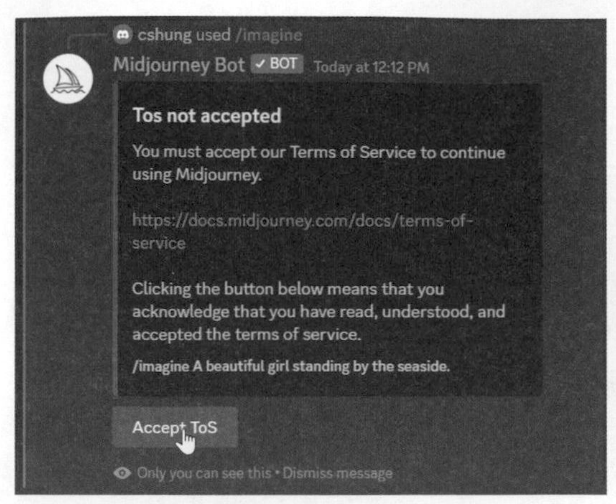

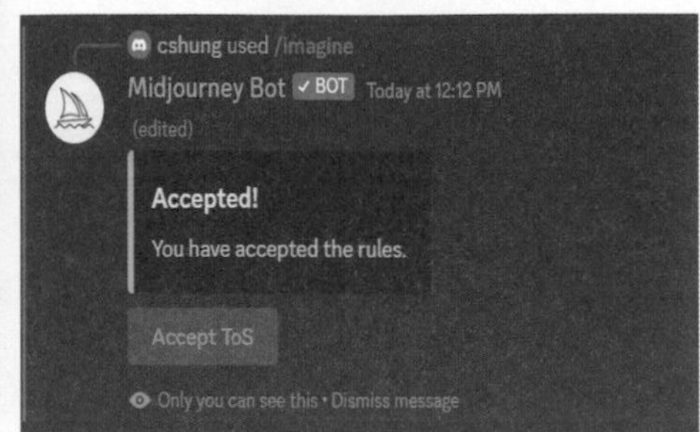

上述請點選 Accept ToS，然後將看到上方右邊畫面。表示你接受此條款，過約 10 ~ 30 秒，就可以看到所創建的圖像，因為同時有許多人使用此創作圖像，所以需記住自己創造圖像的時間，慢慢往上滑動作品，就可以看到自己的作品了。

上述有幾個按鍵意義如下：

數字：1/2/3/4 表示左上 / 右上 / 左下 / 右下的圖像。

U：表示放大圖像，所以 U2 表示放大右上方的圖像。

V：表示 Variations，可以用指定的圖像，進行更近一步的變化。

🔄：可以重新產生 4 張圖像。

12-5-5 找尋自己的作品

在大眾的創作環境，輸入指令後，一下子可能頁面就被其他作品洗版，所以輸出指令時，建議記住自己創作的時間，然後捲動畫面找尋。另一種方式是點選右上方的 Inbox 圖示，然後點選 Mentions，系統會將你的作品單獨呈現。

12-6 編輯圖像

常用的編輯圖像有 2 種：

1： 放大圖像。

2： 特定圖像更進化。

12-6-1 放大圖像

下列是按 U2 鈕放大圖像。

當 U2 鈕背景色變為 U2 ，放大圖就會產生，所產生的圖是獨立於原圖顯示，因為同時很多人在線上使用，所以必須往下捲動畫面就可以看到所建立的圖，如下所示：

上述如果想要進一步修改可以點選 Make Variations，如果想要儲存結果，可以將滑鼠游標移到圖像，按一下讓螢幕獨立顯示此圖，然後按一下滑鼠右鍵，可以得到下列畫面。

然後讀者可以執行另存圖片指令，儲存此圖像，點選圖像外圍區域，就可以回到 Midjourney 創作環境。

12-6-2 重新產生圖像

如果想要重新產生圖像，這個實例是使用 12-5-4 節的 4 張圖像，可以點選 圖示，當圖示變為 ，就表示重新產生圖像成功了，下列是示範輸出。

12-6-3 針對特定圖像建立進化

下列是筆者使用主題「一個漂亮女孩到火星旅遊」(A beautiful girl travels to Mars.) 的字串產生的圖像。

上述圖像筆者點選 U3 可以得到下方左圖，如果點選 V3 可以得到下方右圖。

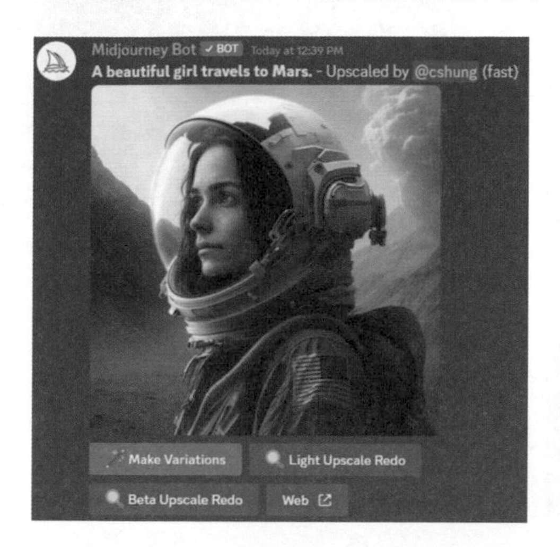

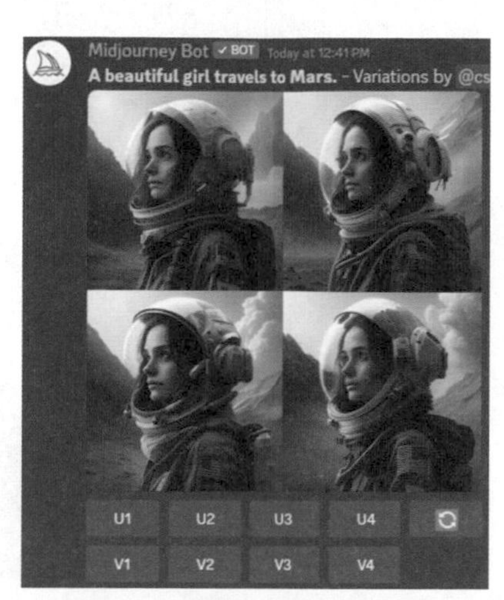

12-7 公開的創作環境

當看到有人的作品不錯時，也可以點選 圖示，這相當於我們使用相同的文字重新產生新的作品，就可以變成自己的作品，下列是筆者發現有人使用 "A picture of a winding road into the forest." 生成了不錯的作品，筆者點選 圖示，相當於使用相同的文字生成了類似的作品。

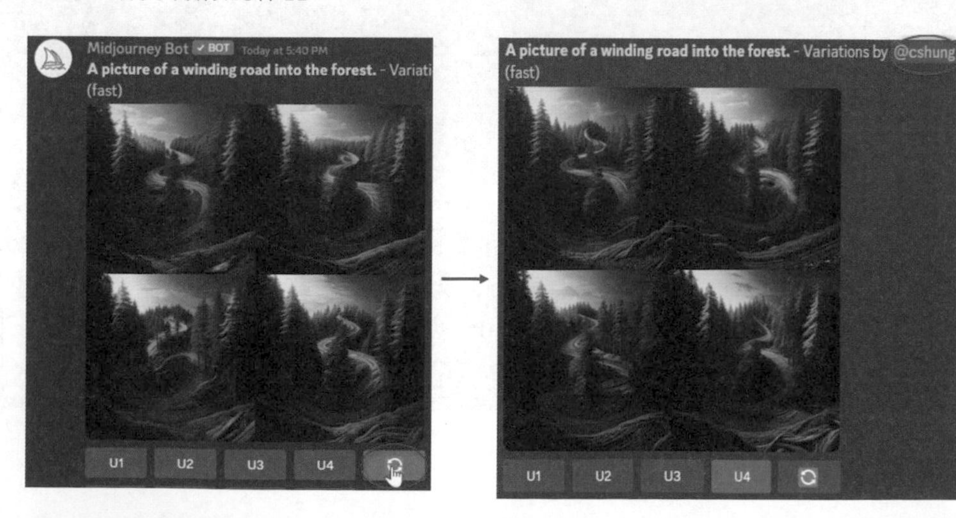

下列是另一個實例。

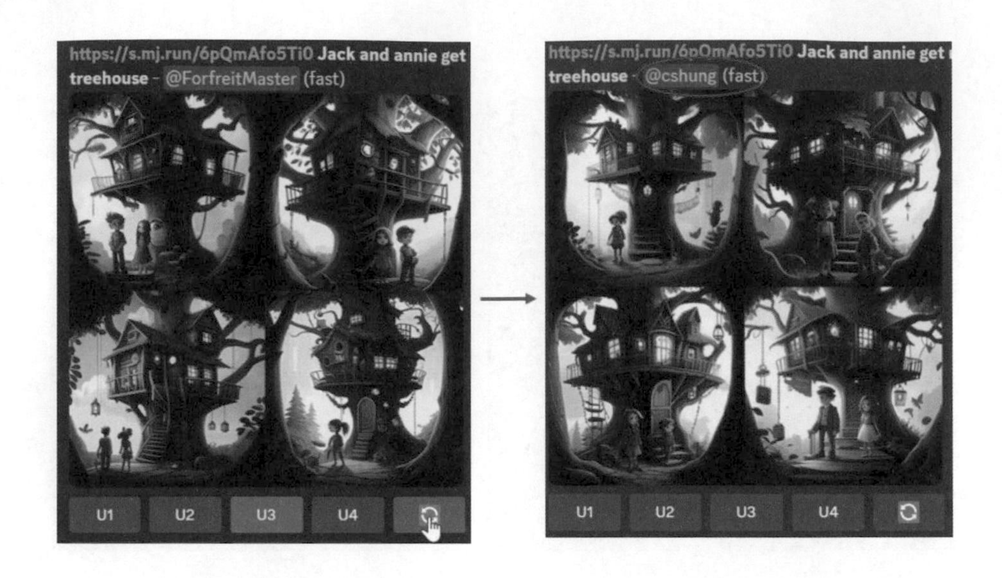

12-8 未來重新進入

未來重新進入自己的創作環境可以看到自己的作品。

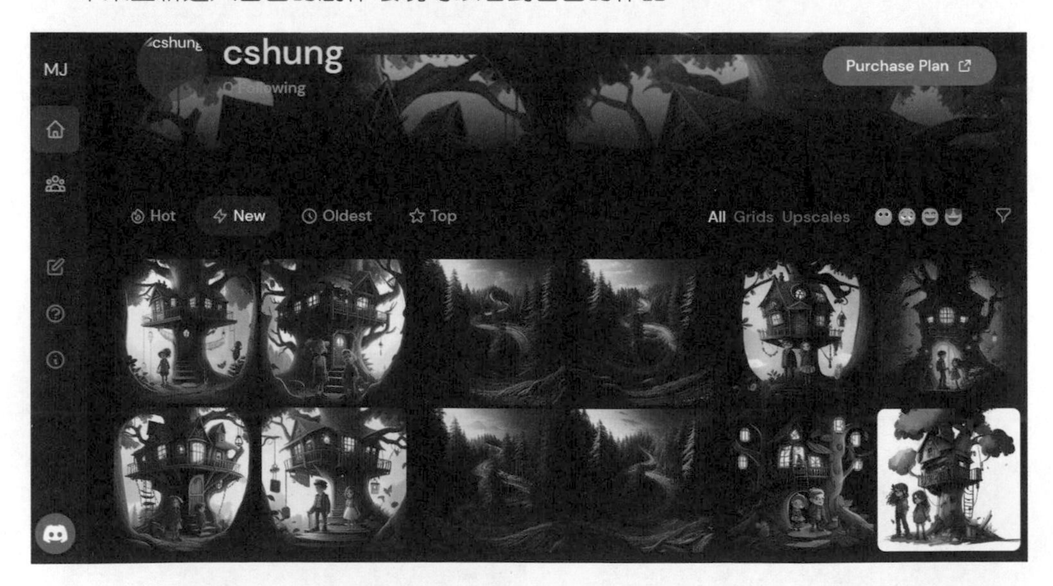

12-8-1 選擇圖像與儲存

若是想要儲存特定的圖像，可以將滑鼠游標移到該圖像，按一下可以放大圖像，再按滑鼠右鍵，可以看到快顯功能表，就可以選擇另存圖片，將圖像儲存。

12-8-2 重新編輯圖片

如果想要針對特定圖像編輯，可以將滑鼠游標移到該圖像，可以在圖像右下角看到圖示 ··· ，按一下，再執行 Open in …/Open in discord，如下所示：

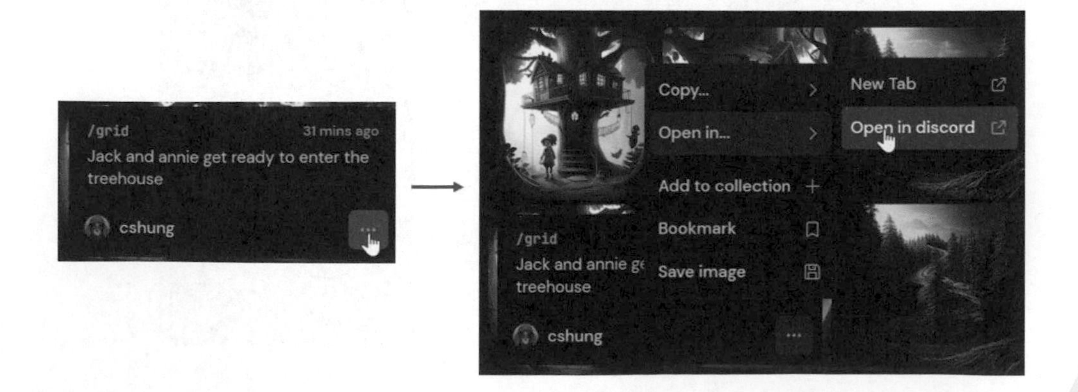

執行 Open in discord 後就可以重新進入 Midjourney 的 AI 圖像創作環境。

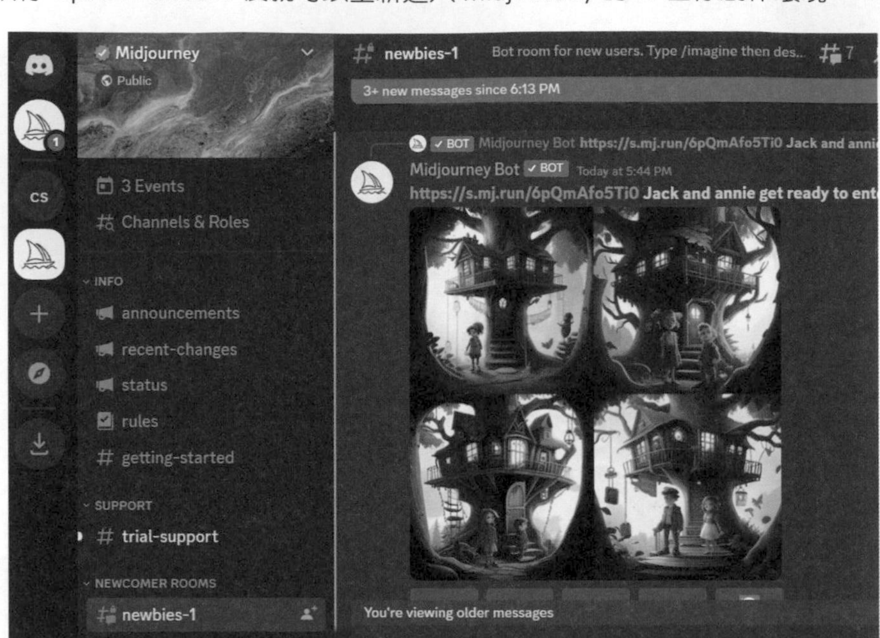

12-8-3 Explore

將滑鼠游標移到視窗左側欄位的 圖示，執行 Explore 可以欣賞 Midjourney 的精選作品，覺得哪一個作品很好，可以將滑鼠游標移到該作品，了解作品的描述文字，這表示也可以使用相同的文字產生類似的作品。

12-9 進階繪圖指令與實作

12-9-1 基礎觀念

前面章節筆者使用文字 (Text Prompt)、片語，就讓 Midjourney 生成圖像，簡單的說，我們使用的繪圖指令格式如下：

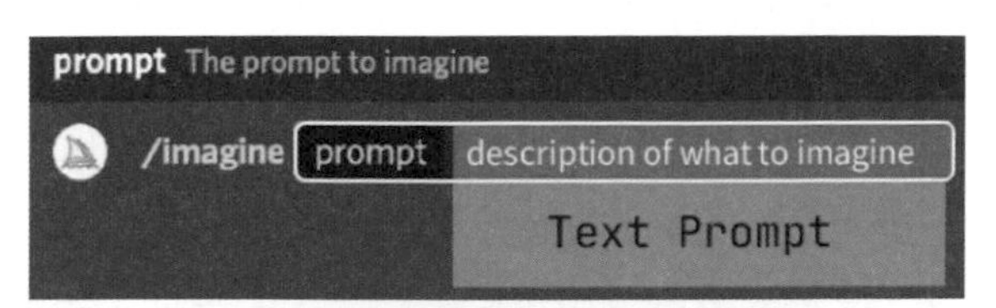

圖片取材自 Midjourney 官網

Midjourney 提醒，最適合使用簡單、簡短的句子來描述您想要看到的內容。避免長串的要求清單。例如，不要寫：「Show me a picture of lots of blooming California poppies, make them bright, vibrant orange, and draw them in an illustrated style with colored pencils」，應該寫成「Bright orange California poppies drawn with colored pencils」。

進階的繪圖指令提示 (Prompt)，可以包括一個或多個圖片網址、多個文字片語和一個或多個參數。我們可以將生成圖像指令用下圖表達：

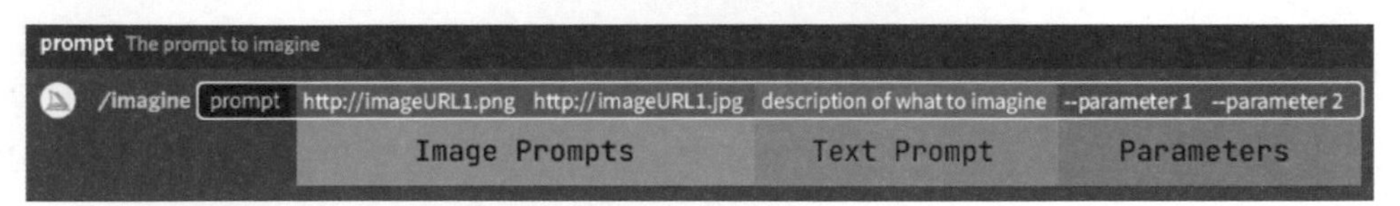

圖片取材自 Midjourney 官網

- Image Prompts：可以將圖片網址添加到提示中，以影響最終結果的風格和內容，圖片網址始終位於提示的最前面。
- Text Prompt：要生成的圖片的文字描述。有關提示訊息和技巧，請參閱 12-9-2 和 12-9-3 節，精心撰寫的提示有助於生成驚人的圖像。
- Parameters：參數可以改變圖像生成的方式。參數可以改變長寬比、模型、放大器等等。參數放在提示的最後，可以參考 12-9-4 節。

12-9-2 Text Prompt 基礎原則

可以分成 4 個方面來了解 Text Prompt：

- Prompt 長度：提示可以非常簡單。單個詞語（甚至一個表情符號！）都可以生成一張圖片。非常簡短的提示會在很大程度上依賴於 Midjourney 的預設風格，因此更具描述性的提示會產生獨特的效果。然而，過於冗長的提示並不一定更好，請專注於您想要創建的主要概念。
- 語法 (Grammar)：Midjourney Bot 不像人類一樣理解語法、句子結構或單詞。詞語的選擇也很重要。在許多情況下，使用更具體的同義詞會效果更好。例如，不要使用「大」，而是嘗試使用「巨大」、「巨大的」或「極大的」。在可能的情況下刪除多餘的詞語。較少的詞語意味著每個詞語的影響更為強大。使用逗號、括號和連字符來幫助組織思維，但請注意，Midjourney Bot 並不會可靠地解釋它們，Midjourney Bot 不會區別大小寫。
- 專注於您想要的內容：最好描述您想要的內容，而不是您不想要的內容。如果您要求一個「沒有蛋糕」的派對，您的圖片可能會包含蛋糕。如果您想確保某個物體不在最終圖片中，可以嘗試使用「--no」參數進行進階提示。
- 使用集體名詞：複數詞語容易產生不確定性。嘗試使用具體的數字。「三隻貓」比「貓」更具體。集體名詞也適用，例如使用「一群鳥」而不是「鳥」。

12-9-3 Text Prompt 的細節

這是 AI 生成圖像，您可以根據需要具體或模糊細節，如果您未描述或是忽略的任何細節內容，這部分會採用隨機生成。模糊是獲得多樣性的好方法，但您可能無法獲得所需的具體細節。請嘗試清楚地說明對您重要的任何背景或細節，一個好的提示，可以思考以下事項：

- 主題 (Subject)：人物 (person)、動物 (animal)、角色 (character)、地點 (location)、物體 (object) 等。
- 媒介 (Medium)：照片 (photo)、繪畫 (painting)、插畫 (illustration)、雕塑 (sculpture)、塗鴉 (deedle)、織品 (tapestry) 等。
- 環境 (Environment)：室內 (indoors)、室外 (outdoors)、月球上 (on the moon)、納尼亞 (Narnia)、水下 (underwater)、祖母綠城 (Emerald City) 等。

- 照明 (Lighting)：柔和的 (soft)、環境的 (ambient)、陰天的 (overcast)、霓虹燈的 (neon)、工作室燈光 (studio lights) 等。
- 顏色 (Color)：鮮豔的 (vibrant)、柔和的 (muted)、明亮的 (bright)、單色的 (monochromatic)、多彩的 (colorful)、黑白的 (black and white)、淺色的 (pastel) 等。
- 情緒 (Mood)：安詳的 (Sedate)、平靜的 (calm)、喧囂的 (raucous)、充滿活力的 (erergetic) 等。
- 構圖 (Composition)：肖像 (Potrait)、特寫 (headshot)、全景 (panoramic view)、近景 (closeup)、遠景 (long shot view)、環景 (360 view)、細節 (detail view)、半身 (medium-full shot)、全身 (full-body shot)、正面 (front view)、背面 (shot from behind) 等。
- 取材角度：低角度 (low-angle)、特別低角度 (extreme low-angle)、高角度 (high-angle)、特別高角度 (extreme high-angle)、側視 (side-angle)、眼睛平視 (eye-level) 、鳥瞰圖 (birds-eye view) 等。

另外，可以使用各種風格 (style)，即使是短小的單詞提示，也會在 Midjourney 的預設風格下產生美麗的圖片。或是透過組合藝術媒介、歷史時期、地點等概念，您可以創造出更有趣的個性化結果。

- 版畫 (Block Print style 或稱木刻印刷)：它是一種藝術製作技巧，通常使用木頭或其他材料製成的版塊，然後將墨水塗抹在版塊上，最後壓印到紙或其他材質上。
- 浮世繪 (Ukiyo-e style)：它是一種源於日本的木刻版畫藝術形式，特別受歡迎於江戶時代 (大約從 17 世紀到 19 世紀)。浮世繪通常描繪了日常生活、美女、歌舞伎演員和風景等主題。
- 鉛筆素描 (Pencil Sketch style)。
- 水彩畫 (Watercolor style)。
- 像素藝術 (Pixel Art style)。

Midjourney 可以依據著名藝術家名字產生其風格繪畫，例如：「達文西 (Leonardo da Vinci style)」、「莫內 (Oscar-Claude Monet style)」、「梵谷 (Vincent Willem van Gogh style)」、「米開朗基羅 (Michelangelo style)」、「保羅克利 (Paul klee style)」、「宮崎駿 (Hayao Miyazaki style)」「新川洋司 (yoji shinkawa style)」。

Midjourney 也可以用年代當做 AI 繪圖風格，例如：「1700s」、「1800s」、「1900s」、「1910s」、「1920s」、「1930s」、「1940s」、「1950s」、「1960s」、「1970s」、「1980s」、「1990s」。註：上述可以直接使用，後面不需加上「style」。

12-9-4 Parameters 參數說明

參數是添加到提示 (Prompt) 中的選項，可以改變圖像生成的方式。參數可以改變圖像的寬高比，切換不同的 Midjourney 模型版本，更改使用的放大器，以及許多其他選項。參數始終添加在提示的末尾，您可以在每個提示中添加多個參數，下列是參數語法：

/imagine prompt a vibrant california poppy --aspect 2:3 --stop 95 --no sky

圖片取材自 Midjourney 官網

下列是幾個常見參數用法：

- Aspect Ratios(寬高比)：「--aspect」或「--ar」改變生成的寬高比，預設是 1:1，例如：風景可以用「--ar 3:2」，人像可以用「--ar 2:3」。
- Chaos(混亂度)：--chaos <0-100 的數字> 改變結果的變化程度，預設是 0。較高的值會產生更為不尋常和意外的生成結果。較低的--chaos 值會產生更可靠、可重複的結果。
- No(不包含)：這個參數告訴 Midjourney Bot 在您的圖像中不要包含什麼內容。
- Quality(品質)：--quality 或--q 參數可以改變生成圖像所需的時間，預設是 1。較高品質的設定需要更長的處理時間，並生成更多細節。較高的數值也意味著每個任務使用的 GPU 分鐘更多，品質設定不影響解析度。例如：可以設定 0.25、0.5 或 1。
- Style(風格)：--style 參數可以微調某些 Midjourney 模型版本的美學風格，添加風格參數可以幫助您創建更逼真的照片、電影場景或可愛的角色。例如：可以設定「--style raw」。
- Stylize(風格化)：Midjourney Bot 已經訓練過，可以生成偏好藝術色彩、構圖和形式的圖像。--stylize 或--s 參數會影響這種訓練應用的強度，預設是 100，可以設定 0 ~ 1000 之間。較低的風格化值會生成更接近提示的圖像，但較不藝術。較高的風格化值會創建非常藝術的圖像，但與提示的聯繫較少。

- Tile(平鋪)：--tile 參數生成的圖像可用作重複平鋪的圖塊，以創建用於布料、壁紙和紋理的無縫圖案。

12-9-5 不同角度與比例的實作

下列左圖是使用「羅馬競技場 (colosseum)，俯視圖 (high angle view)」，右圖是「羅馬競技場，全景 (Insta 360)，寬高比是 16:9」。

colosseum, high angle view

colosseum Insta 360 –ar 16:9

下列左圖是使用「台灣美女 (beautiful Taiwanese girl)，平視圖 (eye level view)」，右圖是「台灣美女 (beautiful Taiwanese girl)，低角度圖 (low level view)」。

beautiful taiwanses girl, eye level view

beautiful taiwanses girl, low level view

12-9-10　圖片上傳

我們可以針對上傳的圖片做更近一步的 AI 編輯處理，在本書 ch12 資料夾有前一小節創建的 aigirl.jpg，讀者可以測試。請點選圖示，然後執行 Upload a File，請參考下方左圖。然後選擇 aigirl.jpg 上傳，接著開啟圖片的快顯功能表選擇複製圖片網址指令，可以看到下方右圖。

一樣執行 image prompt 繪圖，先貼上網址，輸入「,」，空一格，然後輸入要使用此 aigirl 圖片的指令。下列是實例。

上述「blob:」是自動產生。從上圖看，整個 aigirl.jpg 的神韻是有抓到，然後增加騎馬的結果。

12-10 辨識圖片可能的語法

在繪圖區輸入「/des」後會自動跳出「/describe image」，這時可以拖曳圖片到繪圖區。

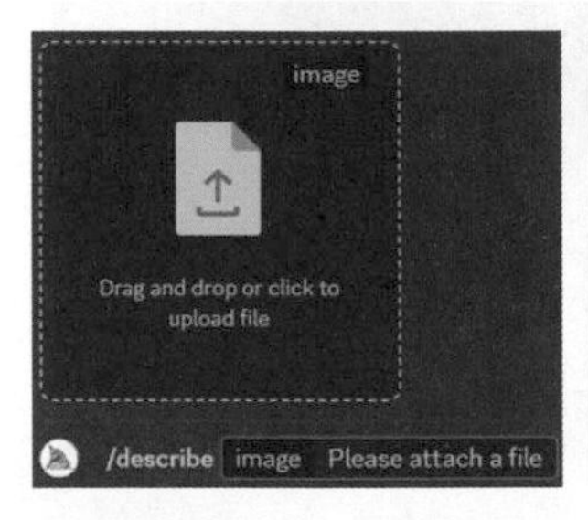

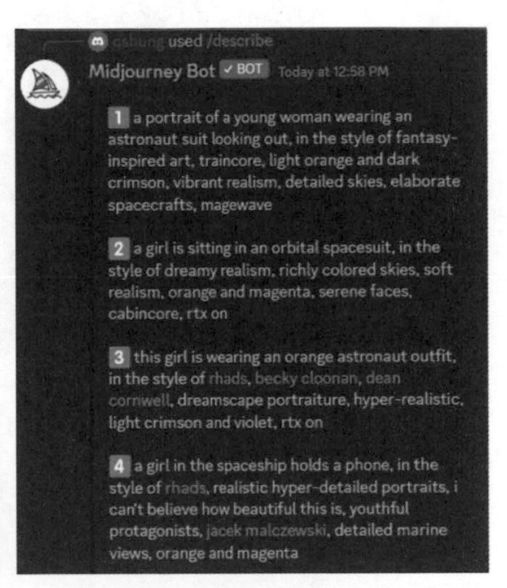

然後按 Enter 就可以生成此圖片可能的 Midjourney 語法，可以參考上方右圖。

12-11 物件比例

12-11-1 人物與寵物的比例

符號「::」可以用於設定比例，比例數值建議是在 -2 與 2 之間，下列是人比例是 2，狗是 1 的實例。

12-11-2 全身 (full-body shot) 與正面 (front view)

若是想繪製全身的人物，可以用 full-body shot 或 full-length shot。如果要正面人像，請使用 front view。

其實要多嘗試，預祝讀者學習順利。

第 13 章

打造 AI 影片使用 D-ID

這一章介紹的是 AI 影片，影片也可以稱是視頻，這一章介紹的是 D-ID 公司的生成影片。這一章所介紹的功能主要是針對免費的部分，試用期間是 2 週，讀者有興趣可以自行延伸使用需付費的部分。

13-1 AI 影片的功能

AI 影片的應用不僅適合各行業，費用低廉，應用範圍很廣，下列是部分實例。

1：公司簡報使用虛擬講師的 AI 影片，未來新進人員直接看影片即可。

2：當產品要推廣到全球時，可以使用不同國籍的人員，建立 AI 影片，國外客戶會認為你是一家國際級的公司。

3：社交場合使用 AI 影片，創造自己的特色。

4：使用 AI 影片紀錄自己家族的時光。

13-2 D-ID 網站

請輸入下列網址，可以進入 D-ID 網站：

https://www.d-id.com

可以看到下列網站內容。

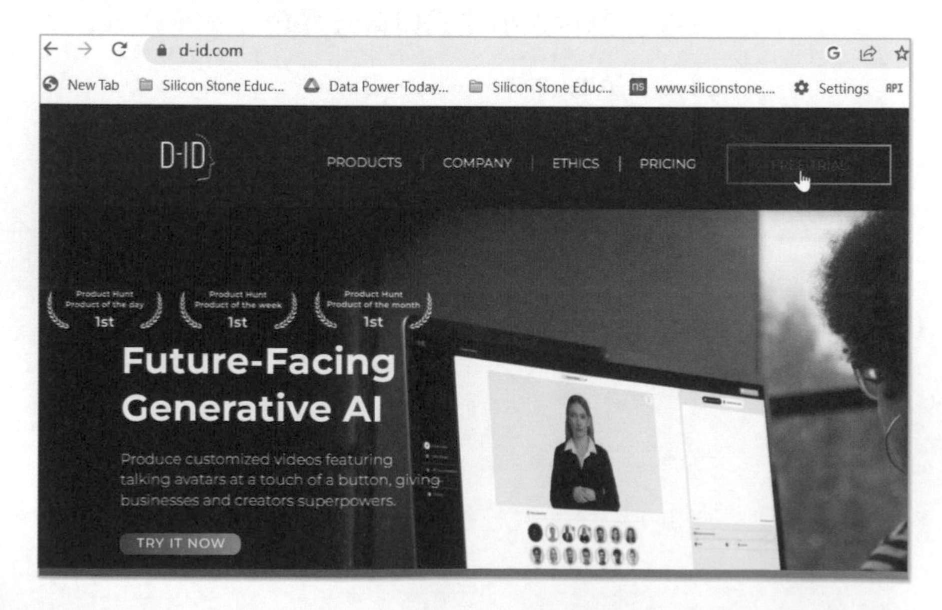

讀者可以從主網頁瀏覽 AI 影片相關知識，本章則直接解說，請點選 FREE TRIAL 標籤，可以進入試用 D-ID 的介面環境。

13-3 進入和建立 AI 影片

請點選 Create Video 可以進入建立 AI 影片環境。

13-3-1 認識建立 AI 影片的視窗環境

下列是建立 AI 影片的視窗環境。

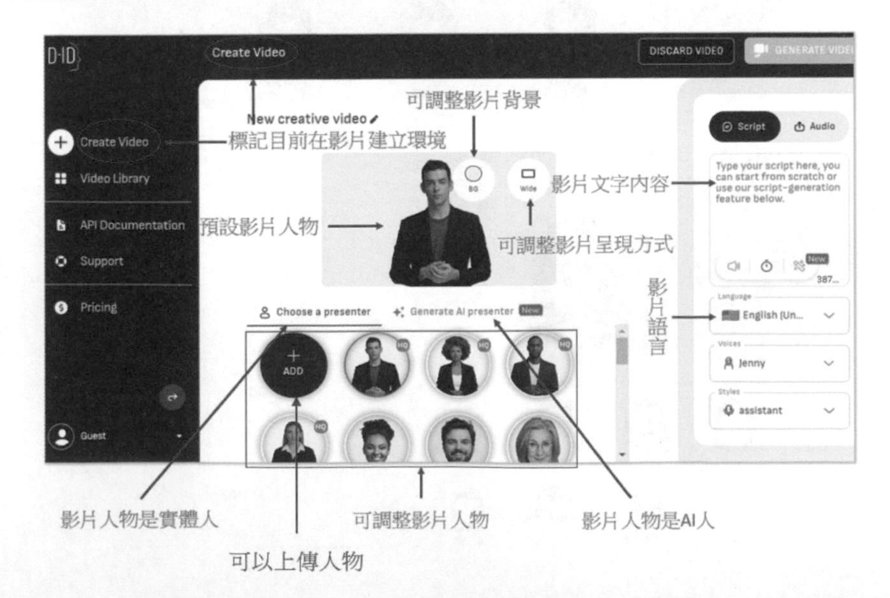

13-3-2 建立影片的基本步驟

建立影片的基本步驟如下：

1： 選擇影片人物，如果沒有特別的選擇，則是使用預設人物，如上圖所示。

2： 選擇 AI 影片語言，預設是英文 (English)。

3： 選擇發音員。

4： 在影片內容區輸入文字。

5： 試聽，如果滿意可以進入下一步，如果不滿意可以依據情況回到先前步驟。

6： 生成 AI 影片。

7： 到影片圖書館查看生成的影片。

為了步驟清晰易懂，筆者將用不同小節一步一步實作。

13-3-3 選擇影片人物

筆者在 Choose a presenter 標籤下，捲動垂直捲軸選擇影片人物如下：

參考上圖點選後，可以得到下列結果。

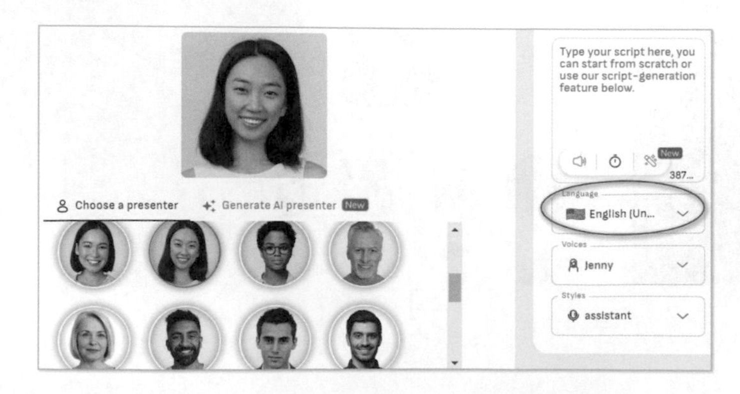

13-3-4 選擇語言

從上圖 Language 欄位可以看到目前的語言是 English，可以點選右邊的 ⌵ 圖示，選擇中文，如下所示：

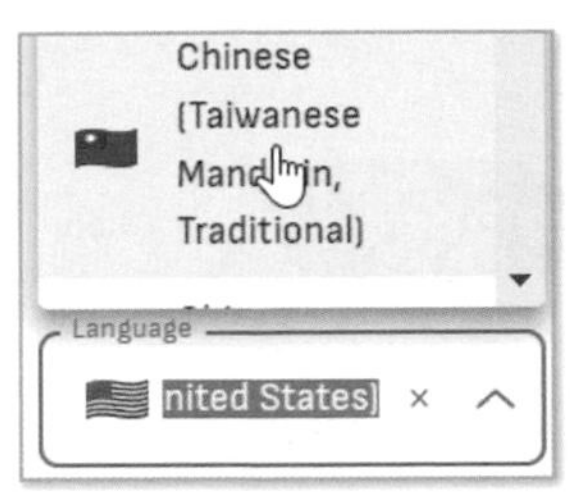

然後可以得到下列結果。

13-3-5 選擇發音員

當我們選擇中文發音後，預設的發音員是 HsiaoChen，如果要修改可以點選右邊的 ⌵ 圖示，此例不修改。

13-3-6 在影片區輸入文字

在輸入文字區可以看到 ⏱ 圖示，這個圖示可以讓文字間有 0.5 秒的休息，筆者輸入如下：

所輸入的文字就是影片播出聲音語言的來源。

13-3-7 聲音試聽

使用滑鼠點選 🔈 圖示，可以試聽聲音效果。

13-3-8 生成 AI 影片

視窗右上方有 GENERATE VIDEO，點選可以生成 AI 影片。

上述可以生成影片，可以參考下一小節。

如果第一次使用會看到下列要求 Sign Up 的訊息。

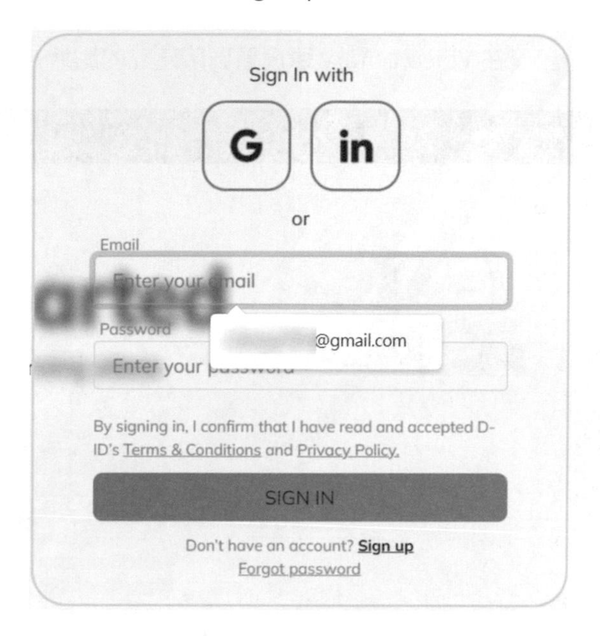

輸入完帳號與密碼後，請點選 SIGN IN。如果尚未建立帳號，還會出現對話方塊要求建立帳號，同時會發 Email 給你，驗證你所輸入的 Email，下列是此郵件內容。

請點選 CONFIRM MY ACCOUNT，這樣就可以重新進入剛剛建立 AI 影片的視窗。

13-3-9　檢查生成的影片

AI 影片產生後，可以在 Video Library 環境看到所建立的影片。

13-3-10　欣賞影片

將滑鼠移到影片中央。

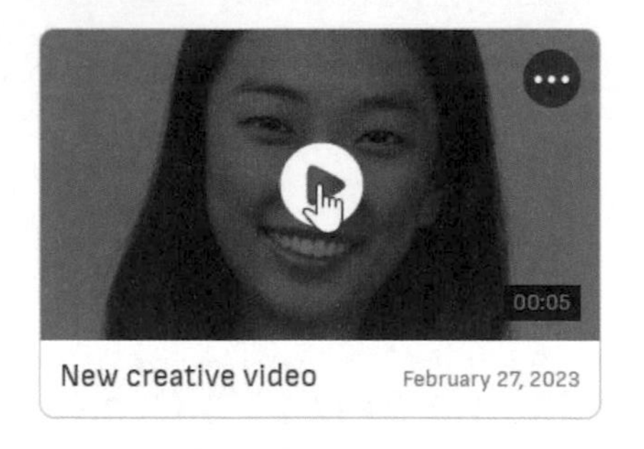

按一下可以欣賞此影片，如下所示：

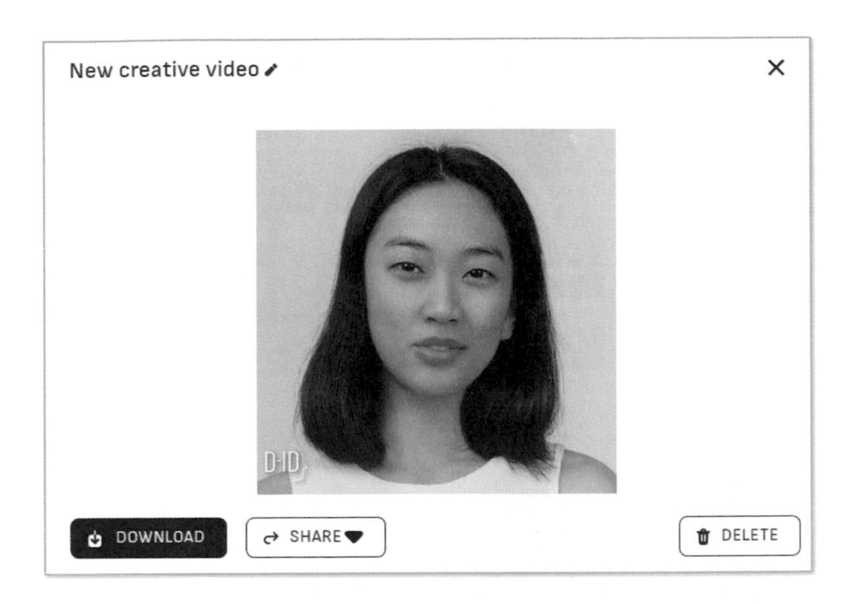

13-4 AI 影片下載 / 分享 / 刪除

播放影片的視窗上有 3 個鈕，功能如下：

DOWNLOAD

可以下載影片，格式是 MP4，點選此鈕可以在瀏覽器左下方的狀態列看到下載的影片檔案。

SHARE

可以選擇分享方式。

DELETE

可以刪除此影片。

13-5 影片大小格式與背景顏色

13-5-1　影片大小格式

影片有 3 種格式，分別是 Wide(這是預設)、Square(正方形) 和 Vertical(垂直形)。

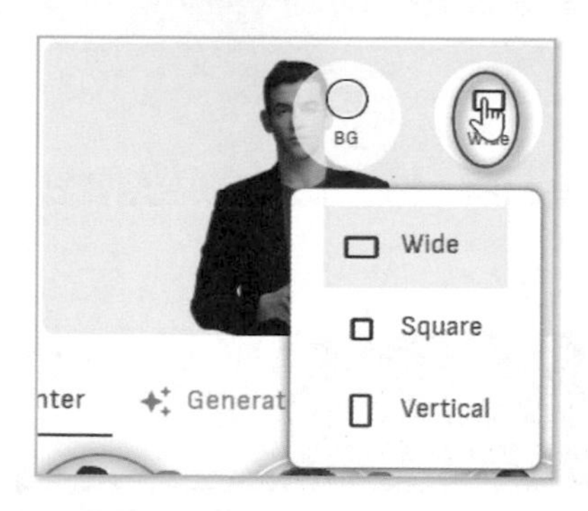

下方左圖是 Square(正方形)，下方右圖是 Vertical(垂直形)。

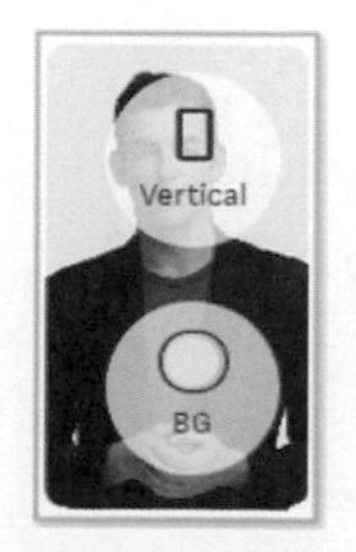

13-5-2 影片的背景顏色

在影片上可以看到 BG 圖示，這個圖示可以建立影片的背景顏色，可以參考下圖。

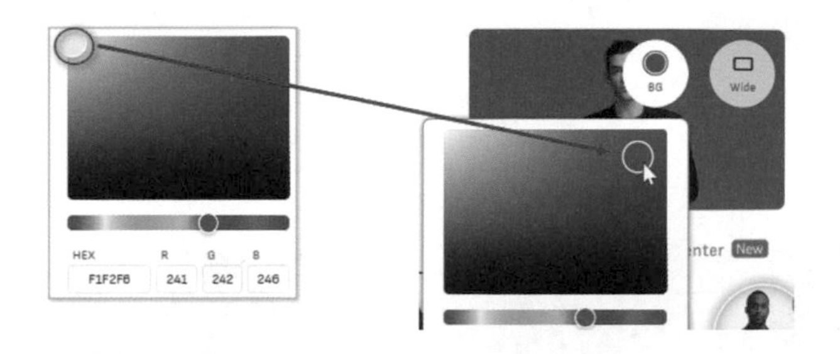

建議使用預設即可。

13-6 AI 人物

在 Create Video 環境點選 Generate AI Presenter 標籤，可以看到內建的 AI 人物，如下所示：

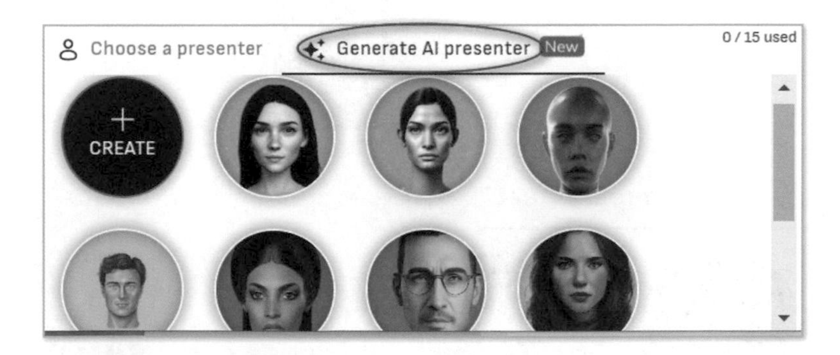

捲動垂直捲軸可以看到更多 AI 人物。

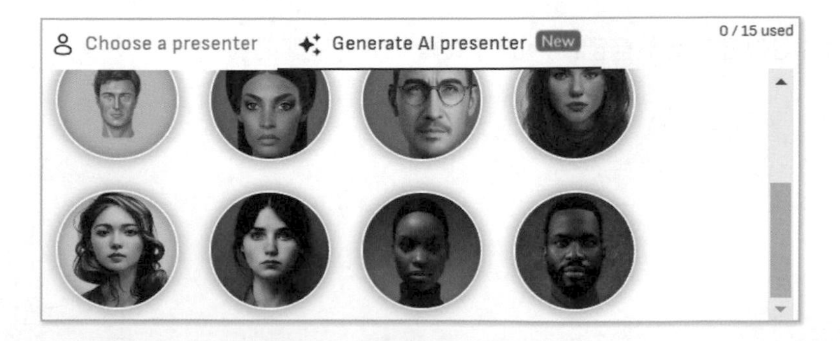

13-7 建立自己的 AI 播報員

13-3-3 節筆者選擇系統內建 AI 播報員，在人物選擇中第一格是 Add 圖示，你也可以使用上傳圖片當作影片人物，如下所示：

上述點選後可以按開啟鈕，就可以得到上傳的圖片在人物選單，請點選所上傳的人物，可以獲得下列結果。

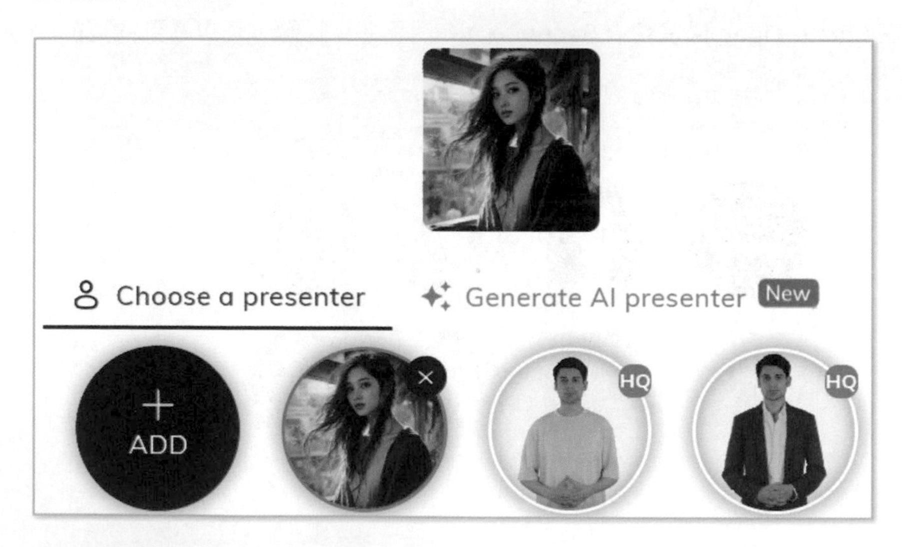

這樣就可以建立屬於自己圖片的播報員，下列是建立實例。

視窗右上方有 GENERATE VIDEO，請點選，然後可以看到下列「Generate this video?」字串，對話方塊。

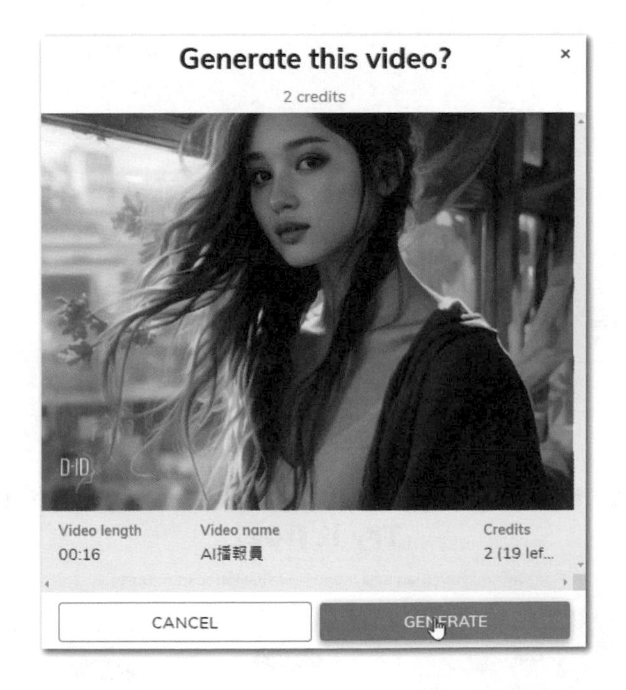

請點選 GENERATE 鈕，就可以生成此影片，這部影片存放在 ch13 資料夾，檔案名稱是「AI 播報員 .MP4」。

13-8 錄製聲音上傳

我們也可以使用自己的聲音上傳，請在 Create Video 環境點選右邊的 Audio 圖示，如下所示：

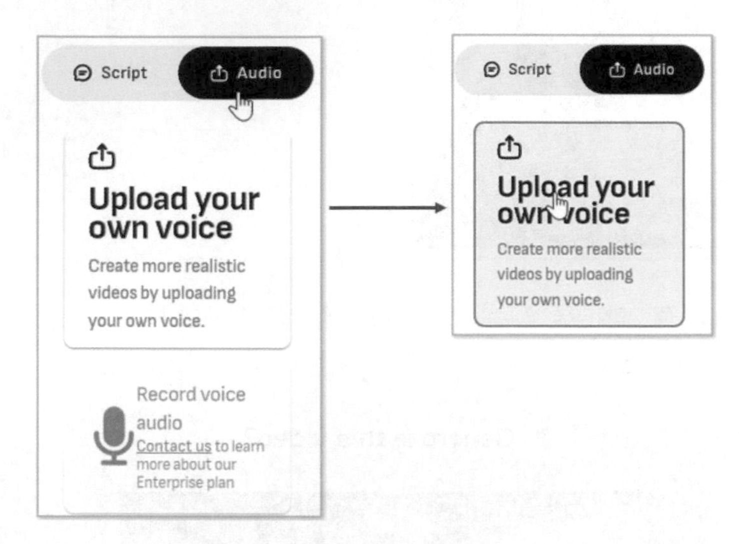

再度點選 Upload your own voice 可以看到開啟對話方塊，在此可以上傳自己的聲音檔案。

13-9 付費機制

點選左邊的 Pricing 標籤，可以看到付費機制如下：

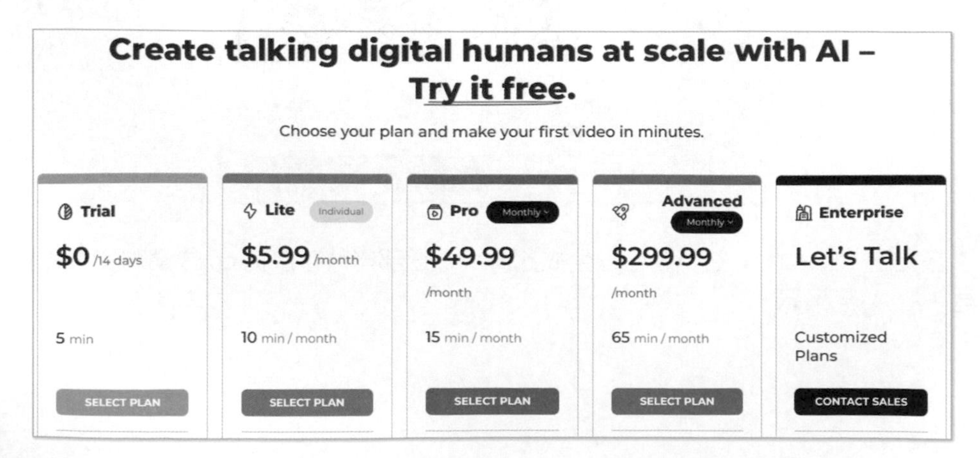

從上述可以看到價格如下：

項目	試用 Trial	輕使用 Lite	專業 Pro	進階	企業
價格	0 元 /14 天	5.99/ 月	49.99/ 月	299.99/ 月	另外談
時間	5 分鐘	10 分鐘	15 分鐘	65 分鐘	專案打造

第 14 章

AI 音樂

14-1 AI 音樂的起源

AI 音樂的起源可以追溯到 20 世紀 50 年代和 60 年代，那時計算機科學家和音樂家開始探索如何利用計算機技術創作音樂。最早的實驗之一是在 1957 年，由澳洲科學家 CSIRAC 電腦完成的音樂表演。隨著技術的發展，人們開始尋求利用人工智能和機器學習技術來創作音樂。

- 1980 年代：神經網絡技術的發展為 AI 音樂提供了更多的可能性。其中，David Cope 的「Emmy」（Experiments in Musical Intelligence）成為了最具代表性的實驗之一，該項目利用神經網絡創作出具有巴洛克和古典風格的音樂作品。
- 1990 年代至 2000 年代：機器學習和數據挖掘技術在音樂創作中得到了廣泛應用。例如，Markov 鏈、遺傳算法和其他機器學習技術被用來生成音樂。
- 2010 年代：深度學習技術的崛起引領了 AI 音樂的新時代。Google 的 Magenta 項目、IBM 的 Watson 音樂創作系統以及 OpenAI 的 MuseNet 等項目紛紛嶄露頭角，這些技術使得 AI 能夠生成更具創意和高質量的音樂作品。
- 近年來：生成對抗網絡（GANs）和變分自動編碼器（VAEs）等創新技術被引入到 AI 音樂領域，為音樂生成帶來了新的可能性。

AI 音樂的起源和發展歷程反映了人工智能技術的演進和發展。從最初的基於規則的創作，到後來機器學習和深度學習的應用，AI 音樂不斷地拓展著音樂創作的疆界，並為未來音樂產業的發展帶來了無限的可能。

AI 生成音樂的應用非常廣泛，可以用於電影配樂、電子遊戲音樂、廣告音樂等。這種技術還可以用於幫助音樂家創作新的音樂，或者提供音樂創作的靈感和啟示。然而，AI 生成的音樂也存在一些挑戰，例如如何保持音樂的創意性和情感表達，以及如何平衡人工和自動化的創作過程。

14-2 Google 開發的 musicLM

14-2-1 認識 musicLM

musicLM 是 Google 公司開發，一種以人工智慧為基礎的音樂生成模型，其使用的是 GPT-3.5 架構。這種模型可以依據文字描述，並生成具有一定音樂風格的新音樂。

musicLM 的訓練過程包括收集大量的音樂數據，例如各種類型的音樂曲目、樂器演奏等，然後將這些數據傳入模型進行訓練。透過這種方式，模型可以學習到音樂的節奏、旋律、和弦和結構等要素，並生成全新的音樂作品。

使用 musicLM 可以創作出豐富多樣的音樂，這些音樂作品可以應用於多種場景，例如電影、電視、廣告等。除了音樂創作之外，musicLM 還可以幫助音樂家進行作曲、編曲和改進現有的音樂作品等。

總體而言，musicLM 是一種非常有用的音樂生成工具，可以幫助音樂家和音樂製作人在創作和製作音樂時更加高效和創意。

註 可能是法律風險，目前沒有公開給大眾使用。

14-2-2 musicLM 展示

儘管沒有公開給大眾使用，不過可以進入下列網址欣賞 musicLM 的展示功能。

https://google-research.github.io/seanet/musiclm/examples/

讀者可以捲動畫面看到更多展示，下列是示範輸出。

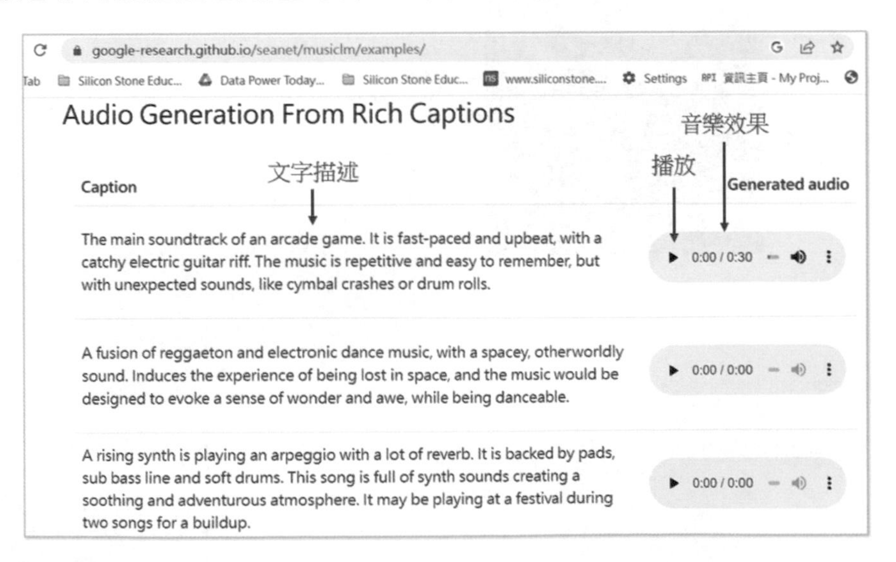

例如：上述是 3 首文字描述產生的音樂，上述描述的中文意義如下：

街機遊戲的主要配樂。它節奏快且樂觀，帶有朗朗上口的電吉他即興重複段。音樂是重複的，容易記住，但有意想不到的聲音，如鐃鈸撞擊聲或鼓聲。
雷鬼和電子舞曲的融合，帶有空曠的、超凡脫俗的聲音。引發迷失在太空中的體驗，音樂的設計旨在喚起一種驚奇和敬畏的感覺，同時又適合跳舞。
上升合成器正在演奏帶有大量混響的琶音。它由打擊墊、次低音線和軟鼓支持。這首歌充滿了合成器的聲音，營造出一種舒緩和冒險的氛圍。它可能會在音樂節上播放兩首歌曲以進行積累。

❑ 油畫描述生成 AI 音樂

一幅拿破崙騎馬跨越阿爾卑斯山脈的油畫，經過文字描述也可以產生一首 AI 音樂。

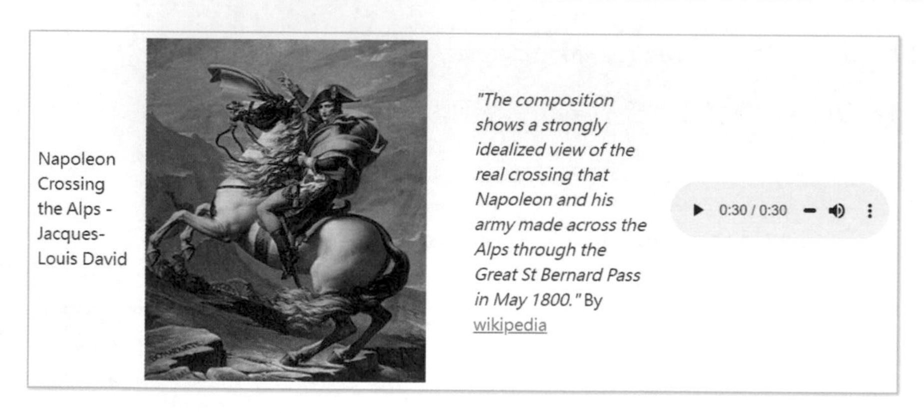

❑ 簡單文字描述產生的音樂

Caption	Generated audio
acoustic guitar	0:00 / 0:10
cello	0:00 / 0:10
electric guitar	0:00 / 0:10
flute	0:00 / 0:10

14-3 AI 音樂 – Soundraw

14-3-1 進入 Soundraw 網頁

可以使用下列網址進入 soundraw 網頁。

https://soundraw.io

然後可以看到下列網頁：

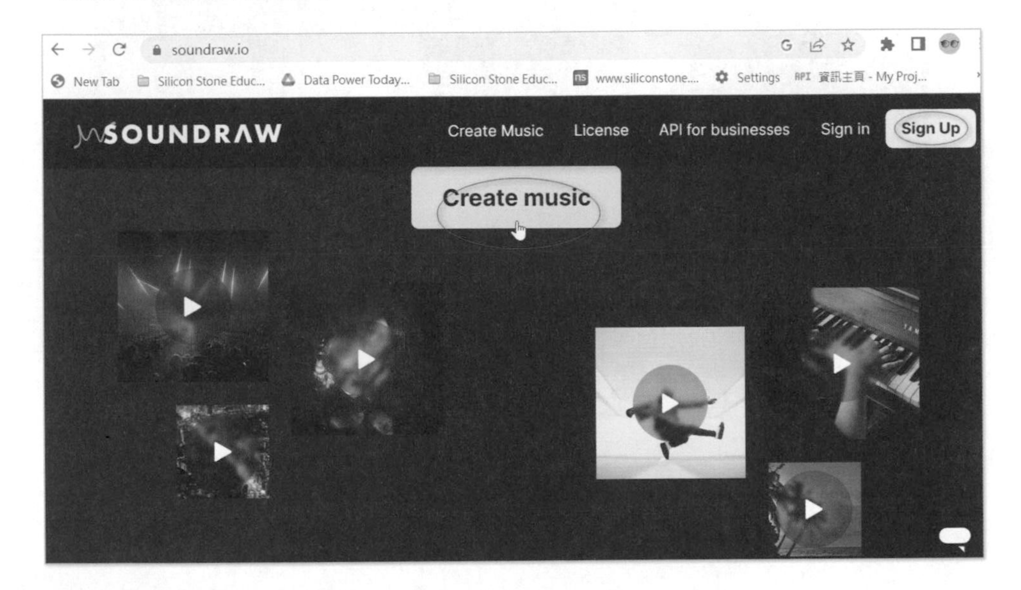

上述可以點選播放鈕 ▶ 試聽各類的 AI 音樂。此外，有 2 個重要鈕，功能如下：

- Create music：建立 AI 音樂。
- Sign Up：註冊，若先不註冊也可以，不過若是要下載自己所建立的 AI 音樂，就必須要註冊。

14-3-2 設計 AI 音樂 – 選擇音樂主題

上一節若是點選 Create music，可以進入設計 AI 音樂模式。

上述頁面可以往下卷動看到更多選項，在這個頁面模式，幾個重要功能如下：

- CHOOSE THE LENGTH：選擇音樂長度，預設是 3 分鐘。
- SET THE TEMPO：設定音樂節奏速度，Slow、Normal 或是 Fast。
- Select the Mood：選擇音樂情境。
- Select the Genre：選擇音樂類型。
- Select the Theme：選擇音樂主題。

此例筆者選擇音樂情境是 Frantic，可以進入下列畫面。

14-3-3　音樂預覽

這時依舊有許多 AI 音樂，可以選擇。

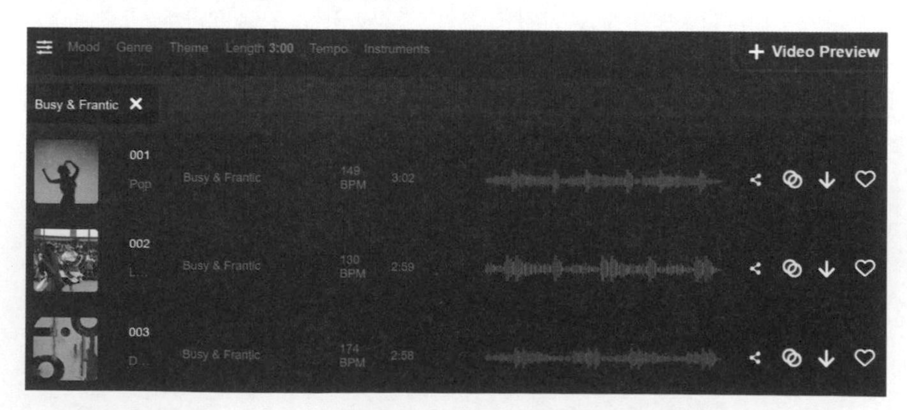

除了已經介紹過的 Mood、Genre、Theme、Length(目前顯示我們前一節設定的 30 秒)、Tempo 以外，上述幾個重要項目如下：

Instruments：樂器選擇。

BPM：Beats Per Minute，每分鐘的節拍數。

：分享 (Share this song)。

：產生類似音樂 (Create similar music)。

：下載音樂 (Download Music)，如果先前未註冊，會要求先註冊。

：收藏 (Add to Keep)。

14-3-4 播放與編輯音樂

點選任一首音樂，可以進入編輯播放模式，下列是點選一首音樂的實例。

上述點選後，可以看到下列畫面，同時可以播放所選的音樂。

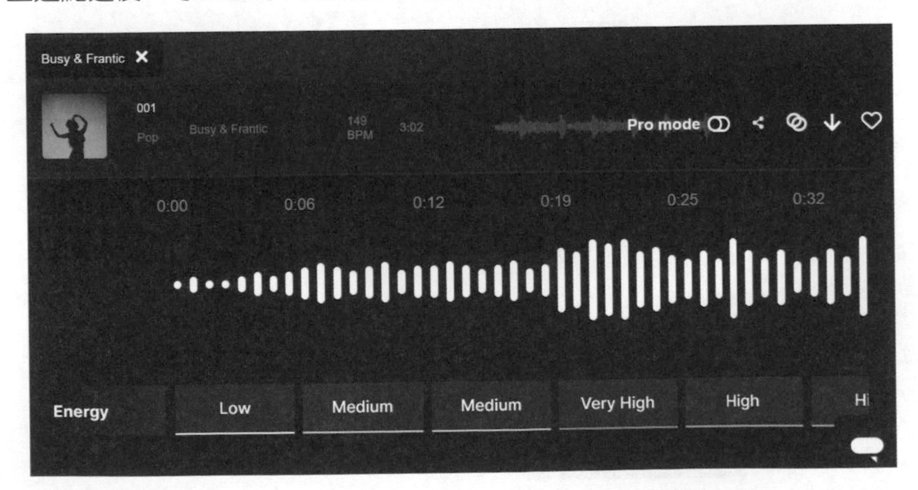

上述可以聽到播放的樂曲，同時可以在畫面上看到目前音樂播放的位置，上述畫面的 Energy 可以想成音樂的聲音播出能量，可以看到每個音樂播放位置的聲音能量，有幾個選項 Low(小)、Medium(中等)、High(高)、(Very High) 非常高，讀者可以點選更改能量大小。

上述畫面可以看到 圖示，點選可以進入專業音樂編輯模式。

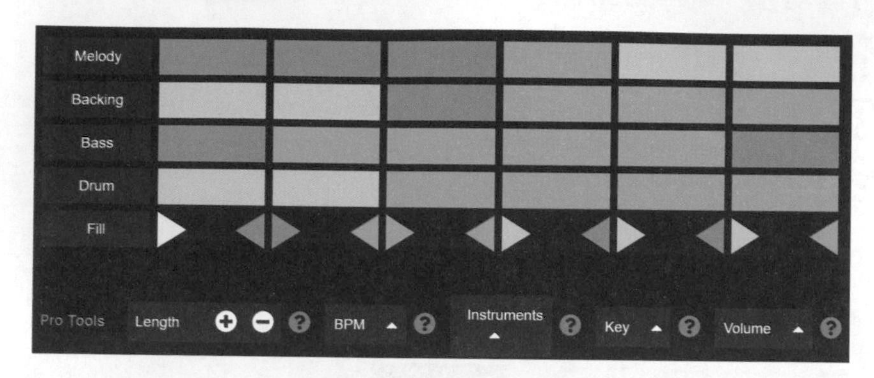

上述可以在音樂的每一個秒數位置更改，Melody(旋律)、Backing(伴奏)、Bass(低音)、Drum(鼓) 和 Fill(填充)，各色塊意義是深藍色是加強、淺藍色是一般、灰色是停止。

上述可以編輯下列項目：

- Length：音樂長度， 圖示是增加長度， 圖示是縮減長度。
- BPM：調整每分鐘的節拍數。
- Instruments：可以調整聲音的樂器。
- Key：可以改變歌曲的高音。
- Volumn：可以改變每個樂器的聲音大小。

有了上述知識，讀者就可以創造自己的音樂了。

14-3-5 為影片增加背景音樂

螢幕右上方有 + Video Preview 圖示，點選可以建立視窗，然後可以將影片拖曳至此視窗。

現在播放音樂就可以將此音樂當作影片的背景，如果認為音樂與影片感覺可以成為一個作品，就可以點選下載，如果先前尚未註冊，此時需要註冊付費。

第 15 章

Leiapix 讓你的照片動起來

這一章所述的網站，可以讓 2D 照片變 3D 動起來。

15-1 進入 Leiapix 網站

建議可以搜尋「leiapix converter」，然後點選進入網頁，如下：

請點選進入 LeiaPix 公司官網。

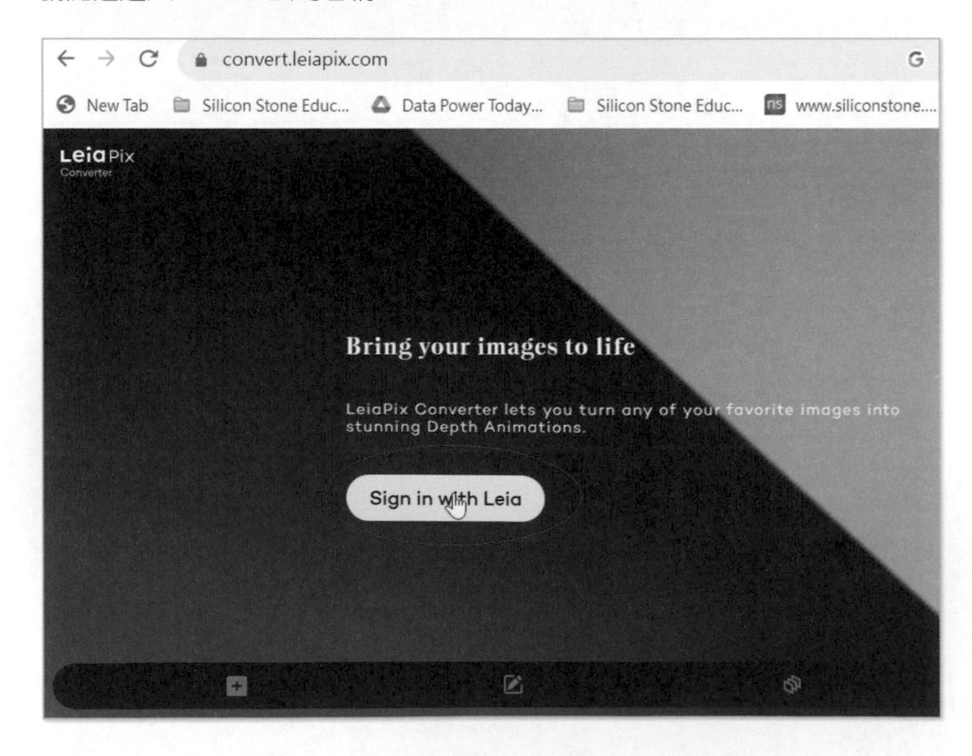

如果沒有帳號需要註冊建立帳號，最簡單的方式是使用 Google 帳號登入。

15-2 上傳 2D 照片

視窗左下方有 + 圖示，請點選此圖示：

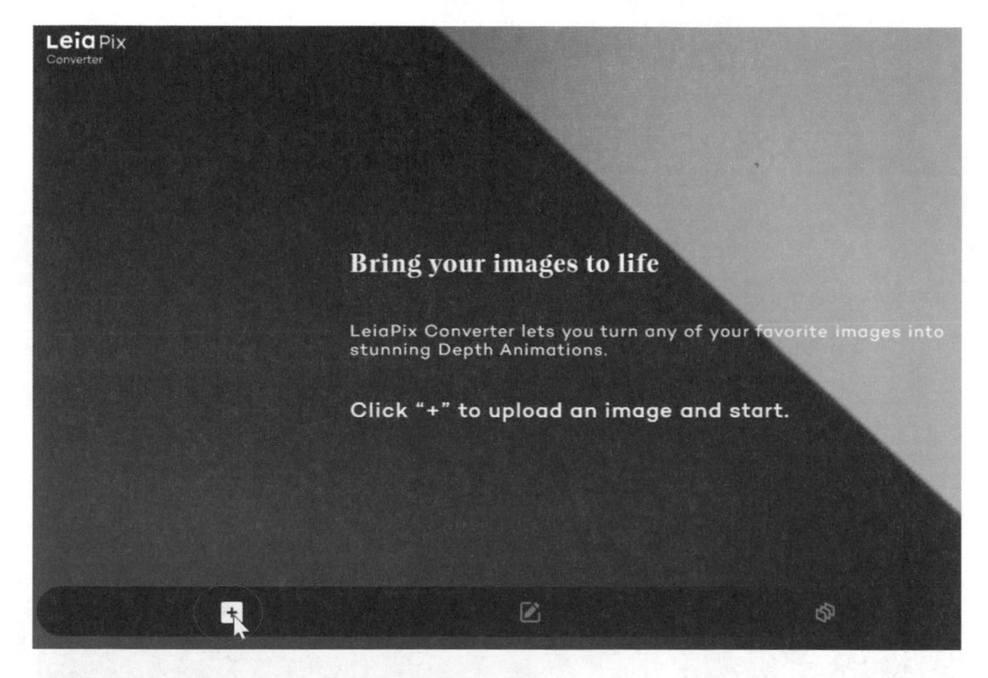

然後會要求選擇 2D 圖片，筆者選擇第 12 章建立的 airgirl.jpg。

上述請點選開啟鈕。

然後可以看到將 2D 圖片建立 3D 動畫，同時螢幕上可以看到動畫效果。

15-3 儲存 3D 動畫作品

視窗右下方有圖示，點選此圖示可以看到下列畫面。

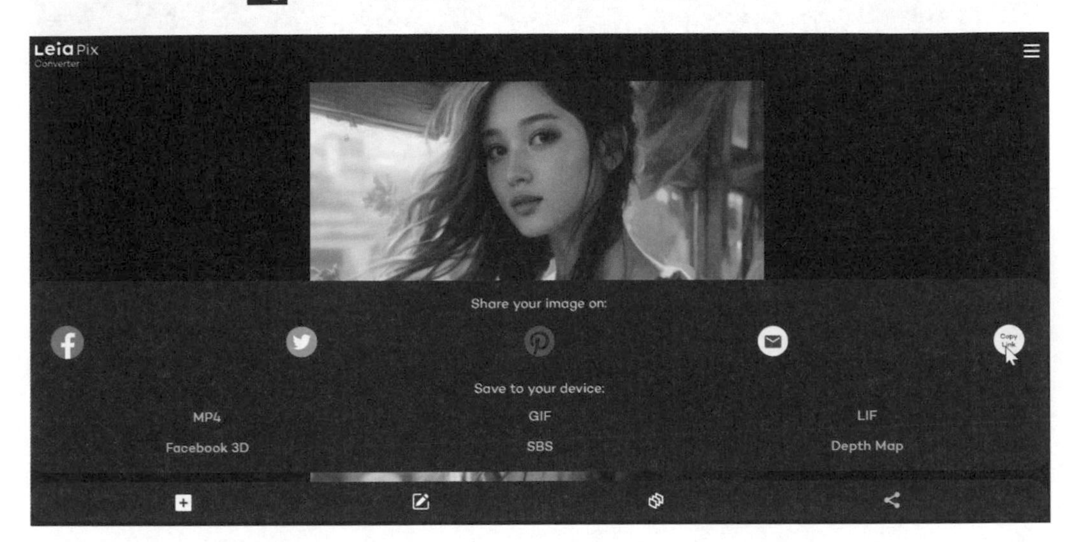

15-3-1 複製連結

視窗右下方有圖示，請點選，然後可以複製連結，若是貼到 Line，可以看到下列畫面。

https://convert.leiapix.com/s/
375ec80b-9eb6-47e9-9365-57730ed734ce~2
F89b7820e-7d3e-4d66-b1e5-
e558caa22f95.png?
exportSize=300&storedDate=169312912503
7&useOriginalImage=false&version=301&ani
mate=true&animateDuration=3&animatePos
ition=null&animateScaleX=0.5&animateScale
Y=0.125&animateScaleZ=0.5&animateScaleP
X=0&animateScalePY=0.25&animateScalePZ
=0.25&depthFocus=0&depthScale=1&dilatio
n=0.005&fit=contain

已讀
下午 5:41

上述只要點選，就可以開啟視窗顯示此頁面。

15-3-2　下載 3D 動畫

原視窗左下方有 MP4 超連結。

請點選 MP4，然後會看到下列畫面。

請點選 Save，就可以將此圖像用 MP4 下載，原檔案名稱是 aigirl.jpg，所下載的檔案名稱是 aigirl.mp4，本書 ch15 資料夾有這個檔案。

附錄 A
註冊 ChatGPT

A-1 進入網頁

初次使用請輸入下列網址進入 ChatGPT：

https://openai.com/blog/chatgpt/

在主視窗可以看到 TRY CHATGPT 功能鈕。

admit its mistakes, challenge incorrect premises, and reject inappropriate requests. ChatGPT is a sibling model to InstructGPT, which is trained to follow an instruction in a prompt and provide a detailed response.
TRY CHATGPT ↗

可以看到下列畫面。

Welcome to ChatGPT
Log in with your OpenAI account to continue

如果已有帳號，可以直接點選 Log in 就可以進入 ChatGPT 環境了。

A-2 註冊

使用 ChatGPT 前需要註冊，第一次使用請先點選 Sign up 鈕，如果已經註冊則可以直接點選 Log in 鈕。

註冊最簡單的方式是使用 Gmail 或是 Microsoft 帳號。

Create your account

Please note that phone verification is required for signup. Your number will only be used to verify your identity for security purposes.

Email address

Continue

Already have an account? Log in

OR

Continue with Google

Continue with Microsoft Account

例如：筆者有 Google 帳號，可以直接點選 Continue with Google，可以看到下列畫面。

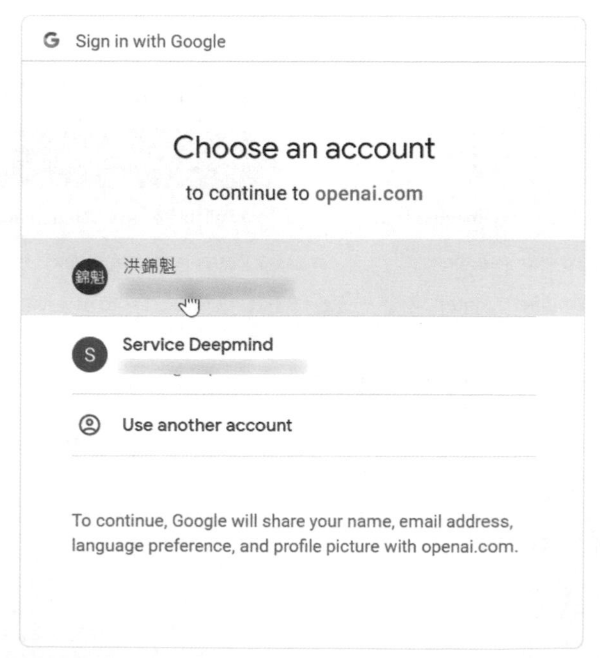

當點選 Google 帳號後，會要求你輸入手機號碼，然後會傳送驗證碼到你的手機，內容如下：

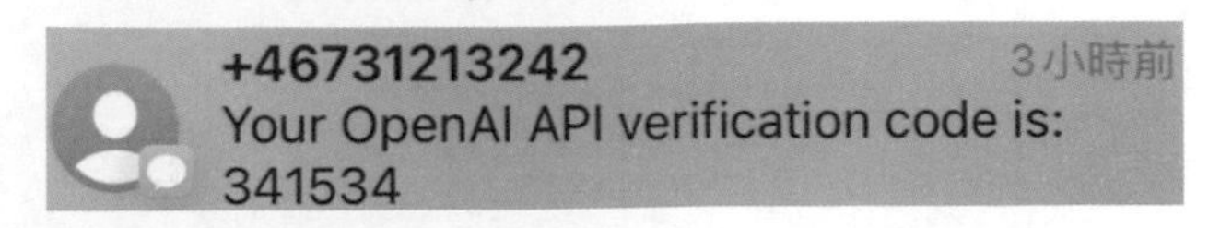

以上述為例，驗證碼是 341534，收到後請輸入驗證碼，未來就可以使用 ChatGPT 了。

A-3 Upgrade to Plus

因為實用、熱門，特別是在下午時段往往無法進入 ChatGPT 的使用模式，這時建議可以購買升級版本，每個月花費 20 美金，如下所示：

點選上述 Upgrade to Plus 後，將看到下列對話方塊。

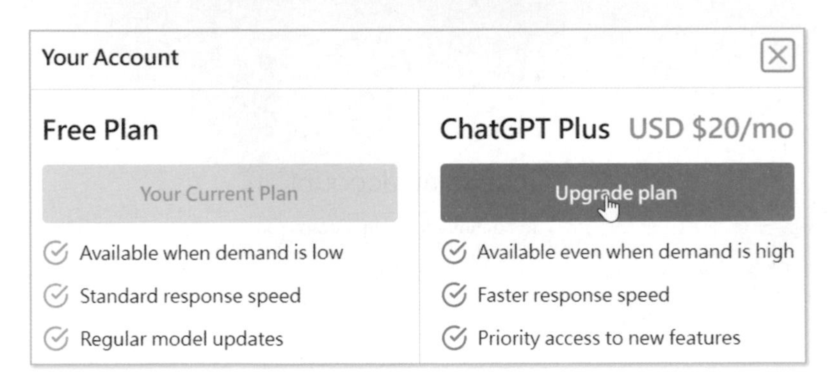

上述左邊方塊列出目前筆者是免費使用，特色如下：

- 當需求低時，可以使用此功能。
- 回應速度是標準速度。
- 定期模型更新。

右邊方塊則是列出 ChatGPT Plus(這就是付費的升級版名稱) 每月 20 美金的活動，特色如下：

- ❑ 即使需求高峰期時，仍可以使用。
- ❑ 回應速度比較快。
- ❑ 優先獲得新功能的訪問權限。

在此筆者點選 Upgrade plan 鈕，可以看到下列畫面。

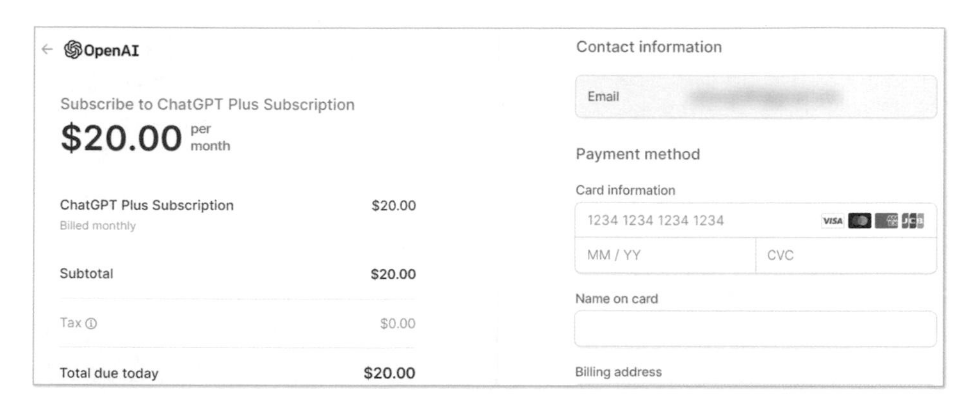

接著會要求輸入信用卡帳號和帳單地址，輸入完後可以得到下列結果。

Payment received! Click continue to begin using your ChatGPT Plus account.

上述按 Continue 鈕後，就可以進入 ChatGPT Plus 模式，每次使用新的會話介面，可以看到 ChatGPT PLUS 的畫面，如下，未來可以使用 ChatGPT 沒有阻礙。

ChatGPT PLUS

Note

Note

Note

Note